*Leitfaden des Baubetriebs
und der Bauwirtschaft*

Reinhard Dietrich

Entwicklung
werthaltiger Immobilien

Leitfaden des Baubetriebs und der Bauwirtschaft

Herausgegeben von:
Univ.-Prof. Dr.-Ing. Fritz Berner
Univ.-Prof. Dr.-Ing. Bernd Kochendörfer

Der Leitfaden des Baubetriebs und der Bauwirtschaft will die in Praxis, Lehre und Forschung als Querschnittsfunktionen angelegten Felder – von der Verfahrenstechnik über die Kalkulation bis hin zum Vertrags- und Projektmanagement – in einheitlich konzipierten und inhaltlich zusammenhängenden Darstellungen erschließen.

Die Reihe möchte alle an der Planung, dem Bau und dem Betrieb von baulichen Anlagen Beteiligten, vom Studierenden über den Planer bis hin zum Bauleiter ansprechen. Auch der konstruierende Ingenieur, der schon im Entwurf über das anzuwendende Bauverfahren und damit auch über die Wirtschaftlichkeit und die Risiken bestimmt, soll in dieser Buchreihe praxisorientierte und methodisch abgesicherte Arbeitshilfen finden.

Reinhard Dietrich

Entwicklung werthaltiger Immobilien

Einflussgrößen – Methoden – Werkzeuge

B. G. Teubner Stuttgart · Leipzig · Wiesbaden

Bibliografische Information der Deutschen Bibliothek
Die Deutsche Bibliothek verzeichnet diese Publikation in der Deutschen Nationalbibliographie;
detaillierte bibliografische Daten sind im Internet über <http://dnb.ddb.de> abrufbar.

Dipl.-Ing. Reinhard Dietrich ist für die Projektsteuerung in der Unternehmensgruppe Drees & Sommer zuständig. Er war unter anderem für das Generalmanagement des DaimlerChrysler-Projektes Potsdamer Platz in Berlin verantwortlich. In der Funktion als Geschäftsführer und Gesellschafter der Albis Projektentwicklung und Autor zahlreicher Vorträge und Veröffentlichungen ist er zudem Lehrbeauftragter der TU Berlin für Projektentwicklung und Immobilienmanagement.

1. Auflage März 2005

Alle Rechte vorbehalten
© B. G. Teubner Verlag / GWV Fachverlage GmbH, Wiesbaden 2005
Lektorat: Dipl.Ing. Ralf Harms, Sabine Koch

Der B. G. Teubner Verlag ist ein Unternehmen von Springer Science+Business Media.
www.teubner.de

Das Werk einschließlich aller seiner Teile ist urheberrechtlich geschützt. Jede Verwertung außerhalb der engen Grenzen des Urheberrechtsgesetzes ist ohne Zustimmung des Verlags unzulässig und strafbar. Das gilt insbesondere für Vervielfältigungen, Übersetzungen, Mikroverfilmungen und die Einspeicherung und Verarbeitung in elektronischen Systemen.

Die Wiedergabe von Gebrauchsnamen, Handelsnamen, Warenbezeichnungen usw. in diesem Werk berechtigt auch ohne besondere Kennzeichnung nicht zu der Annahme, dass solche Namen im Sinne der Warenzeichen- und Markenschutz-Gesetzgebung als frei zu betrachten wären und daher von jedermann benutzt werden dürften.

Umschlaggestaltung: Ulrike Weigel, www.CorporateDesignGroup.de
Druck und buchbinderische Verarbeitung: Strauss Offsetdruck, Mörlenbach
Gedruckt auf säurefreiem und chlorfrei gebleichtem Papier.
Printed in Germany

ISBN 3-519-00499-2

Vorwort

Die Deutsche Bauwirtschaft befindet sich in einem umfassenden Anpassungsprozess. Während in der Vergangenheit überwiegend geeignete Baukonstruktionen und Bauverfahren den wirtschaftlichen Erfolg von Bauvorhaben bestimmten, dominieren heute neben der Rendite zusätzliche Investitionsziele wie Marktattraktivität, Kapitalwachstum, Nutzungsflexibilität, Ökologie und nachhaltige Ökonomie.

Die Umsetzung der erweiterten Anforderungen erfordert bereits bei den ersten Überlegungen zu Gebäudestrukturen ganzheitliche Lösungsansätze, die alle Wert bestimmenden Faktoren umfassen. Dies gilt auch für Projekte der öffentlichen Hand, die zur Schließung der Lücken aus dem tatsächlichen Bedarf und den vorhandenen Finanzmitteln im Rahmen von Partnerschaftsmodellen zunehmend über private Investoren errichtet und betrieben werden müssen. Bei solchen und ähnlichen Modellen mit festen Termin- und Kostenvorgaben besteht das Problem, dass alle harten Projektfaktoren (Nutzerbedarfsprogramm, Funktionalität, Flexibilität, Nutzungsmix, Rendite etc.), aber auch weiche Faktoren wie Architektur und Städtebau bereits in der Phase der Projektentwicklung, weit vor dem Beginn der eigentlichen Planung festgelegt werden müssen, damit rechtssichere Verträge abgeschlossen werden können.

Als Generalist spielt der Projektentwickler auf der Auftragnehmerseite zukünftig eine ebenso wichtige Rolle wie er sie bereits heute bei der Vorbereitung von Immobilienprojekten auf der Auftraggeberseite oder aber als Finanzierungsspezialist bei großen Banken einnimmt. In Folge dessen wächst der Bedarf an gut ausgebildeten Fachleuten, die neben den unverzichtbaren finanzwirtschaftlichen Aspekten auch technisch-wirtschaftliche Fragestellungen abdecken.

Entsprechend seiner Zielsetzung schließt das Buch die vorhandene Lücke zwischen der umfangreichen und meist spezialisierten Fachliteratur der klassischen Bauingenieur- und Architekturdisziplinen und den überwiegend ökonomisch orientierten Veröffentlichungen zur Projektentwicklung.

Anlass zu diesem Buch gab mir meine mehr als 30-jährige Praxis in einer führenden Projektmanagementgesellschaft, die sich intensiv mit ganzheitlichen Fragen des Planens und Bauens auseinandersetzt sowie meine Lehrtätigkeit zum Thema „Projektentwicklung und Immobilienmanagement" bei Prof. Dr.-Ing. Bernd Kochendörfer an der Technischen Universität Berlin (Fachgebiet Bauwirtschaft und Baubetrieb).

In der Erwartung, dass das Buch auch oder gerade bei Studierenden auf Interesse stößt, befasst es sich im ersten Teil mit Grundlagen und Rahmenbedingungen der Projektentwicklung. Im Hauptteil werden die wichtigsten bekannten und neueren Methoden und Werkzeugen der Projektentwicklung behandelt. Am Ende des Buches stehen einige wichtige Themen zum nachhaltigen Bauen, die an einem Praxisbeispiel vertieft werden.

Für ihre Mitarbeit bei der Erstellung des Manuskripts muss ich mich besonders bei meiner langjährigen Assistentin Frau Sabine Prey bedanken, die die Texte bearbeitet hat und die mir darüber hinaus wertvolle Anregungen und Hinweise gab. Außerdem bedanke ich mich bei Frau Katharina Warkentin und Herrn Jens Wittenberg, die in ihrer Freizeit die Grafiken bearbeitet haben.

Berlin im Januar 2005　　　　　　　　　　　　　　　　　　　　　　　　Reinhard Dietrich

Inhaltsverzeichnis

Abbildungsverzeichnis		XIV
Tabellenverzeichnis		XXII
Abkürzungsverzeichnis		XXIII

1	**Grundlagen und Rahmenbedingungen**		1
	1.1	Projektentwicklung und Bauwirtschaft	1
	1.2	Strukturveränderungen	3
	1.3	Schritte zur Anpassung	5
		1.3.1 Folgen geänderter Rahmenbedingungen	5
		1.3.2 Veränderungen im Markt	6
		1.3.3 Innovation über Partnerschaften	9
2	**Produkte im Immobilienmarkt**		17
	2.1	Produktübersicht	17
	2.2	Wohnen	18
		2.2.1 Eigen- und fremdgenutzter Wohnraum	18
		2.2.2 Seniorenwohnen	20
	2.3	Produktion	22
	2.4	Dienstleistung	24
		2.4.1 Bürogebäude	24
		2.4.2 Businesspark	30
		2.4.3 Hotel	31
		2.4.4 Klinik	31
		2.4.5 Freizeit / Wellness	31
	2.5	Handel	33
		2.5.1 Generelle Trends	33
		2.5.2 Verbrauchermarkt / Shoppingcenter	34
		2.5.3 Warenhaus / Einzelladen	34
		2.5.4 Shopping Mall	34
		2.5.5 Fachmarkt / Fachmarktzentrum	35
		2.5.6 Factory Outlet Center	35
		2.5.7 Sonderformen	35

2.6	Öffentliche Gebäude (Non-Profit – Gebäude)		36
	2.6.1	Allgemeine Grundlagen	36
	2.6.2	Gesundheitswesen	36
	2.6.3	Bildung und Erziehung	37
	2.6.4	Kultur- und Sporteinrichtung	37
	2.6.5	Öffentliche Verwaltung	37
3	**Beteiligte in der Immobilienwirtschaft**		**39**
3.1	Marktteilnehmer im Überblick		39
3.2	Anbieter		40
	3.2.1	Projektentwickler	40
	3.2.2	Bauträger / Baupartner	42
	3.2.3	Generalübernehmer	42
	3.2.4	Immobiliengesellschaften	43
3.3	Nachfrager		44
	3.3.1	Formen der Kapitalanlage in Immobilien	44
	3.3.2	Wichtige institutionelle Investoren	45
	3.3.3	Wohnungsunternehmen	54
	3.3.4	Private Anleger	54
	3.3.5	Strategische Finanzinvestoren	56
	3.3.6	Öffentliche Hände	57
	3.3.7	Mieter / Nutzer	57
3.4	Umsetzer		60
	3.4.1	Grundsätze zur Realisierung von Bauprojekten	60
	3.4.2	Bauunternehmer	62
	3.4.3	Finanzpartner	64
	3.4.4	Immobilienmanager	65
	3.4.5	Architekten / Ingenieure	69
	3.4.6	Projektmanagement	71
	3.4.7	Öffentliche Verwaltung	72
4	**Rechtsgrundlagen der Projektentwicklung**		**75**
4.1	Allgemeines		75
4.2	Planungsrecht		78

	4.2.1		Instrumente der Bauleitplanung	79
	4.2.2		Flächennutzungsplan	80
	4.2.3		Bebauungsplan	81
	4.2.4		Vorhaben- und Erschließungsplan	87
	4.2.5		Bebauung im Innenbereich (§ 34 BauGB)	87
	4.2.6		Bebauung im Außenbereich (§ 35 BauGB)	87
	4.2.7		Besonderes Städtebaurecht	87
	4.2.8		Sicherung der Bauleitplanung	88
	4.2.9		Ausnahmen und Befreiungen	89
4.3	Bauordnungsrecht			90
	4.3.1		Zulässigkeit von Bauvorhaben	90
	4.3.2		Abstandsflächen	92
	4.3.3		Baulasten	93
	4.3.4		Rettungswege	94
	4.3.5		Wärmeschutz	94
	4.3.6		Schallschutz	95
	4.3.7		Stellplatznachweis	95
	4.3.8		Sondervorschriften für Hochhäuser	95
4.4	Privates Baurecht			96
	4.4.1		Projektentwicklungsvertrag	96
	4.4.2		Bauträgervertrag	96
	4.4.3		Maklervertrag	97
	4.4.4		Architekten- und Ingenieurverträge	98
	4.4.5		Grundstücksverträge	99
	4.4.6		Bauverträge	104

5 Projekt bestimmende Faktoren — 111

5.1	Allgemeines			111
5.2	Herleitung Projekt bestimmender Faktoren			113
	5.2.1		Standortfaktoren	114
	5.2.2		Marktentwicklung	116
	5.2.3		Nutzungsstruktur	117
	5.2.4		Rentabilität und Erträge	118
	5.2.5		Architektur und Städtebau	120

		5.2.6	Bauqualität, Ökologie und nachhaltige Ökonomie	122
		5.2.7	Kosten und Termine	124

6 Prozess der Projektentwicklung — 129

	6.1	Allgemeines		129
	6.2	Grundlagen		130
		6.2.1	Projektorganisation	130
		6.2.2	Projekteinflussfaktoren und Projektentwicklungsstrategie	132
		6.2.3	Alternative Szenarien – Basis für mehr Planungssicherheit	134
		6.2.4	Problemlösung im Projektentwicklungsprozess	136
		6.2.5	Lebenszyklen von Immobilien	138
		6.2.6	Von der Idee zum Objekt	139

7 Werkzeuge und Methoden der Projektentwicklung — 147

	7.1	Projektstrukturpläne		147
	7.2	Das Verfahren der Regelkreise		149
	7.3	Ablaufsimulation über Terminpläne		150
	7.4	Frühwarnsysteme bei Prozessstörungen		152
	7.5	Risikomanagement		155
		7.5.1	Risiken und Chancen	155
		7.5.2	Definition der Projektentwicklungsrisiken	156
		7.5.3	Grundlagen des Risikomanagements	157
		7.5.4	Bewertung von Risiken	157
		7.5.5	Steuerung von Risiken	158
	7.6	Programming		158
	7.7	Nutzungs- und Funktionsprogramm		161
	7.8	Standortanalyse		165
	7.9	Marktanalyse		169
	7.10	Steuerung über Zielsysteme		171
		7.10.1	Grundsätze	171
		7.10.2	Zielkostenplanung und -steuerung	172
		7.10.3	Bewertung von Alternativen	173
		7.10.4	Projektorganisation bei Systemen der Zielkostenplanung	175
	7.11	Strategische Planung über Balanced Scorecards		177

7.12	Kostenermittlung für alternative Nutzungsstrukturen		180
	7.12.1	Grundsätze	180
	7.12.2	Einzelwertverfahren	180
	7.12.3	Spezifische Flächenmethode	181
	7.12.4	Volumenmodelle	182
	7.12.5	Vergleich Einzelwertverfahren / Volumenmodelle	184
7.13	Einfluss der Gebäudegeometrie auf die Investitionskosten		186
7.14	Rentabilität und Projektentwicklung		188
	7.14.1	Grundsätze	188
	7.14.2	Zahlungsströme bei Immobilieninvestitionen	190
	7.14.3	Ermittlung der Verkaufspreise	192
	7.14.4	Einfache Projektentwicklerrechnung	193
	7.14.5	Renditeberechnung aus Sicht des Investors	194
7.15	Baunutzungskosten		196
	7.15.1	Grundsätze	196
	7.15.2	Vergleichsberechnungen	197
	7.15.3	Optimierung der Nutzungskosten	199
7.16	Marketing		201
	7.16.1	Grundsätze	201
	7.16.2	Instrumente des Immobilienmarketings	202
	7.16.3	Prozess des Immobilienmarketings	204

8	**Wertermittlungsverfahren**		**207**
8.1	Allgemeines		207
8.2	Gesetzliche Verfahren		209
	8.2.1	Vergleichswertverfahren	209
	8.2.2	Ertragswertverfahren	209
	8.2.3	Schema einer Ertragswertberechnung	214
	8.2.4	Sachwertverfahren	215
8.3	Sonstige Verfahren		217
	8.3.1	Residualwertverfahren	217
	8.3.2	Barwertverfahren	218

	8.3.3	Immobilienbewertung mit vollständigen Finanzplänen	219
	8.3.4	Due Diligence	219

9 Immobilienfinanzierung 223

- 9.1 Allgemeines 223
- 9.2 Formen der Finanzierung 224
  - 9.2.1 Eigenkapitalfinanzierung 224
  - 9.2.2 Objektkredit 224
  - 9.2.3 Projektfinanzierung 224
  - 9.2.4 Klassische Immobilienfinanzierung 225
  - 9.2.5 Absicherung von Immobiliendarlehen 227
  - 9.2.6 Moderne Finanzierungsinstrumente 230
  - 9.2.7 Zinssicherungsinstrumente 234
  - 9.2.8 Kreditantrag und Bonitätsprüfung 236
  - 9.2.9 Risiken der Immobilienfinanzierung 237

10 Grundsätze zum nachhaltigen Bauen 239

- 10.1 Allgemeines 239
- 10.2 Planungsgrundsätze 240
  - 10.2.1 Städtebau und Raumordnung 241
  - 10.2.2 Gebäudekonzeption 243
  - 10.2.3 Grundlegende Anforderungen an moderne Bürogebäude 245
  - 10.2.4 Anforderungen an Freianlagen 248
  - 10.2.5 Gebäude als Lebensraum 248
  - 10.2.6 Energieoptimierung 252
  - 10.2.7 Abfallvermeidung 254

11 Praxisbeispiel Future Office – Konzept 255

- 11.1 Einführung 255
- 11.2 Verfahren zur Ergebniskontrolle 255
  - 11.2.1 Art und Umfang der Bewertung 255
  - 11.2.2 Einsatz differenzierter Zielsysteme 255
- 11.3 Vorgaben Projekt bestimmender Faktoren 259
  - 11.3.1 Wesentliche Projektziele / Randbedingungen 259
  - 11.3.2 Anforderungen an die Technische Ausrüstung 262
  - 11.3.3 Wichtige gesetzliche Regelungen 262

11.4	Erläuterungen zur Bestlösung		265
	11.4.1	Gebäudestruktur	265
	11.4.2	Organisation der Geschossplatten	266
	11.4.3	Tragwerk und Technische Ausrüstung	270
	11.4.4	Architekturkonzept	273
11.5	Zusammenfassende Bewertung		276

Literaturverzeichnis   **277**

Wichtige Normen und Richtlinien / ergänzende Literatur   **283**

Stichwortverzeichnis   **285**

Anhang 1   **291**

Anhang 2   **292**

Abbildungsverzeichnis

Abb. 1.1	Bauleistungen in 2003	1
Abb. 1.2	Fertiggestellte Wohnungen pro Jahr im Bundesvergleich von 1992 bis 2003	2
Abb. 1.3	Beschäftigte im Bauhauptgewerbe	4
Abb. 1.4	Trends der Strukturveränderung in der Bauwirtschaft 1950 – 2000	5
Abb. 1.5	Index für Wohn- und Gewerbeimmobilien 1990 – 2003	7
Abb. 1.6	Stufen der Bereitstellung und Bewirtschaftung von betrieblichen Immobilien	8
Abb. 1.7	Jährliche Veränderungsraten des Bruttoinlandsproduktes	11
Abb. 1.8	Beeinflussbarkeit der Projektergebnisse in Abhängigkeit zu den Projektphasen	12
Abb. 1.9	Beispiele innovativer Wettbewerbsmodelle	13
Abb. 1.10	Grundmodell des Projekt-Partnerings	13
	Vergleich target costing zur klassischen Kostenrechnung	13
Abb. 1.11	Beispiele innovativer Wettbewerbsmodelle	14
Abb. 1.12	Beispiel für ein produktionsorientiertes Kooperationsmodell	15
Abb. 2.1	Produktübersicht im Immobilienmarkt	17
Abb. 2.2	Schema eigen- / fremd genutzte Wohnimmobilien	18
Abb. 2.3	Gründe für den Kauf / Erwerb von Wohneigentum (Mehrfachnennungen)	19
Abb. 2.4	Wichtige Gesetze und Vorschriften für den Bau von Seniorenpflegeheimen	20
Abb. 2.5	Altersstruktur der deutschen Wohnbevölkerung	21
Abb. 2.6	Struktur Seniorenwohnen	22
Abb. 2.7	Handlungsfelder bei betriebs- und nicht betriebsnotwendigen Produktionsflächen	23
Abb. 2.8	Zusammenhang optimale Büroform / Kommunikationsanforderungen	25
Abb. 2.9	Grundrissausschnitt typisches Zellenbüro	26
Abb. 2.10	Grundrissausschnitt Gruppenraumbüro	27
Abb. 2.11	Grundrissausschnitt Kombibüro	28
Abb. 2.12	Grundrissausschnitt Mischform mit variabler Breite der Geschossplatte	28
Abb. 2.13	Schwankungsbreite des Flächenbedarfs (HNF + NNF) pro Arbeitsplatz	29
Abb. 2.14	Klassische Verteilung des Investments bei Businessparks	30

Abb. 2.15	Entwicklung der Golfplätze und Golfspieler in Deutschland	32
Abb. 2.16	Zusammenhang Nutzungsstruktur / baulicher Aufwand	33
Abb. 3.1	Wichtige Akteure der Immobilienwirtschaft	39
Abb. 3.2	Exogene Interessen im Immobilienmarkt	40
Abb. 3.3	Beeinflussbarkeit von Projektergebnissen in Abhängigkeit zum Kenntnisstand über Projekt bestimmende Faktoren	41
Abb. 3.4	Ausweitung der Kernkompetenz zur Steigerung der Wertschöpfung	42
Abb. 3.5	Kapitalanlagemodelle im Immobiliensektor	45
Abb. 3.6	Investoren und ihre Anlagestrategie	46
Abb. 3.7	Liegenschaften der Offenen Immobilienpublikumsfonds im Jahr 2000	47
Abb. 3.8	Platziertes Eigenkapital geschlossener Immobilienfonds in Deutschland	48
Abb. 3.9	Konstruktion eines Immobilienspezialfonds	49
Abb. 3.10	Risiken und Anlegerschutz bei indirekten Immobilienbeteiligungen	50
Abb. 3.11	Anlageverhalten deutscher Lebensversicherungsunternehmen	53
Abb. 3.12	Immobilienvermögen in Deutschland	55
Abb. 3.13	Struktur privater Immobilieninvestitionen	55
Abb. 3.14	Ertrag und Risikoprofil von strategischen Finanzinvestoren	56
Abb. 3.15	Prüfschema für nachhaltig erzielbare Mieten	57
Abb. 3.16	Verteilung unterschiedlicher Arbeitsplatztypen	58
Abb. 3.17	Betreiberkonzept einer Future-Office – Immobilie	59
Abb. 3.18	Gliederung der Bauaufgabe gemäß der Bauordnung Mecklenburg-Vorpommern	60
Abb. 3.19	Projektrealisierung über einen Generalunter- bzw. Generalübernehmer	61
Abb. 3.20	Unternehmereinsatz in der Bauwirtschaft	62
Abb. 3.21	Grundstruktur von Partnerschaftsmodellen der Bauwirtschaft	63
Abb. 3.22	Einflussgrößen in den ersten Phasen der Projektentwicklung	64
Abb. 3.23	Wesentliche Nebenleistungen der Maklertätigkeit	65
Abb. 3.24	Grundlagen zur Verwaltung von Teileigentum nach WEG	67
Abb. 3.25	Lebenskosten einer Büroimmobilie	68
Abb. 3.26	Kernaufgaben des Facility Managements	69
Abb. 3.27	Stufen der integrierten Gebäudeplanung	70
Abb. 3.28	Beispiel für ein übergeordnetes Zielsystem	71
Abb. 3.29	Mitwirkung der öffentlichen Verwaltung bei der Projektentwicklung	73

Abb. 4.1	Grundstruktur des Baurechts	75
Abb. 4.2	Wichtige Gesetze und Zuständigkeiten beim öffentlichen Baurecht	76
Abb. 4.3	Auszug aus einem Flächennutzungsplan	80
Abb. 4.4	Regelablauf des Bebauungsplanverfahrens	82
Abb. 4.5	Auszug Bebauungsplan	84
Abb. 4.6	Zulässigkeit von Bürogebäuden in Abhängigkeit von der Gebietsfestsetzung	85
Abb. 4.7	Schema der offenen bzw. geschlossenen Bauweise	86
Abb. 4.8	Instrumente zur Sicherung der Bauleitplanung	88
Abb. 4.9	Regelablauf von Baugenehmigungsverfahren	91
Abb. 4.10	Übersicht zur Bemessung von Abstandsflächen	93
Abb. 4.11	Beispiel zur Anordnung von Rettungswegen	94
Abb. 4.12	Sicherungspflichten des Bauträgers gegenüber dem Erwerber	97
Abb. 4.13	Handlungsfelder bei der Vorbereitung von Grundstückskaufverträgen	100
Abb. 4.14	Wichtige Vorkaufsrechte beim Grundstückskaufvertrag	100
Abb. 4.15	Kaufpreissplittung bei Immobilien zur Reduzierung der Grunderwerbsteuer	101
Abb. 4.16	Übersicht über Gewährleistungsmängel	102
Abb. 4.17	Zahlungsraten nach der Makler- und Bauträgerverordnung (MaBV)	103
Abb. 4.18	Klassisches Vergabeschema	105
Abb. 4.19	Schema einer interaktiven Abwicklungsstruktur	106
Abb. 4.20	Vergabe mit variablen Leistungsanteilen	106
Abb. 4.21	Construction Management	107
Abb. 4.22	Einbindung des Änderungsmanagements bei GMP- / oder Baupartnermodellen	108
Abb. 4.23	Schema der öffentlichen Vergaben	109
Abb. 5.1	Elemente, die den Wert einer Immobilie bestimmen	111
Abb. 5.2	Gliederung der wesentlichen Projekt bestimmenden Faktoren	113
Abb. 5.3	Beeinflussbarkeit „harter" und „weicher" Standortfaktoren	114
Abb. 5.4	Zusammenhang aus Standort, Rahmenbedingungen und Markt	115
Abb. 5.5	Zusammenhang aus Markt, Nachfrage und Preis	116
Abb. 5.6	Zusammenhang aus Nutzungsstruktur, Immobilienmarkt und Nutzwert	117
Abb. 5.7	Potenzial für Zielkonflikte in der Projektentwicklung	119

Abb. 5.8	Beeinflussung der Rendite über die Faktoren Markt, Nutzwert und Image	120
Abb. 5.9	Standortqualität und Nutzungsstruktur versus Architektur und Städtebau	121
Abb. 5.10	Gegenüberstellung einer CAD-Visualisierung mit dem Foto des Ist-Zustands	121
Abb. 5.11	Bauqualität und Ökologie als Funktion aus Nutzungsstruktur und Erträgen	122
Abb. 5.12	Nachhaltige Ökonomie als Funktion aus Nutz- und Substanzwert	123
Abb. 5.13	Beispiel für eine Portfoliobewertung	124
Abb. 5.14	Kosten und Termine als Funktion gestalterischer und wirtschaftlicher Vorgaben	124
Abb. 5.15	Zusammenhang von Kosten, Terminen und Qualitäten	125
Abb. 5.16	Regelablauf bei der Gebäudeoptimierung	126
Abb. 6.1	Zusammenhang zwischen Aufwand und Wertschöpfung	130
Abb. 6.2	Wichtige Elemente der Projektorganisation	131
Abb. 6.3	Modell einer kooperativen Führungsstruktur	132
Abb. 6.4	Einflussfaktoren bei der Projektentwicklung	133
Abb. 6.5	Grundsätze zur Vorgehensweise bei der Szenariotechnik	135
Abb. 6.6	Mögliche Szenarien in Abhängigkeit zum Zeitraum der Prognose	136
Abb. 6.7	Schema einer linearen Problemlösung	137
Abb. 6.8	Schema einer komplexen Problemlösung	137
Abb. 6.9	Beispielhafter Aufbau von Systemebenen in der Projektentwicklung	138
Abb. 6.10	Beispiel für einen Markt orientierten Lebenszyklus einer Immobilie	139
Abb. 6.11	Auslöser für eine Projektentwicklung	140
Abb. 6.12	Grundmodell der Projektentwicklung auf Basis einer Projektidee	140
Abb. 6.13	Grundmodell der Projektentwicklung für ein vorhandenes Grundstück	141
Abb. 6.14	Prozess der Projektentwicklung bei vorgegebener Nutzung	142
Abb. 6.15	Schwerpunkte der Projektentwicklung	143
Abb. 6.16	work flow Projektentwicklung und Realisierungsmanagement	144
Abb. 6.17	Know-how – Transfer im Lebenszyklus von Immobilien	145
Abb. 7.1	Strukturpläne in der Projektentwicklung	147
Abb. 7.2	Wichtige Handlungsfelder der Projektentwicklung (Beispiel Bürogebäude)	148
Abb. 7.3	Auszug aus einem funktional gegliederten Projektstrukturplan	148

Abb. 7.4	Auszug aus einem Objekt bezogenen Projektstrukturplan	149
Abb. 7.5	Aufbau von Regelkreisen der Projektentwicklung	150
Abb. 7.6	Grobstruktur Terminplan Regelkreis 1, Ideenfindung	151
Abb. 7.7	Funktionsweise eines Frühwarnsystems	152
Abb. 7.8	Störgrößen im Terminmanagement	153
Abb. 7.9	Gegenläufige Reaktionen auf Änderungen im Projektentwicklungsprozess	153
Abb. 7.10	Ursache und Wirkung nach Pareto	154
Abb. 7.11	Wesentliche Risiken der Projektentwicklung	155
Abb. 7.12	Struktur des Risikomanagements	157
Abb. 7.13	Wesentliche Handlungsfelder des Programmings	159
Abb. 7.14	Grundmodell der Ergebnis orientierten Arbeitsorganisation	159
Abb. 7.15	Index zur Akzeptanz unterschiedlicher Büroformen	160
Abb. 7.16	Einfluss des Programmings auf die Projektergebnisse	161
Abb. 7.17	Einfluss des Raum- und Funktionsprogramms auf die Projektergebnisse	164
Abb. 7.18	Struktur der Nutzungs- und Funktionsplanung	165
Abb. 7.19	Handlungsfelder der Standortanalyse	166
Abb. 7.20	Grafische Darstellung der Ergebnisse einer Nutzwertanalyse	167
Abb. 7.21	Grundstruktur einer Marktanalyse	169
Abb. 7.22	Zusammenspiel Projektentwicklung / Projektmanagement	171
Abb. 7.23	Phasen des Quality Function Deployments (QFD) in der Projektentwicklung	173
Abb. 7.24	Klassifizierung von Kundenwünschen (nach KANO)	174
Abb. 7.25	Akzeptanz von Einsparungsmöglichkeiten beim Kauf von Wohnungseigentum	176
Abb. 7.26	Struktur der strategischen Planung nach dem Modell der balanced scorecard	177
Abb. 7.27	Schema eines balanced scorecard-Berichts	178
Abb. 7.28	Prinzipieller Aufbau einer balanced scorecard	179
Abb. 7.29	Schema des Einzelwertverfahrens	181
Abb. 7.30	Struktur der Kostenermittlung über spezifische Volumenmodelle	183
Abb. 7.31	Vergleich Einzelwertverfahren / Volumenmodelle	184
Abb. 7.32	Toleranzgrenzen zur Festlegung von Kostenzielen	185

Abb. 7.33	Faktoren der Flächeneffizienz		186
Abb. 7.34	Herstellkosten je Arbeitsplatz in Abhängigkeit zur Büroform		187
Abb. 7.35	Verteilung der Investkosten in Abhängigkeit vom Anforderungsprofil der Nutzung		188
Abb. 7.36	Verfahren der Investitionsrechnung		189
Abb. 7.37	Zahlungen bei Immobilieninvestitionen		190
Abb. 7.38	Ermittlung des erzielbaren Verkaufspreises		192
Abb. 7.39	Auszug aus einer einfachen Projektentwicklerrechnung		193
Abb. 7.40	Schema einer cash flow-Betrachtung für ein Seniorenpflegeheim		195
Abb. 7.41	Struktur der Nutzungskosten		196
Abb. 7.42	Einflussgrößen auf das Raumklima		200
Abb. 7.43	Auswirkungen der Technischen Ausrüstung auf die Gebäudegeometrie		201
Abb. 7.44	Klassische Marketingfaktoren		201
Abb. 7.45	Übergeordnete Unternehmensziele		202
Abb. 7.46	Beispiel für die Analyse der eigenen Marktposition		203
Abb. 7.47	Vertriebsformen von Immobilienprodukten		204
Abb. 8.1	Alternativen zur Berechnung des Verkehrswertes einer Immobilie		207
Abb. 8.2	Mögliche Trends in der Wertentwicklung von Immobilien		208
Abb. 8.3	Vergleichswertverfahren für unbebaute Grundstücke		210
Abb. 8.4	Wertermittlung nach dem Ertragswertverfahren		211
Abb. 8.5	Wertermittlung nach dem Sachwertverfahren		216
Abb. 8.6	Ermittlung der Herstellkosten über Kennzahlen		217
Abb. 8.7	System der Wertermittlung nach dem Residualverfahren		218
Abb. 8.8	Handlungsfelder der Due Diligence-Prüfung		219
Abb. 8.9	Übersicht lage- und gebäudebezogener Kriterien der Due Diligence-Prüfung		220
Abb. 8.10	Integration der Due Diligence in den Entscheidungsprozess zur Investition		221
Abb. 8.11	Due Diligence als Bestandteil eines übergeordnetes Steuerungssystems		222
Abb. 9.1	Struktur einer Investitionsanalyse		223
Abb. 9.2	Schema der Kredittilgung bei Annuitätendarlehen		225
Abb. 9.3	Schema der Kredittilgung bei endfälligen Darlehen		226
Abb. 9.4	Schema einer cash flow orientierten Tilgung		227

Abb. 9.5	Klassisches Modell der Kreditsicherung	228
Abb. 9.6	Schema üblicher Kreditsicherheiten	228
Abb. 9.7	Struktur einer Mezzaninefinanzierung	231
Abb. 9.8	Vorteile des Mortage Backed Securities	233
Abb. 9.9	Schema der Zinssicherung über Caps	235
Abb. 9.10	Austausch von Zahlungsströmen aus Zinsen (swap)	235
Abb. 9.11	Schema der Bonitätsprüfung von Projektentwicklern	237
Abb. 9.12	Risiken aus Sicht des Kreditgebers	238
Abb. 10.1	Ansätze zum betriebswirtschaftlichen Vergleich von Alternativen	239
Abb. 10.2	Wesentliche Kriterien der Bauökologie	239
Abb. 10.3	Flächen- und Raumkennzahlen für Verwaltungsbauten des Bundes	240
Abb. 10.4	Kennzahlen der Hüllfläche in Abhängigkeit von der Gebäudegeometrie	244
Abb. 10.5	Wesentliche Kriterien bei der Ausrichtung von Aufenthaltsräumen	245
Abb. 10.6	Schema zur Bewertung von Varianten der Technischen Ausrüstung	245
Abb. 10.7	Elemente zur Steigerung des Nutzwertes von Büroimmobilien	246
Abb. 10.8	Paradigmenwechsel in der Arbeitswelt von IBM Deutschland	247
Abb. 10.9	Investitionskosten für die Technische Ausrüstung in Abhängigkeit von der gewählten Konzeption	250
Abb. 10.10	Möglichkeiten zur Fensterlüftung in Abhängigkeit zur Außentemperatur	251
Abb. 10.11	Wichtige Richtlinien zum Schallschutz	252
Abb. 10.12	Rechtsgrundlagen zur Abfallbeseitigung / -verwertung	254
Abb. 11.1	Zusammenfassende Bewertung der Projektentwicklung über Prämissen	256
Abb. 11.2	Zusammenfassung der Bewertung zum Städtebau	257
Abb. 11.3	Bewertung der Faktoren	258
Abb. 11.4	Bewertungstiefe in der Phase der Grundstücksanalyse	259
Abb. 11.5	Nutzungsstruktur einer typischen Geschossplatte	261
Abb. 11.6	Mindestraumhöhe von Büroflächen nach der alten Arbeitsstättenverordnung	262
Abb. 11.7	Mindestabmessungen für einen Arbeitstisch	263
Abb. 11.8	Funktions- und Sicherheitsabstände vor Schränken	264
Abb. 11.9	Mindestbreite von Verkehrswegen	264
Abb. 11.10	Modularer Aufbau der Gebäudestruktur	265
Abb. 11.11	Schema einer multifunktional nutzbaren Geschossplatte	266

Abb. 11.12	Anordnung von Treppen	267
Abb. 11.13	Lage von Kommunikationszonen	268
Abb. 11.14	Bürozonen für die Gruppenarbeit	269
Abb. 11.15	Bürozonen für Einzelräume	270
Abb. 11.16	Integrales System Tragwerk und Technische Ausrüstung	271
Abb. 11.17	Kühldecken und Betonkernaktivierung in Kombination	272
Abb. 11.18	Energiekosten von Büroflächen im Jahresvergleich	273
Abb. 11.19	Typische Ansicht eines Baukörpers	274
Abb. 11.20	Ausschnitt Nordfassade mit hohen Anforderungen an die Tageslichtausbeute	275
Abb. 11.21	Fassadenausschnitt Paneelanteil ca. 25 %	275
Abb. 11.22	Fassadenausschnitt Panelanteil ca. 35 %	276

Tabellenverzeichnis

Tab. 7.1	Beispiel für den Aufbau eines Kriteriengerüsts für eine Nutzwertanalyse	167
Tab. 7.2	Auszug aus einer Nutzwertanalyse	168
Tab. 7.3	Auszug aus dem Ergebnisbericht des DIX 2003	170
Tab. 7.4	Beispiel für eine Kostenermittlung nach der spezifischen Flächenmethode	181
Tab. 7.5	Auszug Grobelemente nach DIN 276	182
Tab. 7.6	Kostenvergleich zu Alternativen der Be- und Entlüftung von Büroflächen	184
Tab. 9.1	Vergleich der Eigenkapitalrendite bei klassischer und Mezzaninefinanzierung	232
Tab. 9.2	Eigenkapitalrendite bei der Finanzierung nach Participating Mortage	233
Tab. 10.1	Wichtige Förderprogramme zur Stadtentwicklung	242
Tab. 10.2	Erforderlicher Schallschutz von Außenwänden, Beispiel Bürogebäude	252
Tab. 11.1	Wesentliche Elemente des Zielsystems	260

Abkürzungsverzeichnis

AFM	Association for Facility Management
AWF	Außenwandfläche
BauGB	Baugesetzbuch
BauNVO	Baunutzungsverordnung
BauPrüfVO	Verordnung über bautechnische Prüfungen
BauVer/VO	Verordnung Bauvorlagen in bauaufsichtlichen Verfahren
BGB	Bürgerliches Gesetzbuch
BGF	Brutto-Grundfläche
BGH	Bundesgerichtshof
BImSchG	Bundes-Immissionsschutzgesetz
BMZ	Baumassenzahl
BRI	Brutto-Rauminhalt
BMVBW	Bundesministerium für Verkehrs-, Bau- und Wohnungswesen
CAM-I	consortium for advanced manufacturing International
EnEV	Energieeinsparungsverordnung
ErbbRVO	Erbbaurechtsverordnung
FF	Funktionsfläche
FM	Facility Management
GarVO	Verordnung über den Bau und Betrieb von Garagen
GEFMA	German Facility Management Association
GFZ	Geschossflächenzahl
GMP	Garantierter Maximalpreis
GrEstG	Grunderwerbsteuergesetz
GRZ	Grundflächenzahl
GWB	Gesetz gegen Wettbewerbsbeschränkung
HNF	Hauptnutzfläche
HOAI	Honorarordnung von Leistungen für Architekten und Ingenieure
HochhVO	Verordnung über den Bau und Betrieb von Hochhäusern
HeimMinBauV	Heimmindestbauverordnung
KF	Konstruktionsfläche
KG	Kostengruppe

KNA	Kosten-Nutzen-Analyse
KWA	Kosten-Wirksamkeitanalyse
MaBV	Makler- und Bauträgerverordnung
MF	Mietfläche
NNF	Nebennutzfläche
NWA	Nutzwertanalyse
PlanzV	Planzeichenverordnung
QFD	Quality Function Deployments
ROG	Raumordnungsgesetz
ROI	return of investment
TA-Lärm	Technische Anleitung zum Schutz gegen Lärm
TA-Luft	Technische Anleitung Luft
VAG	Versicherungsaufsichtsgesetz
VDI	Verein deutscher Ingenieure
VF	Verkehrsfläche
VOB	Vergabe- und Vertragsordnung für Bauleistungen
VOL	Verdingungsordnung für Leistungen
VstättVO	Verordnung über den Bau und Betrieb von Versammlungsstätten
VV	Verwaltungsvereinbarung
VVBauO	Verwaltungsvorschrift zur Landesbauordnung
VwV	Verwaltungsvorschrift
WEG	Wohnungseigentumgesetz
WertV	Wertermittlungsverordnung
ZPO	Zivilprozessordnung

1 Grundlagen und Rahmenbedingungen

1.1 Projektentwicklung und Bauwirtschaft

Im Jahr 2003 betrug die Summe aller Bauleistungen in Deutschland ca. 210 Mrd. Euro (Basisjahr 1995, Max-Wert 264 Mrd. Euro 1995), die sich getrennt nach Sparten wie folgt aufgliedern.

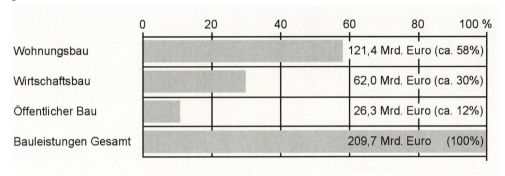

Abb. 1.1 Bauleistungen in 2003 [1]

Nach Abzug anteiliger Leistungen des öffentlichen Tiefbaus in Höhe von 18 Mrd. Euro und ca. 17 Mrd. Euro aus Tiefbauleistungen des Wirtschaftsbaus entfielen 2003 ca. 175 Mrd. Euro (ca. 83 %) auf Hochbaumaßnahmen. Auf Wohngebäude entfielen 121,4 Mrd. Euro bzw. ca. 60 % der Gesamtbauleistung.

Vor dem Hintergrund demografischer und ökonomischer Veränderungen zeichnet sich bereits seit der zweiten Hälfte der 90er Jahre eine Veränderung in der Baunachfrage ab. Seriöse Studien gehen für den Zeitraum bis 2010 von einer deutlichen Umverteilung der Bauleistungen vom Wohnungsbau, als dem bisher mit großem Abstand wichtigsten Segment der Bauwirtschaft, zum Wirtschaftsbau aus.

In den alten Bundesländern nahm die Anzahl der fertig gestellten Wohnungen von 505.000 Einheiten im Jahr 1994 auf 226.000 Einheiten im Jahr 2003 ab.

Zeit versetzt erfolgte eine ähnliche Entwicklung in den neuen Bundesländern. Der Spitzenwert mit insgesamt 178.000 Einheiten im Jahr 1997 sank im Jahr 2003 auf 42.000 Wohnungen.

Im gesamten Bundesgebiet hat sich damit innerhalb von ca. 10 Jahren pro Jahr die Anzahl der fertig gestellten Neubauwohnungen mehr als halbiert.

Der Bedarf an modern ausgestatten Wohnungen wird – abgesehen von regionalen Unterschieden – insgesamt weiter ansteigen (wenn auch langsamer als bisher), wobei allerdings in schlechten Lagen mit unattraktiven Gebäudestrukturen mit einem starken Ansteigen der Leerstandsquoten gerechnet werden muss.

Ein großer Teil der steigenden Nachfrage wird – soweit heute erkennbar – über Umschichtungen im Bestand abgedeckt.

Abb. 1.2 Fertiggestellte Wohnungen pro Jahr im Bundesvergleich von 1992 bis 2003 [2]

Die Umschichtung wird im Wesentlichen durch folgende Einflüsse ausgelöst:
- Zunahme kleinerer Haushalte,
- Verkürzung der jeweiligen Nutzungsdauer in Folge der zunehmenden Anforderungen an die Mobilität der Mieter bzw. Eigentümer,
- Auswirkungen einer zunehmenden Dezentralisierung von Produktionsstandorten,
- Verlagerung eines Teils der Erwerbstätigkeit in die Wohnung,
- Trendänderungen im Freizeitverhalten,
- wachsender Bedarf an altersgerechten Wohnungen,
- steigende Nachfrage bei der Unterbringung und Versorgung von Senioren in stationären Einrichtungen,
- steigendes Umweltbewusstsein.

Hinzu kommt, dass zu erwarten ist, dass sich die Nachfrage im Wohnungsbau zukünftig nicht mehr allein aus dem Flächenbedarf und vordergründigen Lagebedingungen (gute Wohnlage, Einkaufsmöglichkeiten, Schulen etc.) bestimmt, sondern auch von qualitativen Aspekten (wie z. B. Funktionalität / Flexibilität, Ausstattung, Wertbeständigkeit unter sich ändernden Randbedingungen) geprägt wird.

Denkbare Veränderungen der Standortbedingungen und der wirtschaftlichen Rahmendaten zwingen den Entwickler von Gewerbeimmobilien seit langem zu einer besonders sorgfältigen Vorbereitung und Entwicklung seiner Projekte, um Existenz bedrohende Fehlinvestitionen zu vermeiden.

Er untersucht daher in der Regel Möglichkeiten zu einer Drittverwertbarkeit ausgehend von Nutzungsalternativen. Die Entwicklung von Wohnimmobilien wird daher zukünftig von ähnlich komplexen Anforderungen geprägt sein wie sie heute bereits bei Gewerbeimmobilien gelten.

Langfristig angelegte und entsprechend abgesicherte Nutzungsperspektiven sind bei Büroimmobilien, aber auch in Teilen des Einzelhandels selten geworden, da auch Eigennutzer auf Anforderungen, die sich mit zunehmender Geschwindigkeit ändern, flexibel reagieren müssen.

Ähnliches gilt für die Hochbaumaßnahmen der öffentlichen Hand, wie z. B. Schulen, Verwaltungsgebäuden, Kliniken etc., bei denen die Verknappung der öffentlichen Mittel dazu führt, dass sie zunehmend nach Renditegesichtspunkten mit privatem Kapital gebaut und betrieben werden müssen.

Dass Möglichkeiten zur Umnutzung bestehen, zeigen Beispiele im Bereich der Nachnutzung von Kasernen. Voraussetzung ist allerdings eine weitgehend neutrale Gebäudestruktur.

In Folge der stark angestiegenen Komplexität der Entscheidungen für oder gegen eine bestimmte Immobilieninvestition reichen die einfachen Methoden der Vergangenheit zur Begrenzung des Investitionsrisikos in vielen Fällen nicht mehr aus. Die sorgfältige Projektvorbereitung / -entwicklung unter Ausnutzung moderner Methoden wird daher in der Bauwirtschaft zunehmend zu einer existenziellen Frage.

1.2 Strukturveränderungen

Seit Mitte der 90er Jahre steckt die deutsche Bauwirtschaft in einer tief greifenden Krise. Die Bautätigkeit ist in allen Bereichen stark rückläufig. Massive Strukturveränderungen, die alle Teile der Bauwirtschaft erfasst haben, kennzeichnen die Situation.

Während die deutsche Bauwirtschaft in der Phase des Wiederaufbaus nach 1945 und der starken Nachfrage, die bis in die 80er Jahre reichte, bis zu 10 % zur Bruttowertschöpfung beitrug, sank ihr Anteil – abgesehen von Sondereffekten durch die Wiedervereinigung – im Jahr 2002 auf ca. 4,8 %.

In ihrer Studie zur Zukunft der Bauwirtschaft in Deutschland (2002) kommt das Institut für Wirtschaft und Gesellschaft Bonn e.V. (IWG Bonn) zu dem Ergebnis, dass sich dieser Trend in Zukunft fortsetzen wird. Dies gilt vor allem für den Markt traditioneller Bauleistungen, in dem ausländische Anbieter noch stärker als bisher als Wettbewerber auftreten und den inländischen Arbeitsmarkt belasten werden.

Eine Hauptursache für die Entwicklung liegt in der Zurückhaltung gewerblicher Investoren, unter anderem ausgelöst durch die anhaltende Wachstumsschwäche der deutschen Wirtschaft und im geschrumpften Vertrauen gewerblicher Investoren in die Zukunft des Wirtschaftsstandortes Deutschland.

In Folge der Globalisierung der Wirtschaft verlagert nicht nur die deutsche Großindustrie, sondern zunehmend auch der Mittelstand Produktionsstätten ins Ausland. Die hierdurch ausgelösten Bauinvestitionen kommen der heimischen Bauwirtschaft nur in geringem Umfang zugute.

Das gilt auch dann, wenn deutsche Bauunternehmen mit ausländischen Tochtergesellschaften die neuen Produktionsstätten errichten, da die Erträge in der Regel im Ausland verbleiben und so nur indirekt die Finanzkraft der Muttergesellschaften stärken.

Im privaten Sektor kommt die Angst vor Einkommens- und Arbeitsplatzverlust hinzu, die den Wohnungsbau in einzelnen Regionen besonders hart trifft.

Im öffentlichen Sektor bestimmen Kürzungen von Investitionszulagen und Steuerausfälle die Situation, die vielerorts die kommunalen Auftraggeber zu einer Begrenzung des Investitionsvolumens auf das absolute Minimum zwingen.

Verstärkt wird der negative Trend durch den Reformstau in Politik und Verwaltung, der den Einsatz alternativer Investitions- und Betreiberkonzepte nach angelsächsischen Vorbildern (z. B. Public Private Partnership [3P-Modell]) stark behindert.

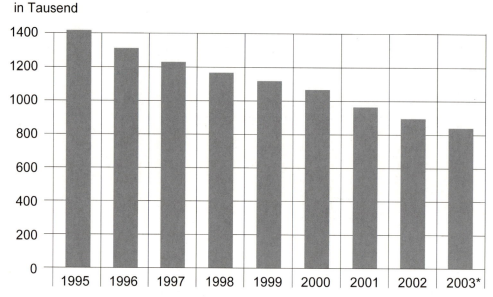

*Prognose des Hauptverbandes der Deutschen Bauindustrie e.V.

Abb. 1.3 Beschäftigte im Bauhauptgewerbe [3]

Wichtig sind aber auch hausgemachte Gründe, wie z. B. der im Wesentlichen künstlich angeheizte Bauboom in den neuen Bundesländern, der nach dem Wegfall der Steuerprivilegien ab 1995/1996 weitgehend in sich zusammengebrochen ist sowie die in Teilen sehr restriktive Kreditpolitik der Banken, die ihre Auslöser nicht nur in geänderten Kreditrichtlinien nach Basel II, sondern auch in einer Fülle fehlgeschlagener bzw. Not leidend gewordener Immobiliengeschäfte der letzten 10 bis 15 Jahre hat.

Hinzu kommt die nach wie vor schleppende Anpassung großer Teile der Bauwirtschaft an fundamental veränderte Rahmenbedingungen, die anstelle der bloßen Abarbeitung konkret ausformulierter Bauaufgaben die komplexe Betrachtung des Kundennutzens im gesamten Lebenszyklus der Bauinvestition erfordert.

1.3 Schritte zur Anpassung

1.3.1 Folgen geänderter Rahmenbedingungen

Für die Notwendigkeit, die traditionelle Struktur der Bauwirtschaft an die geänderten Rahmenbedingungen anzupassen, gab es bereits Anfang der 80er Jahre erste Anzeichen.

Die Deckung des bestimmten Bedarfs aus der Phase des Wiederaufbaus und hoher Wachstumsraten im privaten und öffentlichen Sektor nahm in seiner Bedeutung ab, die Wirtschaftlichkeit und der eher unbestimmte Bedarf des Käufer- / Nutzermarkts wurden zunehmend wichtiger.

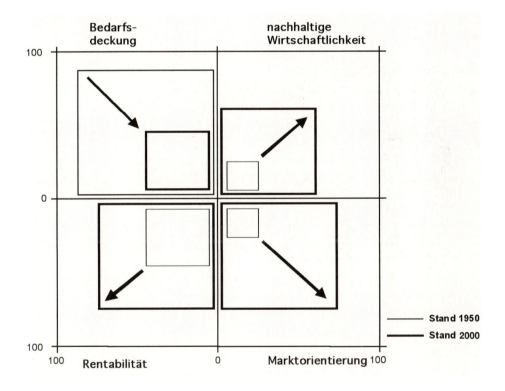

Abb. 1.4 Trends der Strukturveränderung in der Bauwirtschaft 1950 – 2000

Vor dem Hintergrund
- spürbar werdender Verschiebungen in der Bevölkerungsstruktur,

- des Abbaus traditioneller Werte verbunden mit Änderungen im Konsumverhalten (Einkaufszentren auf der grünen Wiese versus Einkaufen als gesellschaftliches Ereignis),
- der zunehmenden Bedeutung des Dienstleistungssektors,
- einer gestiegenen Nachfrage nach Nutzer bestimmten Immobilien,
- einer beginnenden Neuordnung der gewerblichen Wirtschaft, die zur Aufgabe bzw. Verlagerung ganzer Wirtschaftszweige (z. B. Schwerindustrie, Chemische Industrie, Teile der Blech verarbeitenden Betriebe und des Maschinenbaus) führte,
- der hiermit oft verbundenen Umwandlung aufgegebener Industrie-, Gewerbe- und Verkehrsflächen in Büro- und Servicezonen, Megaeinkaufszentren (Centro Oberhausen), Wohn- und Freizeitparks etc.

traten ab Anfang der 90er Jahre Kosten–Nutzen – Betrachtungen endgültig in den Vordergrund.

Die Entwicklung wurde dabei von der sehr breit geführten Diskussion zur Nachhaltigkeit verstärkt, die seit Anfang der 90er Jahre eine angemessene Berücksichtigung der ganzheitlich ökonomischen Faktoren von Bauinvestitionen fordert (Rohstoffkreislauf, Investitions- und Folgekosten, ökologische Auswirkungen etc.).

1.3.2 Veränderungen im Markt

In den Boomphasen spielten die Kosten der einzelnen Baumaßnahmen in aller Regel keine herausragende Rolle. Wo es opportun erschien, wurde der Aufwand zum Beispiel direkt (Sozialer Wohnungsbau) oder indirekt über Steuerprivilegien (Bauherrenmodelle der 70er und 80er Jahre, Sondergebietsförderung nach der Wiedervereinigung etc.) subventioniert.

Eine falsche Einschätzung des Bedarfs oder der Kosten wurde im privaten und gewerblichen Bereich sehr schnell durch hohe Wertsteigerungsraten und im öffentlichen Sektor durch Mehreinnahmen aus Abgaben und Steuern ausgeglichen. Die Nachteile dieser jahrzehntelangen Praxis wurden Anfang der 90er Jahre deutlich.

Während sich in den Phasen hoher Nachfrage (1970/1980) im Markt problemlos jährliche Steigerungsraten von 6 % und mehr bei Mieten und Baupreisen durchsetzen ließen, stagniert seit 1990 die Entwicklung bei Wohnimmobilien.

Der durchschnittliche Wert von Gewerbeimmobilien gab – bezogen auf den Höchststand 1993 – im gleichen Zeitraum um ca. 20 % nach.

Die Entwicklung wird im Gewerbebau von einem deutlich geminderten Interesse an einer langfristigen Bindung an eigen genutzten Immobilien begleitet, da

- sie aufgrund schrumpfender Wertsteigerungsraten als Kapitalanlage unattraktiv geworden sind,
- bilanzielle Nachteile überwiegen (share holders value),
- sie über die erforderliche langfristige Kapitalbindung die finanziellen Spielräume für das Kerngeschäft einengen,
- die Anmietung von betriebsnotwendigen Flächen über flexibel gestaltbare Unternehmensstrategien betriebswirtschaftliche Vorteile bietet,
- die globalen Veränderungen in der deutschen Wirtschaft allgemein zu einer Verunsicherung der Investoren geführt haben,

- fallende Erträge zu einem negativen Trend in der Wertentwicklung der Immobilien geführt haben,
- steuerliche Vorteile über die Ausweitung der Spekulationsfrist bei der direkten Immobilienanlage auf 10 Jahre und andere Maßnahmen weitgehend abgebaut worden sind.

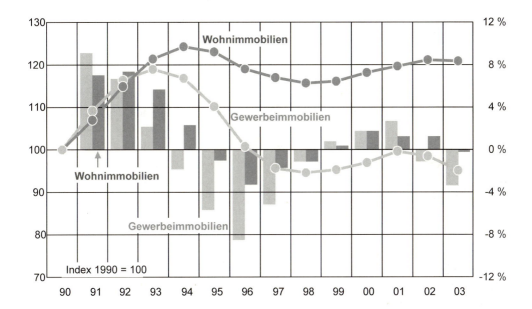

Abb. 1.5 Index für Wohn- und Gewerbeimmobilien 1990 – 2003 [4]

An die Stelle des natürlichen Bauherrn, der den speziellen Bedarf seines Unternehmens abdeckt, ist in vielen Fällen ein bis dahin unbekannter Marktteilnehmer getreten.

Unter dem Sammelbegriff „Corporate Real Estate Management" treten Projektentwickler und Immobiliengesellschaften auf, die für anonyme Investoren bauen und wechselnde Mieter mit unterschiedlichen Nutzerprofilen bedienen.

Sie bieten ganzheitliche Lösungsansätze, die häufig eine nahtlose Kombination aus Strategieberatung, Projektentwicklung und -realisierung sowie Vermietung und Vermarktung umfassen.

Sie kaufen im großen Stil Liegenschaften von Industrieunternehmen, Handelsgesellschaften, ehemaligen Staatsunternehmen, der öffentlichen Hand etc. auf, um die nicht mehr benötigten Flächen wertschöpfend zu entwickeln.

Ihre Tätigkeit beschränkt sich dabei nicht auf einzelne Liegenschaften. Sie rekonstruieren und repositionieren darüber hinaus Wert schöpfend Bestandsportfolios aus bebauten und unbebauten Grundstücken.

Betrieblich und nicht betrieblich genutzte Immobilien werden in großem Umfang dem Markt zugeführt, wobei die Vermarktung an anonyme Investoren über indirekte Kapitalanlagen (i.d.R. offene oder geschlossene Immobilienfonds) unter Beachtung der Kriterien

- schnelles Invest hoher Beträge

- effizientes Immobilienmanagement
- hohe Transparenz des Investments
- nachhaltig positive Wertentwicklung
- gute Drittverwertungsmöglichkeiten (Fungibilität)

im Vordergrund steht.

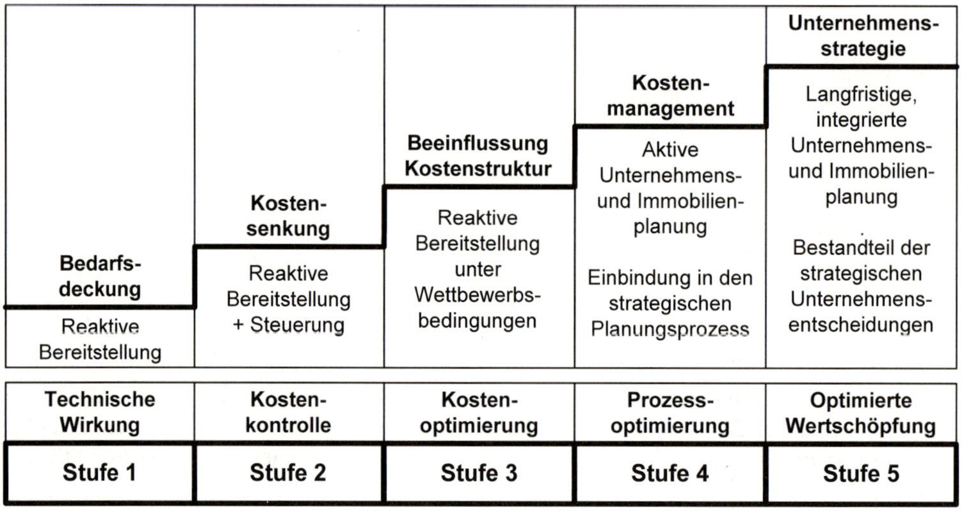

				Unternehmens-strategie
			Kosten-management	Langfristige, integrierte Unternehmens- und Immobilien-planung
		Beeinflussung Kostenstruktur	Aktive Unternehmens- und Immobilien-planung	
	Kosten-senkung	Reaktive Bereitstellung unter Wettbewerbs-bedingungen	Einbindung in den strategischen Planungsprozess	Bestandteil der strategischen Unternehmens-entscheidungen
Bedarfs-deckung	Reaktive Bereitstellung + Steuerung			
Reaktive Bereitstellung				
Technische Wirkung	**Kosten-kontrolle**	**Kosten-optimierung**	**Prozess-optimierung**	**Optimierte Wertschöpfung**
Stufe 1	**Stufe 2**	**Stufe 3**	**Stufe 4**	**Stufe 5**

Abb. 1.6 Stufen der Bereitstellung und Bewirtschaftung von betrieblichen Immobilien [5]

Ausgelöst durch Fehlinvestitionen der 80er und 90er Jahre, die ihre Hauptursachen in einer rasch abnehmenden Marktattraktivität der damals top-aktuellen Produkte haben (z. B. Spezialimmobilien wie Kinozentren, monostrukturell ausgelegte Büroparks mit geringer innerer und äußerer Flexibilität etc.), vollzieht sich derzeit bei vielen Kapitalanlegern ein Paradigmenwechsel.

Neben einer guten Lage und einer scheinbar sicheren Rendite rücken weitere Kriterien, wie z. B. eine hohe Nutzungsflexibilität, die für den mittel- und langfristigen Erfolg maßgeblich sind, bei der Projektbewertung in den Vordergrund.

Interdisziplinär besetzte Arbeitskreise [6] unternehmen Versuche, neue Methoden und Instrumente zur Projektentwicklung und zum Immobilienmanagement in die Praxis einzuführen, die auf der ganzheitlichen Betrachtung aller Wert bestimmenden Faktoren einer Investition basieren, um Fehlentwicklungen bei der Wertentwicklung zu vermeiden. Schwerpunkte bilden dabei

- die Verbesserung der Prognosesicherheit insbesondere hinsichtlich zukünftiger Anforderungen an Immobilieninvestitionen,
- die Entwicklung besserer Verfahren zur Wertermittlung von Grundstücken und Gebäuden,

- die Integration differenzierter Zielsysteme in vorhandene Projektmanagementsysteme, die den gesamten Lebenszyklus einer Immobilie und alle Projekt bestimmenden Faktoren umfassen,
- die Entwicklung von Verfahren zur Messung des jeweiligen Erfolgs im Projektentwicklungs- und Planungsprozess, bei der auch die nicht unmittelbar messbaren Entscheidungsgrößen (Architektur, Städtebau, Ökologie, Soziologie etc.) Berücksichtigung finden.

Ziel ist es, über die Betrachtung aller Wert bestimmenden Faktoren zu besseren Lösungen zu kommen und über die hiermit verbundene Optimierung der Kosten-Nutzen – Faktoren mittel- und langfristig die Immobilienrisiken deutlich zu senken.

1.3.3 Innovation über Partnerschaften

Gegenüber anderen Wirtschaftsgütern unterscheiden sich die Produkte der Bauwirtschaft in erster Linie durch ihre feste Standortbindung, aus der sich zwangsläufig eine Reihe weiterer Besonderheiten ergeben:

- Durch die notwendige Anpassung an wechselnde Standortbedingungen (Lage, Topografie, Nutzung, städtebauliche Situation etc.) entstehen in der Regel Unikate.
- In Abhängigkeit zu externen Einflussgrößen (Politik, Verwaltung, Öffentlichkeit) und der Komplexität der Bauaufgabe entstehen sehr oft lange Realisierungszeiträume. In Folge dessen ist der Immobilienmarkt von einer stark eingeschränkten Angebotselastizität gekennzeichnet.
- Der Immobilienmarkt ist außerordentlich unübersichtlich. Die Angebote der Bauwirtschaft sind aufgrund ihrer Abhängigkeit zu den wechselnden Standortbedingungen auch dann weitgehend heterogen, wenn es sich um Produkte handelt, die im Prinzip gleichartig sind (z. B. Wohnimmobilien).
- Aufgrund der großen Unterschiede in der Angebotsstruktur haben sich Teilmärkte gebildet, die sich nach Standortbedingungen (Regionalmärkte) und Nutzungs- und Vertragsarten (wie z. B. Wohnungsbau, Gewerbebau bzw. Käufermarkt und Vermietermarkt) gliedern.
- Je langfristiger die Kapitalbindung ausgelegt ist und je werthaltiger (marktattraktiver) die Immobilie konzipiert ist, desto geringer sind die Investitionsrisiken, da sie gegenüber Marktschwankungen („Schweinezyklus") weniger anfällig sind.

Traditionell reagiert die Bauwirtschaft auf Veränderungen im Markt mit einer Anpassung der Kapazitäten. Dem gewachsenen Kostendruck trat sie in der Vergangenheit hauptsächlich mit einer Reduzierung der Lohnkosten über ausländische Billiganbieter entgegen.

Ihre firmenspezifischen Kenntnisse und Erfahrungen setzte sie meist nur dann ein, wenn hiermit eigene Vorteile verbunden waren (z. B. Sondervorschläge im Vergabeverfahren). Zur Erhaltung ihrer Wettbewerbsfähigkeit reicht dieses Instrumentarium nicht mehr aus.

In Folge der Verknappung von Haushaltsmitteln finden im öffentlichen Sektor der Bauwirtschaft zunehmend alternative Investitionsformen Beachtung, bei denen nach angelsächsischem Vorbild die Errichtung und der Betrieb von Bauinvestitionen über privates Kapital erfolgt (Public Private Partnership, 3-P).

Damit sind bei der Projektentwicklung solcher Bauvorhaben zwangsläufig auch marktwirtschaftliche Gesetzmäßigkeiten wie Nutzungsflexibilität, Drittverwertbarkeit etc. zu beachten.

Während in Großbritannien in 2002/2003 bereits ca. 20 % aller kommunalen Bauaufgaben über Partnerschaftsmodelle privatwirtschaftlich abgewickelt werden, befindet sich die Entwicklung in Deutschland noch in den Anfängen.

So untersucht zum Beispiel das Land Nordrhein-Westfalen über Pilotprojekte, in welchem Umfang solche Modelle Vorteile gegenüber klassischen Haushalts finanzierten Maßnahmen bieten.

Beispielprojekte sind:

– der Neubau und die Sanierung von Schulen (zum Beispiel in Monheim, Frechen, Witten, Meschede),
– der Neubau und Betrieb einer Justizvollzugsanstalt (Ersatz Ulmer Höh, Düsseldorf),
– Neubau- und Sanierungsmaßnahmen für Verwaltungsgebäude, Altenheime, Krankenhäuser etc.

Zu den spektakulärsten Projekten gehören zwei 3-P – Schulprojekte im Kreis Offenbach mit einem Gesamtvolumen von ca. 800 Mio. Euro. Bei diesen Projekten bleibt die öffentliche Hand Eigentümer, zahlt aber ein Nutzungsentgelt an die Privatgesellschaften, die die Sanierung der Schulen durchführen und die später auch Betreiber der Immobilien werden.

Die 3-P – Gesellschaften werden Inhaber der Immobilien. Dieses Modell ist für Sanierungsvorhaben typisch.

Bei Neubauten herrscht das Mietmodell vor, bei dem sich die Gebäude zunächst im Eigentum der 3-P – Gesellschaft befinden. Nach Ablauf der Vertragslaufzeit geht das Eigentum dann auf die öffentliche Hand über.

Aus den Partnerschaftsmodellen kann die Bauwirtschaft allerdings nur dann Vorteile ziehen, wenn sie in der Lage ist, das erforderliche Kapital zur Finanzierung der Maßnahmen zu beschaffen. Hierzu ist insbesondere der Mittelstand nur sehr schwer in der Lage.

Der Hauptverband der Deutschen Bauindustrie bemüht sich derzeit beim Bundesminister für Finanzen um die Genehmigung einer Gesetzesänderung, die eine Finanzierung über offene Fonds ermöglichen soll.

Eine Alternative für den Mittelstand ist der Verkauf seiner Forderungen (Nutzungsentgelte) an die öffentliche Hand. Das Problem dabei ist, dass die Käufer der Forderungen in der Regel einen Einredeverzicht der öffentlichen Hand bei Mängeln verlangen., zu dem diese sehr oft nicht bereit sind.

Eine Lösung könnte die Begrenzung auf einen überschaubaren Teil der Forderungen sein, sofern sichergestellt wird, dass die Erstellung der Baumaßnahmen mit der größtmöglichen Sorgfalt erfolgt. Eine andere Möglichkeit besteht aufgrund der sehr guten Bonität der Nutzer darin, die vergebenen Kredite zu bündeln und sie als Anleihe im Kapitalmarkt zu platzieren.

Da die öffentliche Hand über 3-P – Verträge langfristige Verbindlichkeiten eingeht, müssen diese von der Kommunalaufsicht genehmigt werden (Laufzeit der Verträge 15-30 Jahre). Diese kann ihre Zustimmung nicht verweigern, wenn der Kostenvorteil der 3-P – Modelle über die gesamte Vertragsdauer nachgewiesen werden kann.

Deutsche Baufirmen beziffern den möglichen Kostenvorteil auf 15 – 20 %. Eine Untersuchung in Großbritannien (National Audit Boards) weist einen Effizienzgewinn von 17 % aus.

Die Gründe für die deutliche Steigerung der Wirtschaftlichkeit von Projekten der öffentlichen Hand über 3-P – Modelle liegen in erster Linie in der Reduzierung der Investitions- und Betriebskosten über ganzheitliche, privatwirtschaftliche Ansätze.

Hinzukommen kürzere Planungs- und Bauzeiten sowie eine optimale Bewirtschaftung der Immobilien. Aufgrund der derzeit noch kameralistischen Haushaltsführung ist der Nachweis der tatsächlichen Kostenvorteile bei 3-P – Projekten in der Praxis relativ schwierig. Verbindliche Vergleichszahlen können im Bereich der öffentlichen Verwaltung nur über Kosten-Leistungs-Rechnungen bei Ansatz der anfallenden Vollkosten ermittelt werden. Hierzu gehören auch entsprechende Ansätze zur Deckung möglicher Risiken.

Ausgelöst durch die weiterhin ungünstige Entwicklung des Bruttoinlandsproduktes und dem damit verbundenen Rückgang von Bauinvestitionen beginnen sich die Verhältnisse analog zu unseren Nachbarländern (insbesondere Großbritannien und Niederlande) zu verändern.

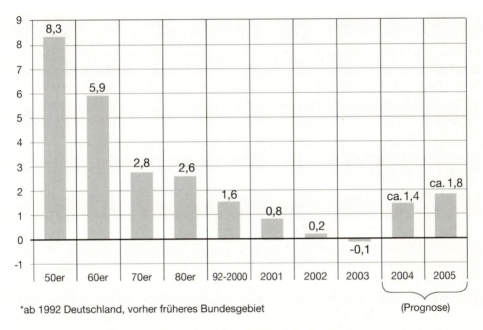

Abb. 1.7 Jährliche Veränderungsraten des Bruttoinlandsproduktes [7]

Der Trend zu Partnerschaftsmodellen im Bereich der öffentlichen Auftraggeber und die bereits in großem Umfang etablierten Bauteammodelle im Wohnungs- und Gewerbebau machen die enormen Änderungsprozesse, denen die Bauwirtschaft ausgesetzt ist, besonders deutlich. Bauunternehmen weiten ihre Leistungen aus, um die Erträge zu steigern.

Sie schnüren dabei „Rundum sorglos Pakete" für ihre Kunden. Sie haben dabei nicht nur – wie früher üblich – den Herstellungsprozess im Auge, sondern sämtliche Auswirkungen im gesamten Lebenszyklus der Bauinvestition.

Hierin liegt der eigentliche Kern der strukturellen Veränderungen in der Bauwirtschaft.

Eingebettet in das klassische Zieldreieck der wichtigsten Projektfaktoren (siehe Abbildung 1.10), die nicht selten divergieren, werden auf der Grundlage abgestimmter Ziele rechtzeitig angemessene Lösungsansätze für die bestehenden Probleme erarbeitet. Für den Bauunternehmer, der die Projektziele umsetzen muss, ergibt sich bei Partnerschaftsmodellen gegenüber der konventionellen Abwicklung eine sehr viel weiter gehendere Verantwortung.

Musste er bisher im Wesentlichen nur für Ausführungsfehler einstehen, trägt er jetzt die Gesamtverantwortung für die Wirtschaftlichkeit seines Projekts. Bei Public Private Partnership-Projekten darüber hinaus auch für den Betrieb während der gesamten Vertragslaufzeit, die nicht selten 20 und mehr Jahre beträgt.

Über einen formalisierten konstruktiven Dialog zwischen Auftraggeber und Auftragnehmer werden darüber hinaus ständig Verbesserungen vorgenommen. Eine besondere Bedeutung hat dabei die Konzeptions-/ Projektentwicklungsphase, in der die Projektergebnisse am stärksten beeinflusst werden können. In diesen Phasen zahlt sich Gründlichkeit besonders aus, da in ihnen die entscheidenden Grundlagen zum Erfolg oder Misserfolg einer Immobilieninvestition gelegt werden.

Die unbestreitbaren Zusammenhänge werden in der Abbildung 1.8 besonders deutlich. Bereits in der Planungsphase sinkt die Beeinflussbarkeit der Projektergebnisse auf die Hälfte des anfänglichen Potentials.

Wenn in dieser Phase schwerwiegende konzeptionelle Mängel erkannt werden, gibt es nur die Möglichkeit, sie in der Hoffnung dass ihre Auswirkungen gering sind, zu negieren oder die Planung mit hohem Kosten- und Zeitaufwand zu ändern.

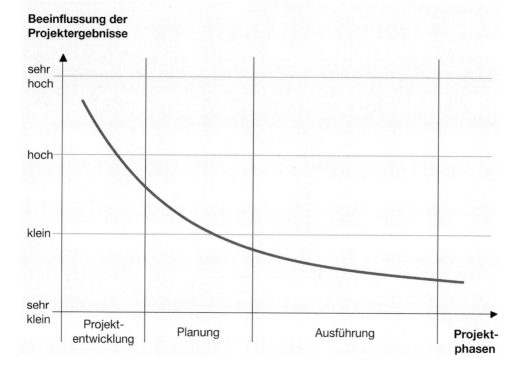

Abb. 1.8 Beeinflussbarkeit der Projektergebnisse in Abhängigkeit zu den Projektphasen

Werden grundlegende Fehler erst bei der Ausführung erkannt, ist eine Beseitigung in vielen Fällen praktisch nicht mehr möglich.

Trotz bestehender Restriktionen (z. B. Gesetz gegen Wettbewerbsbeschränkung, GWB) wird sich die Idee der Partnerschaftsmodelle, die in anderen Branchen (z. B. Automobilindustrie) bereits mit großem Erfolg umgesetzt werden, auch in der Bauwirtschaft durchsetzen, da über sie Synergien aus der Zusammenarbeit zwischen den Beteiligten entstehen.

Darüber hinaus wird die Wettbewerbsfähigkeit des gemeinsam entwickelten Produktes über die Konzentration des von allen Partnern eingebrachten Know-hows gesteigert, da dies vor dem Hintergrund erfolgt, einen höheren Kundennutzen zu erzeugen. Zur Umsetzung der Partnerschaftsmodelle sind innovative Wettbewerbs- und Vertragsmodelle [10] entstanden, die den geänderten Rahmenbedingungen Rechnung tragen

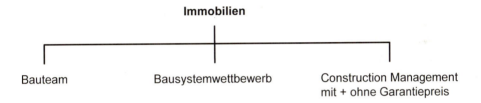

Abb. 1.9 Beispiele innovativer Wettbewerbsmodelle

Ausgelöst durch die schweren Krisen, denen ihre Bauwirtschaft Ende der 80er Jahre ausgesetzt war, wurden die Vorteile von Partnerschaftsmodellen in Großbritannien und den Niederlanden sehr viel früher als in der Bundesrepublik erkannt. Partnerschaftsmodelle haben in diesen Ländern ganz maßgeblich dazu beigetragen, dass ihre Bauwirtschaft in die Gewinnzone zurückgekehrt ist und international an Wettbewerbsfähigkeit gewonnen hat.

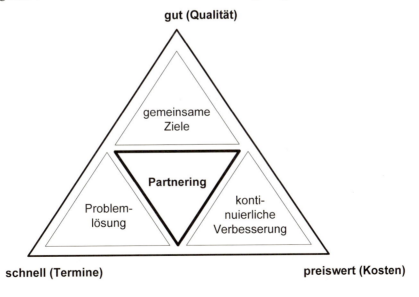

Abb. 1.10 Grundmodell des Projekt-Partnerings

Dies setzt jedoch voraus, dass

- Projekte besser vorbereitet / entwickelt werden, um die Fehlerquote in den frühen Projektphasen (Konzeption, Vorplanung) drastisch zu senken,
- aus den Ergebnisse einer gründlichen Projektvorbereitung / -entwicklung angemessene Projektziele formuliert werden, die von allen Beteiligten akzeptiert werden müssen,
- die Beteiligten kooperationswillig und –fähig sind. Nur so kann für alle Beteiligte über gemeinsame Arbeitskreise und „offene Bücher" eine win-win – Situation gebildet werden (Maximum an Transparenz und Vertrauen).
- Leistungsanreize für Verbesserungen auf der Basis verbindlicher Zielsysteme, die alle wesentlichen Projektfaktoren umfassen müssen (quantifizierbar wie Kosten und nicht direkt messbar wie z. B. Architektur), geschaffen werden.

Eine weitere Voraussetzung für das Funktionieren von Partnerschaftsmodellen ist die komplette Abkehr von der Denkweise, nach der sich die tatsächlichen Baukosten erst am Ende des Projekts ermitteln lassen. Dies führt im Wettbewerb zwar zu niedrigen Anfangspreisen, in der Baudurchführung aber oft zu einer Vielzahl von Nachforderungen und Streitigkeiten, da wichtige Fragen zu Leistungsinhalten nicht rechtzeitig geklärt wurden.

Moderne Managementmethoden, die sich als Teil des Projektmanagements in der Bauwirtschaft zunehmend unter den Begriffen „target costing" [8] oder „balanced score card" [9] zur systematischen Steuerung von Kosten und Qualitäten etablieren, gehen hier völlig neue Wege. Ihr gemeinsamer Ansatz basiert auf der Frage, was ein Produkt unter Wettbewerbsbedingungen kosten darf.

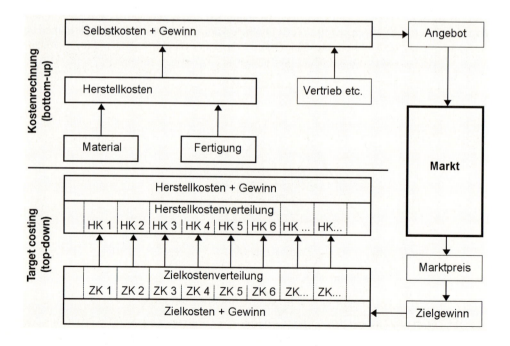

Abb. 1.11 Vergleich target costing zur klassischen Kostenrechnung

1.3 Schritte zur Anpassung 15

Ein zusätzlicher Vorteil der rückwärts gerichteten Kostenplanung und -steuerung (top down-costing) liegt darin, dass über die Einbindung ausführender Unternehmen bereits in frühen Projektphasen technisch abgesichert, fertigungs- und vertragsgerecht und damit preisoptimal geplant werden kann.

Der so ermittelte Grenzpreis (Zielkosten) wird dann während der Konzeptions-, Planungs- und Realisierungsphasen konsequent verfolgt.

Bei drohenden Überschreitungen einzelner Ansätze kann rechtzeitig korrigierend eingegriffen werden. So können z. B. Streitigkeiten über Nachforderungen vermieden werden, da Auftraggeber und Auftragnehmer für die Einhaltung der Vertragspreise gemeinsam Verantwortung tragen.

Hinzu kommt, dass über ein begleitendes Wertsicherungsprogramm (change management und total quality management) der Kundennutzen aus Optimierungsansätzen deutlich gemacht werden kann.

Zielsysteme können darüber hinaus beim Monitoring von Partnerschaftsmodellen eine wichtige Rolle spielen. Als Managementplattform helfen sie, den angemessenen und unverzichtbaren Interessensausgleich zwischen den Beteiligten herzustellen.

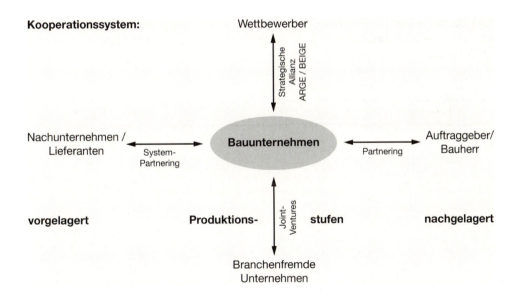

Abb. 1.12 Beispiel für ein Produktionsorientiertes Kooperationsmodell [52]

Das setzt jedoch bei allen Beteiligten die Bereitschaft voraus zu akzeptieren, dass
- die konservative Auftraggeber- / Auftragnehmerhaltung mit dem Ziel der Maximierung des eigenen Vorteils zugunsten echter Partnerschaften (mit oder ohne gläserne Taschen) aufgegeben wird,

- die Ziele so robust formuliert werden, das sie nicht schon bei kleinsten Veränderungen neu gefasst werden müssen,
- sich die Projekt bestimmenden Faktoren im Verlauf der Projektrealisierung trotz größter Sorgfalt bei der Projektentwicklung aufgrund äußerer Einflüsse ändern können oder müssen,
- es letztlich nicht gelingen kann, die Folgen solcher Änderungen über ausgeklügelte Verträge oder unberechtigte Nachforderungen einseitig zu verlagern,
- für zusätzliche und geänderte Leistungen eine Vergütung vereinbart werden muss,
- zwischen den Beteiligten eine positive Interaktion stattfinden muss,
- Leistungen grundsätzlich angemessen zu vergüten sind.

Immer dann, wenn die Voraussetzungen zur partnerschaftlichen Zusammenarbeit fehlen, sind langwierige und Kosten treibende Auseinandersetzungen vorprogrammiert.

Betroffen sind in erster Linie mittelständische Unternehmen, die unter dem wirtschaftlichen Druck ihrer Auftraggeber kapitulieren und in Folge dessen Kompromisse eingehen müssen, die ihren echten Aufwand sehr häufig nur unzureichend decken.

Oft scheuen aber auch Großfirmen die Auseinandersetzung um berechtigte Ansprüche und nehmen stattdessen bewusst Verluste in Kauf, um bei zukünftigen Projekten erneut zur Abgabe eines Angebots aufgefordert zu werden.

Hierbei handelt es sich nicht, wie man zunächst glauben möchte, um Einzelfälle. Leider ist das Phänomen der unberechtigten Kürzung von Werklohnforderungen mittlerweile auf breiter Front anzutreffen. Genauso oft sind die gemachten Einbehalte aber berechtigt, da die Werkleistung den Anforderungen nicht entspricht.

Die Ursache für mangelhafte Leistungen liegt in vielen Fällen in einer unklaren Vorgabe des Bausolls und in einer ungenügenden Projektvorbereitung.

Wenn man den Ursachen auf den Grund geht, stellt man in der Regel fest, dass die Wurzeln der Missstände, die wir tagtäglich auf unseren Baustellen erleben, in einer unzureichenden Projektentwicklung liegen. Fehler die dort gemacht worden sind, lassen sich unter dem herrschenden Termindruck der Realisierungsphasen nur noch unvollkommen heilen.

2 Produkte im Immobilienmarkt

2.1 Produktübersicht

Am Anfang jeder Projektentwicklung steht die Frage nach der optimalen Nutzungsstruktur und möglicher Alternativen, die sich aus der aktuellen und zukünftigen Marktnachfrage ergeben können.

Aus der schlüssigen Beantwortung dieser Grundfrage bestimmt sich die Art des Projektes und die Auswahl in Frage kommender Investoren, da diese wegen der heterogenen Struktur der Märkte sehr häufig bestimmte Projektarten bevorzugen.

Abb. 2.1 Produktübersicht im Immobilienmarkt

Über ihre eigenen Erfahrungen in bestimmten Teilmärkten und insbesondere über bestehende Kontakte zu Vermarktern, Nutzern, Behörden und Grundstücksbesitzern (relative Marktposition) und das zur Verfügung stehende eigene Know-how in der jeweiligen Produktsparte (Produktpotenzial) verfügen sie in der Regel über Wettbewerbsvorteile, die für einen außen stehenden Projektentwickler nur schwer auszugleichen sind. Dies gilt grundsätzlich auch dann, wenn neue Ideen (z. B. Fachmärkte in Citylagen, Wohn- / Gewerbelofts), die auf gesellschaftliche Trends reagieren, umgesetzt werden sollen.

Die zukünftigen Marktchancen des zu entwickelnden Produkts hängen neben den intern zu beachtenden Einflussgrößen

- Marktvolumen und –wachstum
- Marktqualität
- Verfügbarkeit von Ressourcen
- Umfeldbedingungen etc.

ganz wesentlich von der richtigen Einschätzung externer Einflüsse (Stadtentwicklung, wirtschaftliche Entwicklung, Politik, Verwaltung etc.) ab.

2.2 Wohnen

2.2.1 Eigen- und Fremdgenutzter Wohnraum

Wohnimmobilien haben traditionell einen besonderen Stellenwert in der Immobilienwirtschaft, da sie nicht nur als Wirtschaftsgut, sondern zusätzlich auch unter sozialen Aspekten bewertet werden.

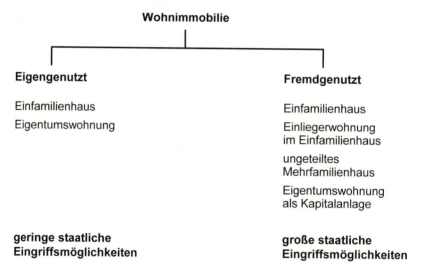

Abb. 2.2 Schema eigen- / fremd genutzte Wohnimmobilien

Während der soziale Wohnungsbau, der seine Wurzeln im § 20 des Grundgesetzes hat (Sicherungspflicht des Staates von nicht substituierbaren Grundbedürfnissen) seine Bedeutung praktisch verloren hat, spielt der soziale Gedanke beim Mietrecht und bei der Gewährung von Zuschüssen (Wohngeld, Eigenheimzulage, Modernisierungsmittel etc.) auch heute noch eine wichtige Rolle.

Bei Wohnimmobilien wird grundsätzlich nach eigen genutzten Wohnungen, über die frei verfügt werden kann, und Mietwohnungen, bei denen die Möglichkeit zu staatlichen Eingriffen in die Faktoren Qualität, Quantität und Kosten sehr groß sind, unterschieden. Bei Mietwohnungen sind alle Wohnungsarten betroffen, angefangen von Altbauwohnungen, für die z. B. gesetzlich festgelegte Mietobergrenzen gelten (Mietspiegel) bis zu Wohnplätzen in Seniorenheimen, bei denen die Sozialträger nur unter bestimmten Umständen die Kosten für die Unterbringung übernehmen.

Allgemein müssen bei der Entwicklung von Wohnimmobilien sehr differenzierte Anforderungen aus

– den städtebaulichen Randbedingungen (Sozialstruktur, Standort, Lage, Umwelt etc.),
– den Anforderungen an die Gebäudestruktur (gestalterische Qualität, Belichtung und Belüftung, Lärmschutz etc.),
– wechselnden Nutzerwünschen (Funktionalität und Flexibilität),
– der wachsenden Bedeutung von Umweltschutz und Wohngesundheit,
– der Qualität der Ausstattung (Innenraumgestaltung, Dauerhaftigkeit der Materialien etc.)

beachtet werden. Diese Grundsätze gelten sowohl bei Neubaumaßnahmen als auch bei der Modernisierung vorhandenen Wohnraums.

Aufgrund enger Renditegrenzen eignen sich Wohnungen in der Regel nur dann als sichere und wertbeständige Kapitalanlage, wenn sie mittelfristig im Bestand gehalten werden. Obwohl die relevanten Zielgruppen im Wohnungsbau aufgrund der differenzierten Anforderungen nur sehr schwer zu identifizieren sind, zeigen neuere Marktanalysen, dass die Nachfrage im Segment der größeren und besser ausgestatteten Wohneinheiten (Hauptnachfrage bei über 60-jährigen, bevorzugt in urbaner Lage) zu erheblichen Umschichtungen im Wohnungsmarkt führen wird. Bereits heute ist eine zunehmende Differenzierung der lokalen Wohnungsmärkte in diese Richtung erkennbar.

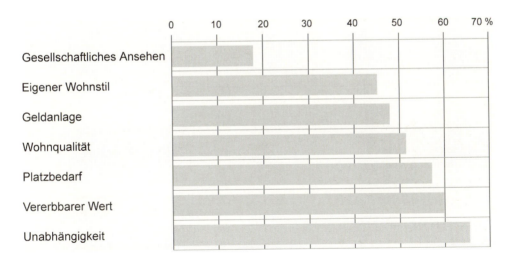

Abb. 2.3 Gründe für den Kauf / Erwerb von Wohneigentum (Mehrfachnennungen)[11]

Bei eigen genutzten Wohnimmobilien wird der Zusammenhang zwischen einer guten Lage des Objektes, der Größe und einer hochwertigen Ausstattung seine bisherige Bedeutung behalten, da hieraus größere Chancen für Wertsteigerungen abgeleitet werden. Hinzu kommen Aspekte wie die Steigerung des gesellschaftlichen Ansehens und der Wunsch nach Unabhängigkeit. Die Vermögensanlage in Immobilien gewinnt darüber hinaus zur Vermögenssicherung zunehmend an Bedeutung.

2.2.2 Seniorenwohnen

Seniorenimmobilien weisen auseinanderklaffende Entwicklungslinien auf. Während in der Vergangenheit im Bereich der öffentlichen Einrichtungen von den Kostenträgern (Landschaftsverbände, Kommunen etc.) sehr unterschiedliche Kostensätze akzeptiert wurden, führt die Verknappung der zur Verfügung stehenden Haushaltsmittel zu starken Strukturveränderungen.

Zukünftig wird allgemein für die rein gebäudeabhängigen Kosten (ohne Betriebskostenanteile) ein Höchstwert von ca. 17 – 19 Euro pro Tag als Obergrenze gelten.

Bei einer Vielzahl bestehender Heime wird dieser Grenzwert deutlich überschritten. Es ist absehbar, dass hieraus erhebliche Umschichtungen im Markt der sozial gebundenen Seniorenimmobilien resultieren werden. Beschleunigt wird die Entwicklung durch den Umstand, dass ein Großteil der Einrichtungen überaltert ist und heutigen Anforderungen aus geltenden Gesetzen und Verordnungen nicht mehr entsprechen und somit einen wirtschaftlichen Betrieb nicht mehr zulassen (z. B. funktionale Nachteile aus ungeeigneten Stationsgrößen, lange Wege, extrem hohe Baunutzungskosten etc.).

Voraussetzung zur Übernahme der Kosten durch die Sozialträger ist die Gewährung eines Belegungsrechts und die Einhaltung bestimmter Standards beim Bau und Betrieb der Einrichtungen.

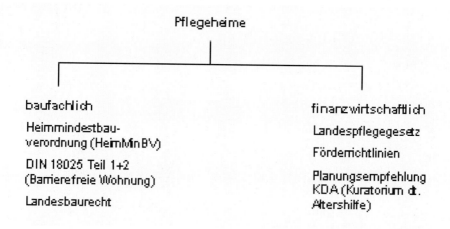

Abb. 2.4 Wichtige Gesetze und Vorschriften für den Bau von Seniorenpflegeheimen

Neben der Heimunterbringung wird die Bedeutung der häuslichen Pflege stark zunehmen, da Senioren länger als bisher in ihrer angestammten Wohnung verbleiben und ambulante Pflege- und Serviceleistungen in Anspruch nehmen. Soweit sie dauerhaft pflegebedürftig sind, werden sie zur Kosteneinsparung zunehmend im Familienverbund versorgt. Aus der demografischen Entwicklung ergibt sich trotz aller fiskalischen Zwänge und der Zunahme der häuslichen Pflege eine steigende Nachfrage im Bereich preiswerter Pflegeeinrichtungen, die zumindest bis zum Jahr 2030 reichen wird. Zurzeit werden ca. 23 % der über 65-Jährigen und ca. 40 % der über 80-Jährigen stationär gepflegt [12]. Durch den steigenden Anteil Hochbetagter wird der Anteil pflegebedürftiger Personen in den kommenden Jahren überproportional zunehmen. Entsprechende Schätzungen gehen für den Zeitraum bis 2010 von 400.000 bis 600.000 zusätzlich benötigten stationären Pflegeplätzen aus.

Wenn man unterstellt, dass etwa die Hälfte des Zusatzbedarfs über Neubauten abgedeckt werden muss, ergibt sich ein entsprechendes Investitionsvolumen in Höhe von ca. 15 bis 20 Mrd. Euro. Über die Kombination von selbstständigem und betreutem Wohnen mit Pflegestationen entstand in den letzten Jahren ein weitgehend neues Produkt im Immobilienmarkt, das bei Kapitalanlegern sehr schnell Interesse fand. Auf den ersten Blick eröffnet es auch für mittlere Einkommen eine ideale Möglichkeit zur Altersvorsorge für sich selbst oder für nahe Angehörige. Ab ca. 15.000 Euro ist der Einstieg in Spezialfonds möglich, die in Verbindung mit den Leistungen aus der gesetzlichen Pflegeversicherung (bis ca. 2.000 Euro im Monat in Abhängigkeit zur Pflegestufe) einen gesicherten Altersruhesitz versprechen.

Ob die Rechnung aufgeht, bleibt abzuwarten. Für die zukünftige Entwicklung ist die Leistungsfähigkeit der Sozialkassen von entscheidender Bedeutung. Wenn deren Konsolidierung nicht rechtzeitig erfolgt, müssen die bisher geschätzten Zuwachsraten im Bereich der stationären Pflege deutlich nach unten korrigiert werden, da die erforderlichen Finanzmittel fehlen.

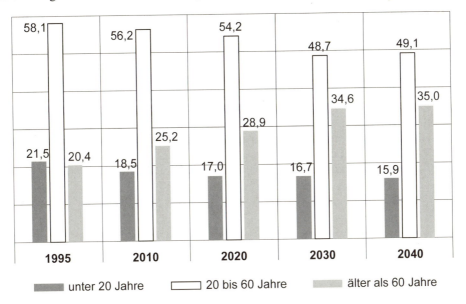

Abb. 2.5 Altersstruktur der deutschen Wohnbevölkerung

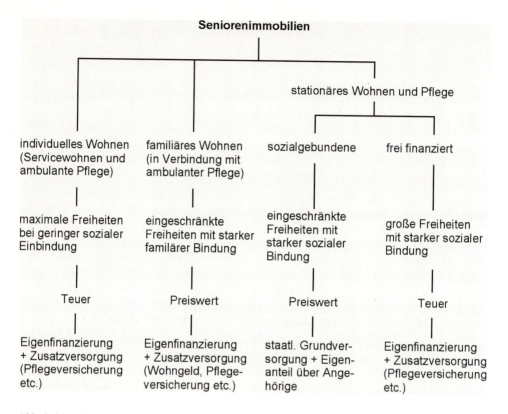

Abb. 2.6 Struktur Seniorenwohnen

Zusätzlich zum Neubauaufwand werden für den Umbau vorhandener Einrichtungen (Anpassung an geänderte gesetzliche Bedingungen, Verordnungen etc., erhöhter Bedarf an geeigneten Flächen für Dementenstationen) bis 2010 ca. 10 bis 15 Mrd. Euro erforderlich.

Obwohl Seniorenimmobilien zu einem der wenigen Segmente der Bauwirtschaft gehören, in denen von einem stabilen Wachstum ausgegangen werden kann, zeigt der insgesamt schwierige Teilmarkt derzeit ein heterogenes Bild, das die Entwicklung in Abhängigkeit zu den verfügbaren Refinanzierungsmitteln vermutlich mittelfristig auch weiter bestimmen wird.

2.3 Produktion

Das produzierende Gewerbe ist in der Regel direkt oder indirekt (über ausgelagerte Grundstücksgesellschaften) Inhaber großer Immobilienbestände, die sich verteilen auf

– Flächen und Gebäude, die für die Produktion erforderlich sind (Fabrikhallen, Werkstätten, Büros etc.),
– benötigte Zusatzflächen bzw. -gebäude (Vertriebs- und Ausstellungsgebäude, Lagerhallen, Werkswohnungen etc.),
– kurz- und mittelfristig für den Betrieb entbehrliche Flächen / Gebäude,

– nicht mehr für den Betrieb notwendige Flächen / Gebäude.

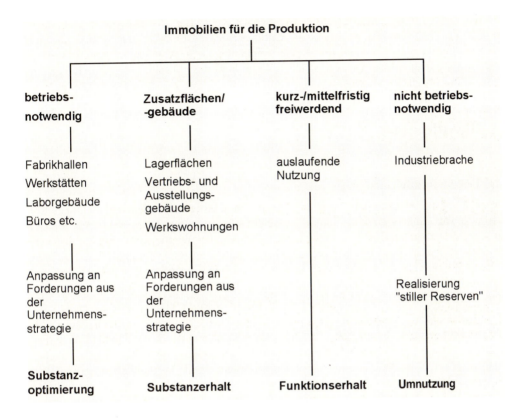

Abb. 2.7 Handlungsfelder bei betriebs- und nicht betriebsnotwendigen Produktionsflächen

Aufgrund der engen Vorgaben aus der Produktionstechnik wird die Konzeption und Projektvorbereitung reiner Produktionsgebäude in der Regel vollständig vom späteren Nutzer bestimmt. Unter Gesichtspunkten der Drittverwertbarkeit ist dies ein Fehler, der häufig auch dann gemacht wird, wenn die Gefahr besteht, dass die angedachte Nutzung kurzfristig wegfällt.

Aufgrund der fehlenden Grundflexibilität verliert die Immobilie unter Umständen sehr schnell ihren Wert. Die Errichtung und Finanzierung der Immobilie und der zugehörigen Betriebsausstattung erfolgt dagegen zunehmend durch fremde Dritte (beispielsweise über Leasingverträge), wobei teilweise auch der Betrieb der Anlagen übernommen wird. Gleiches gilt für benötigte Zusatzflächen und betriebsnotwendige Büroflächen.

Gebäude und Flächen, die nicht mehr für die Produktion benötigt werden oder kurz- bzw. mittelfristig frei werden, wurden von den Eigentümern lange Zeit als „stille Reserve" im Wesentlichen funktionserhaltend verwaltet oder Zwischennutzungen (Lager, Mietflächen für Kleinbetriebe etc.) zugeführt.

Mit der Einführung des „Corporate Real Estate Managements (CREM)" haben sich die Verhältnisse grundlegend geändert.

Produktionsimmobilien sind heute ein bedeutender Bestandteil der Unternehmensstrategie. Sie sind Teil von Kostensenkungs- bzw. Ertragssteigerungsprogrammen. Soweit sie nicht mehr benötigt werden, führen sie durch eine Umnutzung (z. B. Wohnungen anstelle aufgelassener Gewerbeflächen) zu einer zusätzlichen Wertschöpfung der bisher nicht optimal genutzten Teile des Betriebsvermögens.

2.4 Dienstleistung

2.4.1 Bürogebäude

Bürogebäude spielen nach dem Wohnungsbau im Immobilienmarkt die zweitwichtigste Rolle. In welchem Umfang auch in Zukunft bedeutende Investitionen in den Neu- oder den Umbau von Bürogebäuden fließen, hängt hauptsächlich von der Wettbewerbsfähigkeit deutscher Dienstleistungen ab. Neuere Untersuchungen [13] haben ergeben, dass die Arbeitseffizienz im Bereich moderner Dienstleistungen stark von der Gebäudestruktur beeinflusst wird. Ihre Ergebnis orientierten Arbeitsprozesse erfordern in der Regel ein hohes Maß an interner und externer Kommunikation sowie das Arbeiten in wechselnden Teams.

Einzelraumstrukturen mit geschlossenen Wand- und Türflächen sowie Verkehrsflächen, die auf das funktionale Minimum reduziert sind, eignen sie sich in der Regel nicht zur Abbildung der dazu erforderlichen kommunikationsoffenen Bürostrukturen. Sie haben allenfalls noch da ihre Berechtigung, wo die Tätigkeit sehr hohe Ansprüche an die Vertraulichkeit stellt und wo die erforderliche Kommunikation geplant und abgeschottet abläuft. Da große Teile des Gebäudebestands aufgrund ihrer traditionellen Zellenstruktur die geänderten Anforderungen nicht abdecken können, spricht vieles dafür, dass dieser zumindest mittelfristig durch moderne Dienstleistungsgebäude ersetzt werden muss.

Im Ergebnis führt das dazu, dass

- Bürogebäude, die den Anforderungen nicht standhalten, nur noch mit großen Einschränkungen zu vermarkten sind,
- ein Teil der Büroimmobilien vorfristig, d. h. vor Ablauf der kalkulierten wirtschaftlichen Lebensdauer rückgebaut werden muss, um hohe Leerstandskosten zu vermeiden,
- trotz einer gegenüber den 80er Jahren verlangsamten Wachstumsgeschwindigkeit im Dienstleistungssektor in den nächsten 10 Jahren mit einer steigenden Nachfrage nach modernen Büroflächen zu rechnen ist.

Dies gilt auch unter Berücksichtigung einer zunehmenden Mehrfachnutzung von Arbeitsplätzen (desk sharing) in Verbindung mit einer teilweisen Verlagerung der Arbeit in den Privatbereich (home office).

Die Projektentwicklungsziele für Bürogebäude lassen sich wie folgt zusammenfassen:

- Reduzierung der Investitions- bzw. Mietkosten
- Reduzierung der Nutzungskosten einschließlich der Einrichtung
- Verbesserung der Produktivität

- Verbesserung der Informationsprozesse
- Schaffung einer positiven Arbeitsumgebung
- Abbau von formal bestimmten Hierarchien
- Stärkung der Eigenverantwortung der Mitarbeiter
- Verbesserung der Vereinbarkeit von Beruf und Privatleben.

Die Anforderungen an den idealen Büroarbeitsplatz variieren je nach Art der zu erbringenden Dienstleistungen ganz beträchtlich. In den letzten 30 bis 40 Jahren haben sich daher drei Grundtypen herauskristallisiert, die das klassische Kontorhaus als Grundmuster abgelöst haben:

- Grundtyp 1 Zellenbüro
- Grundtyp 2 Kombibüro
- Grundtyp 3 Gruppenraumbüro

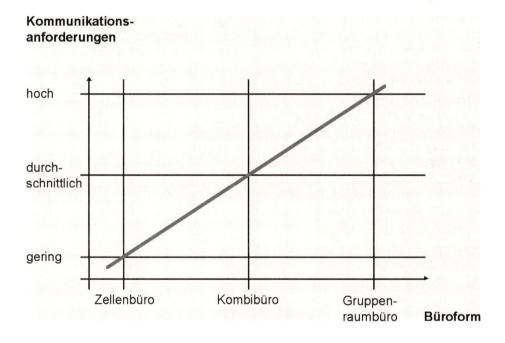

Abb. 2.8 Zusammenhang optimale Büroform / Kommunikationsanforderungen

Bei der Planung bzw. Anmietung von neuen Büroflächen erfolgt die Auswahl der in Frage kommenden Grundtypen (Zellenbüro, Gruppenraumbüro oder Kombibüro) überwiegend nach funktionalen Anforderungen (Nutzungsflexibilität, Kommunikationserfordernisse etc.).

Eine große Rolle spielen aber auch soziale Aspekte wie z. B.
- der bewusste Abbau von sichtbaren Hierarchieebenen (3-Achsraum als Büro für 2 Personen, 7-Achsraum als Geschäftsleitungsbüro etc.),

- die Aufwertung der Allgemeinbereiche (Pausenzonen, Kommunikationsflächen, Eingangsbereiche, Flächen für Sport und Fitness etc.) zur Stärkung der übergeordneten Bindung der Mitarbeiter an das Unternehmen anstelle der bisher noch vorherrschenden Identifikation über die Qualität des eigenen Büroraums,
- arbeitsphysiologische Aspekte, die sich durch die Bildschirmarbeit stark gewandelt haben.

Anders als noch vor 20 Jahren wissen wir heute, dass arbeitsplatznahe Zonen zur kurzzeitigen Erholung und Entspannung (break areas) insbesondere bei einem hohen Anteil von Bildschirmarbeit einen großen Beitrag zur Steigerung der Motivation und Leistungsfähigkeit der Mitarbeiter leisten. Darüber hinaus sind sie von großer Bedeutung für den Wissens- und Erfahrungsaustausch, der zu wesentlichen Anteilen spontan und nicht geplant abläuft. Um ihre Funktion auch erfüllen zu können, müssen die Büroflächen allerdings so gestaltet sein, dass sie in Abhängigkeit zu den spontan wechselnden persönlichen Bedürfnissen der Mitarbeiter Aktions-, Interaktions- und Rückzugszonen bieten.

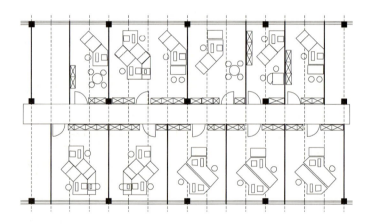

Abb. 2.9 Grundrissausschnitt typisches Zellenbüro

Gruppenraumbüros fordern im Gegensatz zur Zellenstruktur die spontane und damit ungeplante Kommunikation geradezu heraus. Sie eignen sich besonders für alle Arten der Teamarbeit, wobei die Sparte völlig nachrangig ist. Entscheidend ist, dass gleiche oder ähnliche Problemstellungen von Arbeitsgruppen bearbeitet werden, die in Abhängigkeit von der Aufgabenverteilung jeweils neu gebildet werden. Dies kann im Bereich von Finanzdienstleistungen genauso erforderlich sein wie im Konstruktions- und Entwicklungsbereich. Der Hauptvorteil des Gruppenraumbüros liegt in den vielfältigen Möglichkeiten zur offenen Kommunikation. Denkanstöße oder analoge Lösungsansätze können ohne lange Umwege bei der Problemlösung berücksichtigt werden. Schätzungen gehen davon aus, dass bis zu 80 % aller innovativen Ansätze auf die spontane Kommunikation im Team zurückzuführen sind. Bei der Konzeption von Gruppenraumstrukturen sollte allerdings aus psychosozialen Gründen darauf geachtet werden, dass die maximale Größe einer Gruppe auf 8 – 10 Personen beschränkt bleibt. Größere Gruppen verlieren sehr schnell die Fähigkeit zur Selbstorganisation und

Selbststeuerung. Anders als Großraumbüros mit mehr als 400 m² Grundfläche kommen Gruppenraumkonzepte meist ohne eine aufwändige Klimaanlage zur Raumkonditionierung aus. Ein weiterer Vorteil der Gruppenraumbüros besteht in seiner Nutzungsflexibilität. Arbeitsgruppen können ohne große Umbauarbeiten räumlich zusammengefasst und nach Abschluss der zugewiesenen Aufgaben wieder getrennt werden. Sie können darüber hinaus über eine dichtere Möblierung problemlos an geänderte Anforderungen angepasst werden, ohne dass die Qualität der Arbeitsplätze spürbar leidet, da sich deren Qualität in erster Linie aus den jeweiligen Umgebungsbedingungen und nicht aus dem Raum, in dem der Arbeitsplatz untergebracht ist, ergibt. Moderne Formen der Gruppenraumbüros werden häufig unter Begriffen wie Multispace oder Businesslounge zusammengefasst. Sie stehen oft im direkten Zusammenhang mit desk sharing – Konzepten. Ihr Hauptvorteil besteht darin, dass Arbeitsplätze für Personengruppen mit einer geringen Bindung an das Stammhaus (z. B. Vertrieb, Service, vor Ort Beratung etc.) nicht permanent vorgehalten werden müssen. Stark vertriebsorientierte Unternehmen mit einem hohen Heimarbeitsplatzanteil senken über desk sharing ihre Arbeitsplatzkosten um bis zu 40 % [14].

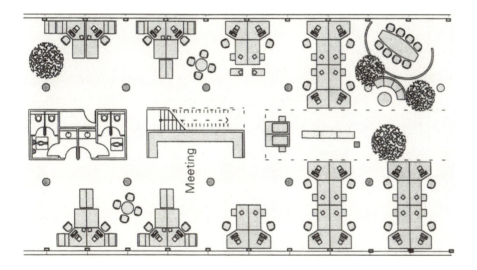

Abb. 2.10 Grundrissausschnitt Gruppenraumbüro

Kombibüros eignen sich sehr gut für Tätigkeiten mit einem gemischten Anforderungsprofil aus Teamarbeit und zurückgezogener konzentrierter Einzelarbeit. Da dieses Profil selten in seiner reinsten Form nachgefragt wird, sind Mischformen entstanden. Je nach Erfordernis werden dabei Zellenstrukturen und offene Bürozonen innerhalb einer Organisationseinheit kombiniert. Dabei werden leicht demontierbare, verglaste Wandelemente verwendet, um eine schnelle und kostengünstige Anpassung der Bürostruktur sicherzustellen. Während moderne Gruppenraumbüros in Kombibüros umgewandelt werden können, ist das bei klassischen Zellenbürogrundrissen (Geschossplattenbreite ca. 11– 13 m) nicht ohne Kompromisse möglich.

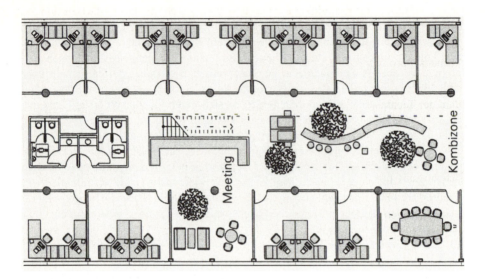

Abb. 2.11 Grundrissausschnitt Kombibüro

Eine Variante ist daher die Mischung von Geschossplatten mit unterschiedlichen Breiten, um stark unterschiedlichen Anforderungen entsprechen zu können. Zellenbüros können in begrenztem Umfang genauso wirtschaftlich angeordnet werden wie Kombibüros.

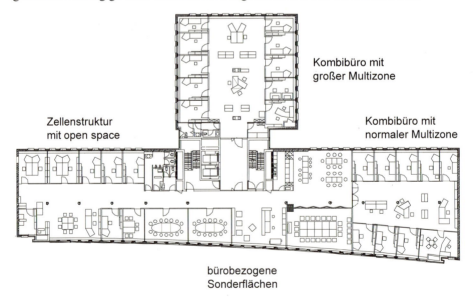

Abb. 2.12 Grundrissausschnitt Mischform mit variabler Breite der Geschossplatte

Wegen der grundsätzlichen Abhängigkeiten von funktionalen Anforderungen und den hieraus resultierenden Gebäudestrukturen können für Bürogebäude seriöse Angaben zu wesentlichen Kenngrößen wie z. B.

- Flächenbedarf pro Arbeitsplatz
- Ausbaustandard
- Standard der Technischen Ausrüstung (insbesondere Heizung, Lüftung, Klima)
- Investitionsaufwand pro Arbeitsplatz

und zu erforderlichen Mieten und Nutzungskosten erst dann gemacht werden, wenn eine Konzeption vorliegt, die den jeweiligen Anforderungen nahe kommt. So kann z. B. der spezifische Flächenbedarf pro Arbeitsplatz aus den teilweise sehr unterschiedlichen Anforderungen an die Büro bezogenen und zentralen Sonderflächen stark beeinflusst werden.

Isolierte Betrachtungen einzelner Parameter, wie z. B. der Flächenbedarf pro Arbeitsplatz oder die Miete pro m^2, liefern zwar erste Anhaltspunkte zur Wirtschaftlichkeit, als alleinige Entscheidungsgrundlage für oder gegen eine Bürokonzeption reichen sie jedoch bei weitem nicht aus. Vor einer endgültigen Entscheidung müssen daher alle relevanten Einflussgrößen über Kosten-Nutzen – Analysen hinterfragt werden. Als Instrument hat sich die Due Diligence – Prüfung (vergleiche Kapitel 11 Praxisbeispiel) bewährt.

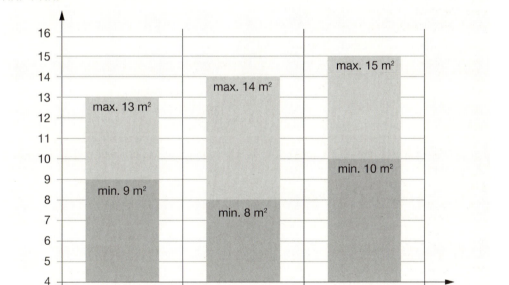

Abb. 2.13 Schwankungsbreite der Haupt- (HNF) bzw. Nebennutzfläche (NNF) pro Arbeitsplatz

Einflussgrößen, die sich nicht unmittelbar berechnen lassen wie z. B.

- die Steigerung der Arbeitseffizienz,
- die Reduzierung von Nutzungskosten,
- die Reduzierung des Umbauaufwands bei geänderten organisatorischen Anforderungen,
- eine größere Nutzungsflexibilität (variable Belegungsdichte ohne Abstriche an der Arbeitsplatzqualität),
- die vorsorgliche Berücksichtigung zukünftiger Marktanforderungen

müssen bei der Konzeption einer optimierten Gebäudekonzeption bzw. bei der Entscheidung zur Anmietung von Fremdflächen wegen ihrer unbestreitbaren Auswirkungen auf die gesamte Kostenstruktur zusätzlich berücksichtigt werden. Über desk sharing lässt sich die Flächeneffizienz eines Bürogebäudes, insbesondere bei Mischformen, erheblich steigern. Anwesenheitszählungen ergaben, dass die vorgehaltenen Arbeitsplätze im Durchschnitt nur zu 80 % besetzt sind. Tätigkeiten mit hohem Außenbezug erfordern sehr häufig keinen persönlichen Arbeitsplatz in der Zentrale. Die Vorteile von desk sharing – Strukturen liegen in der

- freien Wahl zwischen offenen und abgeschirmten Arbeitsplatzsituationen
- hohen Flächeneffizienz
- Kreativität fördernden Arbeitsumgebung
- Flexibilität der Ausnutzung (atmendes Gebäude).

2.4.2 Businesspark

Aufgrund ihrer Besonderheit, Büro-, Produktions-, Werkstatt-, Logistik- und zum Teil auch Handelsflächen zu kombinieren, besteht für Businessparks (Gewerbeparks) eine relativ gut kalkulierbare Nachfrage. Die Gebäude werden überwiegend von Eigennutzern errichtet, wobei hierbei im Grundsatz die Gesetzmäßigkeiten von Produktionsimmobilien gelten (vergleiche Punkt 2.3). Soweit sie von spezialisierten Unternehmen (z. B. GIP – Gewerbe im Park als einer der großen Marktteilnehmer) nach internationalem Vorbild für den Mietermarkt errichtet werden, stehen bei der Konzeption der Immobilien die Fragen zur Nutzungsflexibilität im Vordergrund, um das Risiko für Anleger aus dem privaten und institutionellen Immobilienmarkt möglichst klein zu halten.

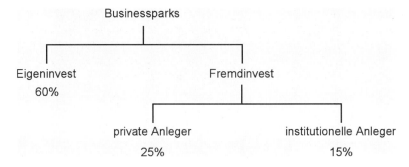

Abb. 2.14 Klassische Verteilung des Investments bei Businessparks

Businessparks entstehen in der Regel in verkehrsgünstigen Lagen am Rand von Ballungszentren. Aufgrund ihrer schwachen Einbindung in die Stadtstrukturen sind sie in wachstumsstarken Regionen dem Segment der Zwischennutzung von Grund und Boden zuzurechnen. Entsprechend kurzfristig wird die Rückzahlung des eingesetzten Kapitals kalkuliert.

2.4.3 Hotel

Hotelimmobilien sind in allen wesentlichen Elementen der Projektentwicklung

– Größe (Anzahl der Zimmer, Zimmergrößen etc.)

– Angebot von Zusatzeinrichtungen (Konferenz, Restauration, Wellness etc.)

– Funktionalität / Flexibilität

– Ausstattung

an die Vorgaben des jeweiligen Betreibers gebunden.

Entsprechend der gegebenen Standortqualitäten, die sich hauptsächlich aus Faktoren wie Bedarfsdeckung, Verkehrsanbindung, Sehenswürdigkeiten, Freizeitangeboten und der städtebaulichen Einbindung ergeben, entwickeln Hotelbetreiber standortspezifische Konzepte innerhalb einer bestimmten Kategorie, (z. B. Hotel Garni / 2 Sterne für Vorstadtlagen bzw. 5 Sterne Hotel in Top-Innenstadtlagen von Metropolen).

Da große Hotelbetreiber verschiedene Schwerpunkte (Messehotels, Kongresshotels, Freizeit- und Themenhotels etc.) innerhalb der möglichen Bandbreiten setzen, beschränken sich die Aufgaben des Projektentwicklers bei Hotelimmobilien im Wesentlichen auf die Auswahl in Frage kommender bonitätsstarker Betreiber, die Vorauswahl geeigneter Standorte, die Beschaffung der Finanzierung und die Bindung von Investoren.

2.4.4 Klinik

Privatkliniken erhalten in Folge der Strukturveränderungen im Gesundheitswesen (Kostensenkung über Fallkostenpauschalen etc.) in jüngster Zeit im Segment der Dienstleistungsimmobilien besonders im Bereich der ambulanten Chirurgie, der Dialyse, der radiologischen Diagnostik und Therapie, der Orthopädie, der Zahnheilkunde (Kiefernchirurgie, Implantologie) eine stark zunehmende Bedeutung.

Da die Konzeption der Gebäudestruktur über ihre funktionalen Potenziale und die hieraus resultierenden Synergieeffekte (Mehrfachnutzung zentraler Einheiten wie Radiologie, Operationssäle etc.) erhebliche Auswirkungen auf die Wirtschaftlichkeit des Betriebes hat, werden sich Neuinvestitionen sehr schnell zu Spezialimmobilien entwickeln, bei denen im Grundsatz die Gesetzmäßigkeiten klassischer Betreiberimmobilien gelten.

2.4.5 Freizeit / Wellness

Freizeitimmobilien spielen in der heutigen Gesellschaft, die lange von einer Verkürzung der Lebensarbeitszeit geprägt worden ist, eine wichtige Rolle.

Hieran ändern aktuelle Überlegungen zur Ausweitung der Arbeitszeit grundsätzlich nichts, da sie in der Regel mit einer Zunahme an flexibel gestaltbaren Zeitanteilen einhergehen.

Entsprechend stieg die Zahl der Fitnesseinrichtungen von 1980 bis 2000 von ca. 1.000 in Westdeutschland auf ca. 6.500 in Gesamtdeutschland an. 1998 existierten 52 Freizeitparks, deren Anzahl auf über 200 steigen soll [15].

Parallel wuchs seit Anfang der 90er Jahre die Anzahl von Golfanlagen ausgehend von ca. 250 Plätzen auf aktuell ca. 680, wobei in einigen Regionen der natürliche Sättigungsgrad noch längst nicht erreicht ist.

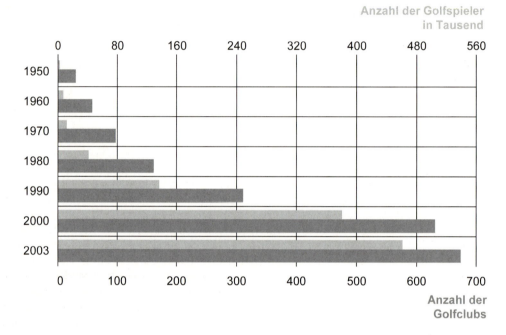

Abb. 2.15 Entwicklung der Golfplätze und Golfspieler in Deutschland [16]

Neue Angebote wie Skihallen nach dem Muster von Bottrop und Neuss und gemischt genutzte Immobilien unter dem Oberbegriff „urban entertainement parks" drängen derzeit auf den Markt, wobei deren erhoffter Erfolg nur zum Teil, wie z. B. in Ansätzen in der Neuen Mitte Oberhausen (Kombination Einkaufen und Erlebnisbereiche) eingetreten ist. Bei anderen Projekten wie dem Space-Park Bremen ist er bis jetzt ausgeblieben.

Freizeitimmobilien gehören als Spezialimmobilie in die Sparte der Projektentwicklung, in der die Anzahl unbekannter und damit variabler Faktoren am größten ist. Entsprechend sorgfältig und umfassend muss bei der Projektentwicklung vorgegangen werden. Ausgeprägte Alleinstellungsmerkmale und ein Höchstmaß an Attraktivität stehen zur Auslösung eines ausreichenden Impulses im Vordergrund. Bei Investitionen in Freizeitimmobilien muss analog zu anderen Spezialimmobilien auf eine möglichst kurze Rücklaufzeit des eingesetzten Kapitals und soweit wie möglich auf Drittverwertungsalternativen geachtet werden.

Aufgrund der demografischen Verschiebungen in der Bevölkerungsstruktur wird sich das Freizeitverhalten in den 20er und 30er Jahren dieses Jahrhunderts merklich ändern.

Gesundheitliche Einschränkungen bei den heute 50 bis 60-Jährigen, die einen hohen Anteil am Freizeitkonsum haben, führen zu anderen Freizeitgewohnheiten, deren Richtung noch nicht absehbar ist. Relativ sicher kann jedoch davon ausgegangen werden, dass der Wellness- und Fitnessbereich entsprechend dem allgemeinen Trend zu einer insgesamt gesünderen Lebensführung in seiner Bedeutung weiter zunehmen wird. Ob das veränderte Gesundheitsbewusstsein bei den nachrückenden Generationen zur Schließung der Lücken in den hauptsächlich sportlich orientierten Freizeitangeboten (Golf, Tennis, Surfen, Ski etc.) führen wird, ist unsicher, da das Freizeitverhalten in der Vergangenheit stark von kommerziellen Trends beeinflusst worden ist.

2.5 Handel

2.5.1 Generelle Trends

Obwohl die hochgesteckten Ziele des e-business bisher nicht realisiert wurden [17], ist davon auszugehen, dass sich zukünftig ein erheblicher Anteil des Einzel- und Großhandelkonsums auf virtuelle Marktplätze verlagert (aktuell ca. 1 % des Gesamtumsatzes). Die Entwicklung wird sicher nicht so weit gehen, dass die traditionellen Ladenlokale über das Internet und Logistikunternehmen abgelöst werden. Mittelfristig wird sie aber erheblichen Einfluss auf das Flächenangebot und die Auswahl geeigneter Standorte von Handelsimmobilien nehmen, wobei insbesondere das Segment der Grundversorgung, das sich über große Warenmengen und Discountpreise definiert, betroffen sein wird. Vorstellbar ist ein starkes Wachstum bei online-Bestellungen von Artikeln des täglichen Bedarfs im Segment berufstätiger Singles, Kleinfamilien und im Seniorenbereich, da hier die Vorteile der Hauslieferung am stärksten durchschlagen (unkompliziert, schnell, mühelos, just in time etc.). Bei der Konzeption von Handelsimmobilien schwankt der bauliche Aufwand in Abhängigkeit von der Komplexität der Nutzungsstruktur sehr stark.

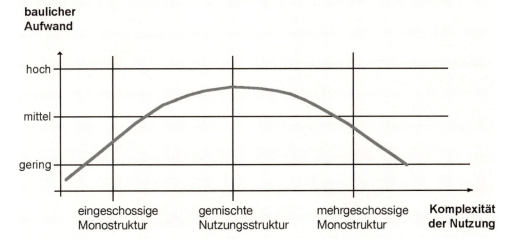

Abb. 2.16 Zusammenhang Nutzungsstruktur / baulicher Aufwand

Der erforderliche Aufwand für die Projektentwicklung und das Risikopotenzial folgt dieser Gesetzmäßigkeit.

Einfache, monostrukturell ausgelegte Immobilien können mit geringem Risiko in kurzer Zeit entwickelt werden.

Gemischt genutzte Strukturen erfordern einen ungleich höheren Zeitaufwand für die Optimierung und die Vermarktung.

2.5.2 Verbrauchermarkt / Shoppingcenter

Angloamerikanischen Vorbildern folgend entstanden ab den 70er Jahren im Randbereich der Ballungsräume große zusammenhängende Verkaufsflächen (10.000 – 30.000 m^2 Nettoverkaufsfläche) für den Großhandel. Wegbereiter waren dabei C+C–Märkte (cash+carry, Metro etc.), die über ihr Erfolgskonzept (alles unter einem Dach) zu starken Strukturveränderungen und Umsatzeinbrüchen im bis dahin dominierenden Fachgroßhandel führten.

Discountmärkte für Jedermann folgten dem Trend und gaben ihre Wettbewerbsvorteile gegenüber Innenstadtlagen (niedrige Grundstücks- und Baukosten, ausreichendes Parkplatzangebot, günstige Verkehrsanbindung, schneller Warenumschlag) über knapp kalkulierte Preise an den Verbraucher weiter.

Nach dem gleichen Muster entstanden die ersten Shoppingcenter „auf der grünen Wiese", in denen ein breit gefächertes Warenangebot über Ankerflächen (Lebensmittel, Textilien) und kleinteilige Zusatzflächen (häufig Filialen großer Ketten) erheblich preisgünstiger angeboten werden konnten als in den Warenhäusern oder Fachgeschäften der Innenstädte.

2.5.3 Warenhaus / Einzelladen

In Folge der zunehmenden Veränderungen im Einkaufsverhalten gerieten die traditionellen Handelsstandorte in den Innenstädten unter Druck. Aus wirtschaftlichen Gründen mussten viele Warenhäuser und Fachgeschäfte insbesondere aus dem unteren und mittleren Preissegment schließen. Die Innenstadt verlor besonders in Klein- und Mittelstädten deutlich an Attraktivität. Die erzielbaren Mieten sanken selbst in guten Lagen und bedingt durch die Verödung der Stadtstruktur ging der Reiz des bisher gewohnten Shoppings (einkaufen, sehen und gesehen werden, essen und trinken, spontane und gezielte Treffen mit Bekannten und Freunden) weitgehend verloren.

2.5.4 Shopping Mall

Aus den Fehlentscheidungen der Vergangenheit wurden vielerorts Lehren gezogen. Große, zusammenhängende Verkaufsflächen, die bis dahin mit den Mitteln des Planungsrechts zum Schutz der überwiegend kleinteiligen Einzelhandelsstruktur aus den Innenstädten verbannt wurden, sollen jetzt wieder für eine Belebung der Citylagen sorgen.

Ob sich damit alle Probleme wirklich lösen lassen, bleibt abzuwarten.

Entscheidend für eine erfolgreiche Entwicklung ist, dass die Ansiedlung von Shopping Malls die bestehenden Strukturen aufwerten müssen, da sonst die Bildung von innenstadtnahen Subzentren gefördert wird, die die Verödung der Innenstädte mit anderen Mitteln beschleunigt fortführen.

2.5.5 Fachmarkt / Fachmarktzentrum

Aus den gleichen Gründen, aus denen in Innenstädten vermehrt Shopping Malls genehmigt werden, entstehen seit Mitte der 90er Jahren insbesondere in Mittelstädten Fachmärkte und Fachmarktzentren, die ein spezialisiertes Warensortiment anbieten, über das die bestehenden Einzelhandelsangebote ergänzt bzw. gestärkt werden sollen.

Im Grundsatz wird über die neue Handelsform versucht, die Vorteile der Shopping Center in Stadtrandlagen (hoher Warenumschlag, scharf kalkuliertes Preisniveau, gute Erreichbarkeit, ausreichendes Parkplatzangebot etc.) auf citynahe Standorte zu übertragen.

Bei einer Abnahme der Bedeutung der Standorte „auf der grünen Wiese" (ausgelöst z. B. durch Änderungen im Mobilitätsverhalten der Konsumenten, einer Zunahme des Internet-Shoppings etc.) könnte über Fachmarktzentren zumindest teilweise eine Revitalisierung der Innenstädte gelingen. Voraussetzung ist jedoch, dass sich der traditionelle Einzelhandel in der Innenstadt halten kann, da das Sortiment der Fachmarktzentren von potenziellen Kunden als entscheidende Ergänzung zum vorhandenen Angebot wahrgenommen wird.

Dabei darf jedoch nicht übersehen werden, dass die Ansiedlung von Fachmarktzentren alleine nicht in der Lage ist, die Probleme der Innenstädte zu lösen. Der Verödung muss ergänzend mit den Mitteln eines modernen Stadtmarketings, das alle relevanten Bereiche wie z. B. Kultur und Freizeit umfasst, entgegen gewirkt werden.

2.5.6 Factory Outlet Center

Als Sonderform des Einkaufens in Randlagen haben sich Factory Outlet Center etabliert, die meist einen starken Themenbezug (Bekleidung, Schuhe etc.) haben. Ihr Angebot umfasst hochwertige Markenartikel mit kleinen Qualitätsmängeln oder aus Überproduktionen. Auf die Gesamtstruktur des Einzelhandels wirken sie sich aufgrund ihres begrenzten Angebots allenfalls regional aus.

2.5.7 Sonderformen

In Randlagen wird über die Verknüpfung von Einkaufen, Arbeiten, Wohnen und Unterhaltung unter einem Dach oder in unmittelbarer Nachbarschaft der Versuch unternommen, einige Qualitätsmerkmale früherer Citylagen (Vielfalt, Enge und Weite, Erlebnisraum, Sozialstruktur etc.) abzubilden.

Gelungenen Beispielen wie z. B. dem Potsdamer Platz in Berlin – dessen hohe urbane Qualität unbestritten ist – stehen Projekte gegenüber, die die Erwartungen nur zum Teil (z. B. das Centro'O in Oberhausen mit Einkaufen, Erlebnispark, Kultur- und Entertainement) oder trotz eines extrem hohen Aufwands und öffentlicher Förderung (z. B. Space Park Bremen mit Einkaufen, Erlebnispark, Hotel) nicht annähernd erfüllen können.

Generell gilt für Handelsimmobilien, dass der bauliche Aufwand (pro m^2 BGF) mit der Komplexität der Nutzungsstruktur steigt, sofern eine direkte Verknüpfung innerhalb einer Nutzung oder zusätzlich zu anderen Nutzungsarten (Entertainment, Dienstleistungen, Büros etc.) erforderlich wird.

Andererseits ist im Normalfall das Investitionsrisiko bei gemischt genutzten Handelsimmobilien wegen der diversifizierten Einnahmestruktur deutlich geringer als bei monostrukturell angelegten Immobilien.

Aufgrund der vielfältigen Einflussgrößen, die über Erfolg oder Misserfolg einer Investition im Handelsbereich bestimmend sein können, ist eine erfolgreiche Projektentwicklung in dieser Sparte des Immobilienmarkts zwingend an ein spezialisiertes Know-how gekoppelt, wobei ein auf die jeweiligen Verhältnisse abgestimmter Mieter- und Nutzungsmix elementare Bedeutung hat.

2.6 Öffentliche Gebäude (Non – Profit Immobilien)

2.6.1 Allgemeine Grundlagen

Öffentliche Bauten wie Verwaltungsgebäude, Schulen, Universitäten, Kliniken etc. dienen zur Erfüllung staatlicher Leistungen, die grundgesetzlich garantiert sind.

Sie wurden bislang ebenso wie Gebäude mit ähnlichem Charakter (z. B. Kindergärten, Kindertagesstätten) im Wesentlichen außerhalb des privatwirtschaftlich organisierten Immobilienmarktes realisiert. Dies galt auch für Gebäude der sozialen Fürsorge, die von freien Trägern (Kirchen, Caritas, Arbeiterwohlfahrt) mit erheblichen staatlichen Zuschüssen errichtet und betrieben wurden.

In Folge der angespannten Haushaltslage der öffentlichen Hände werden sie jedoch zunehmend über Kauf- oder Mietmodelle zum Wirtschaftsgut.

Für die Bauwirtschaft ergibt sich über die veränderten Randbedingungen die Chance, ihre Wertschöpfung über die Entwicklung intelligenter Produkte in einem Marktsegment zu erhöhen, in dem sie bisher nur als Anbieter von Bauleistungen, die wegen wettbewerbs- und vergaberechtlicher Zwänge in der Regel bis ins letzte Detail vorgegeben waren, zum Zuge kam.

Über den wachsenden Zwang zur Anwendung privatwirtschaftlicher Prinzipien wie Rentabilität, Drittverwertbarkeit etc. gelten die Grundsätze zur Entwicklung und Vorbereitung privater Bauinvestitionen in Zukunft auch für Projekte der öffentlichen Hand.

2.6.2 Gesundheitswesen

Entsprechend der demografischen Entwicklung steigt die Anzahl behandlungsbedürftiger Personen. Gleichzeitig sinkt das relative Beitragsaufkommen, so dass die Sozialkassen an die Grenzen ihrer Leistungsfähigkeit gestoßen sind.

Der hieraus resultierende Kostendruck soll über Reformen im Gesundheitswesen und Fortschritte in der medizinischen Behandlung (z. B. kürzere Verweilzeiten beim stationären Krankenhausaufenthalt) aufgefangen werden. Teile der Neugliederung im Gesundheitswesen sind medizinische Versorgungszentren (MVZ), die nach dem Vorbild der Polikliniken in der ehemaligen DDR einen wesentlichen Teil der vorklinischen Diagnostik und Behandlung kostengünstig abdecken sollen.

Solche Versorgungszentren sollen in der Regel privat betrieben und finanziert werden. Zur Optimierung der Betriebsabläufe werden in den meisten Fällen Neubauten mit einer Nutzfläche von 8.000 bis 12.000 m^2 erforderlich.

Bei bestehenden Einrichtungen liegt erhebliches Einsparungspotenzial in der Optimierung des administrativen Aufwands, bei dem sich die Kosten von derzeit ca. 25 % auf ca. 10 %

reduzieren lassen. Weitere 10 bis 20 % Kosteneinsparungen können im Bereich der stationären Einrichtung durch die Nutzung von bisher brachliegender Synergien (Großgerätemedizin, Einkauf, etc.) erzielt werden. In vielen Fällen setzt das jedoch voraus, dass zur Verfügung stehende bauliche Einrichtungen zusammengelegt, umgebaut und modernisiert werden, so dass in diesem Marktbereich mit einer Zunahme der Investitionen gerechnet werden kann.

2.6.3 Bildung und Erziehung

Die derzeitige Situation ist von starken Ungleichgewichten geprägt. Gewachsenen Stadtteilen mit überalterter Bevölkerungsstruktur, die überversorgt sind, stehen neue Wohngebiete mit einem hohen Kinderanteil und einer daraus resultierenden Unterversorgung gegenüber. Kindergartenplätze sind in der Regel in ausreichendem Umfang vorhanden. Das Angebot von Einrichtungen zur Ganztagsbetreuung (Kindertagesstätten oder Hortplätze) ist insgesamt unzureichend.

Das vorhandene Dilemma lässt sich angesichts der absehbaren demografischen Entwicklung nur lösen, wenn die erforderlichen Einrichtungen für die jeweils absehbare Nutzungszeit angemessen konzipiert oder für eine spätere Umnutzung vorgesehen werden.

Gleiches gilt im Prinzip für Hochschulen und Universitäten, wobei der Bedarf aufgrund gewachsener Anforderungen (Wissensgesellschaft, lebenslanges Lernen etc.) abweichend von den demografischen Entwicklungen mittelfristig zumindest auf dem derzeitigen Niveau verharren dürfte.

Grundsätzlich gilt für alle Einrichtungen aus dem Segment Bildung und Erziehung, dass neben dem natürlichen Ersatzbedarf ein enormer Nachholbedarf im Bereich der Instandhaltung und Modernisierung besteht, der aufgrund fehlender Mittel in den öffentlichen Haushalten derzeit nicht abgedeckt wird.

Aktuelle Schätzungen gehen von erforderlichen Investitionen in Höhe von mindestens 40 bis 60 Mrd. Euro aus. Laufende Pilotprojekte (insbesondere in Nordrhein-Westfalen) werden zeigen, inwieweit Partnerschaftsmodelle geeignet sind, diese Ausgaben zur Entlastung der öffentlichen Haushalte zu übernehmen.

2.6.4 Kultur- und Sporteinrichtung

Die anstehenden Bauaufgaben werden – soweit sie überhaupt im großmaßstäblichen Sektor (Messen, Theater, Stadien, Bäderbetriebe, Großhallen etc.) realisiert werden können – zu erheblichen Teilen mit privaten Investitionen errichtet.

Da der jeweilige Bedarf regional stark schwankt und von übergeordneten Ereignissen (z. B. Fußball-Weltmeisterschaft 2006) mit bestimmt wird, ist eine Prognose über zukünftige Chancen in diesem Segment der Bauwirtschaft, soweit es sich um Non - Profit -Anlagen handelt, praktisch nicht möglich.

2.6.5 Öffentliche Verwaltung

Die Veränderungen in der Arbeitswelt machen vor den Türen der öffentlichen Verwaltung nicht halt. Viele Bestandsgebäude entsprechen nicht mehr den geänderten Anforderungen aus der Arbeitsorganisation (Teamarbeit) und der Informations- und Kommunikationstechnik.

Sie müssen neu- oder umgebaut werden, um die erforderlichen Voraussetzungen zur Installation einer leistungsorientierten modernen Verwaltung zu schaffen.

Betroffen sind Rathäuser genauso wie Polizeipräsidien, Justizgebäude und Finanzämter, die beispielhaft für einen Großteil der öffentlichen Hochbauinvestitionen der letzten Jahrzehnte stehen. Die anstehenden Bauaufgaben lassen sich sicher nur dann realisieren, wenn privates Kapital und öffentliche Hände stärker als bisher in Form von Partnerschaftsmodellen zusammenarbeiten.

Angesichts leerer Kassen sind einfache Antworten wie z. B. „Eigenbau ist immer billiger als kaufen oder mieten" bei der Beseitigung der brennenden Probleme wenig hilfreich, zumal die in großen Teilen immer noch kameralistisch organisierten öffentlichen Haushalte in erheblichem Umfang über Kredite finanziert werden.

3 Beteiligte in der Immobilienwirtschaft

3.1 Marktteilnehmer im Überblick

Neben der heterogenen Marktstruktur bildet die Vielzahl der Beteiligten eine weitere Besonderheit in der Immobilienwirtschaft.

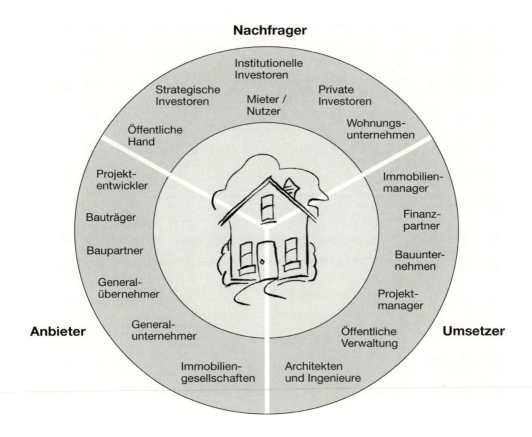

Abb. 3.1 Wichtige Akteure der Immobilienwirtschaft

Zur Vereinfachung lassen sich drei Hauptgruppen bilden, die sich aus Anbietern, Umsetzern und Nachfragern zusammensetzen. Sie sind im Lebenszyklus einer Immobilie, von der Projektidee bis zum Nutzungsende, mehr oder weniger stark beteiligt.

Hinzu kommen Mischformen, z. B. aus den Funktionen Projektentwicklung einschließlich Planung und Baudurchführung und eine Vielzahl indirekt Beteiligter, die auf das wirtschaftliche Ergebnis einer Immobilieninvestition erheblich Einfluss nehmen. Hierzu zählen insbesondere die Politik, die Verwaltung und Interessensvertreter wie Kammern, Verbände etc.

Da Immobilieninvestitionen in aller Regel öffentliche Interessen berühren, die sich nicht nur auf Gesetze und Verordnungen reduzieren lassen, ist die Berücksichtigung der öffentlichen Meinung in allen Bereichen (Medien, Nachbarschaften, Bürgerforen etc.) von besonderer Bedeutung. Gegen die Interessen einer interessierten und formierten Öffentlichkeit lassen sich Projekte in aller Regel nicht durchsetzen.

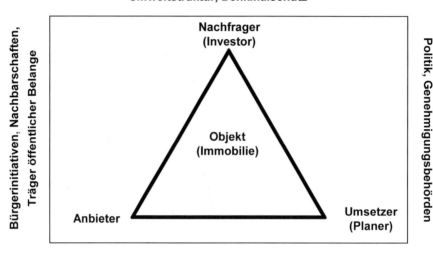

Abb. 3.2 Exogene Interessen im Immobilienmarkt

3.2 Anbieter

3.2.1 Projektentwickler

Unter Marktgesichtspunkten fallen der Projektentwicklung / Bauvorbereitung Aufgaben zu, die den Lebenszyklus einer Immobilie in allen Phasen maßgeblich beeinflussen. Hauptziel der Projektentwicklung ist es, die wesentlichen Projekt bestimmenden Faktoren einer Immobilieninvestition (Standort, Nutzungsstruktur und Rentabilität) so miteinander zu kombinieren, dass wettbewerbsfähige, sozial- und umweltverträgliche sowie langfristig werthaltige Gebäude entstehen [18]. Besonders problematisch ist die Auswahl und die Gewichtung der im jeweiligen Einzelfall zu berücksichtigenden Faktoren, die über Erfolg oder Misserfolg der Projektentwicklung entscheiden.

Durch die Ablösung der bedarforientierten Immobilienbereitstellung, bei der Investitions- und Folgekosten eine allenfalls relative Bedeutung hatten, durch ein Markt orientiertes Immobilienmanagement (top down Betrachtung) gewinnt die systematische Entwicklung von Immobilien in allen Bereichen stark an Bedeutung.

Aus der folgenden Abbildung wird der Zusammenhang zwischen dem Kenntnisstand über die bestimmenden Faktoren in Abhängigkeit vom Lebenszyklus einer Immobilie in der Projektkonzeption deutlich. Zur Vermeidung schwerwiegender Fehler in der Konzeptionsphase muss die Vorbereitung und Planung der Immobilieinvestition sehr viel sorgfältiger als bisher erfolgen.

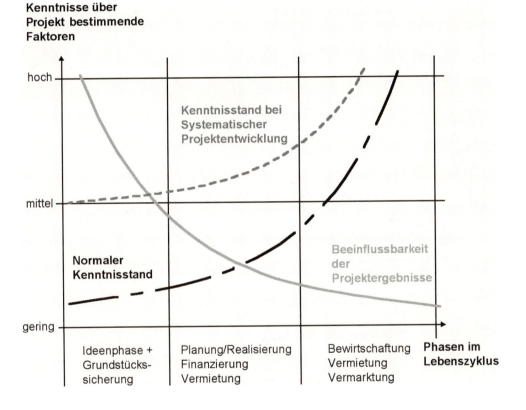

Abb. 3.3 Beeinflussbarkeit von Projektergebnissen in Abhängigkeit zum Kenntnisstand über Projekt bestimmende Faktoren

Unabhängig davon, ob der Projektentwickler als Zwischeninvestor unmittelbar oder als Dienstleister indirekt Verantwortung für den Erfolg seiner Projektkonzeption trägt, ist er verpflichtet, alle Möglichkeiten zur Vermeidung von Fehlinvestitionen im Vorfeld einer Projektrealisierung auszuschöpfen. Während er als Dienstleister das Vermarktungs- und Vermietungsrisiko nicht mit trägt, haftet er als Zwischeninvestor voll. Insoweit ist die Abgrenzung des Projektentwicklers, der gleichzeitig Zwischeninvestor ist, zum Bauträger marginal.

3.2.2 Bauträger / Baupartner

Ein Bauträger ist rechtlich immer ein Zwischeninvestor, der Grundstücke kauft, soweit erforderlich baureif macht und Gebäude errichtet, die er in Teilen (z. B. Eigentumswohnungen) oder insgesamt verkauft. Er beschafft die Produktionsfaktoren Boden, Arbeit (wozu auch die Projektentwicklung gehört) und Kapital und kombiniert sie in einer Weise, dass eine wettbewerbsfähige Immobilie entsteht. Da sich seine Tätigkeit in der Hauptsache auf die Errichtung des entwickelten Projektes bezieht, bilden in der Regel das Schuldrecht nach BGB, die VOB (Vergabe- und Vertragsordnung für Bauleistungen), die Gewerbeordnung und die Makler- und Bauträgerverordnung den wesentlichen Rahmen.

Für die Leistungen der Projektentwicklung gelten primär die HOAI (Honorarordnung für Leistungen von Architekten und Ingenieure), das öffentliche und private Baurecht und das Grundstücksrecht.

Der Baupartner, der als relativ neuer Marktteilnehmer sehr viel stärker als der Bauträger am jeweiligen Kundennutzen orientiert ist, da er versucht, für konkrete Anforderungen eines späteren Nutzers / Betreibers optimale Lösungen anzubieten, muss aufgrund seiner Geschäftsidee „Bessere Gebäude durch qualifizierte Projektentwicklung" beide Rechtsfelder in gleichem Umfang beachten. Dies kann er nur erreichen, wenn er die Projektentwicklung maßgeblich beeinflusst.

3.2.3 Generalübernehmer

Die Vergabe von Generalübernehmeraufträgen wird zunehmend an die Einhaltung vorgegebener Zielgrößen (benchmarks) gekoppelt. Daher gehören z. B. bei Verhandlungsverfahren der öffentlichen Hände bzw. bei Baupartnermodellen wesentliche Teile der Planung und Teile der Projektkonzeption zum Umfang der angefragten Leistungen.

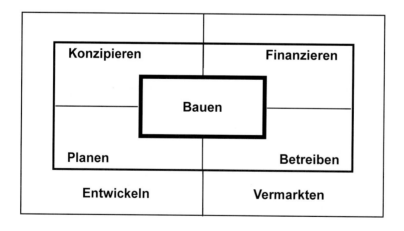

Abb. 3.4 Ausweitung der Kernkompetenz zur Steigerung der Wertschöpfung

Bei dieser Vergabepraxis nehmen die Generalübernehmer eine Doppelrolle ein. Sie treten gleichzeitig als Anbieter und Umsetzer auf und übernehmen damit eine sehr weitgehende

Verantwortung für die vollständige Erfüllung aller vorgegebenen Projektziele (wirtschaftlich, technisch, gestalterisch etc.). Nach internationalem Muster (development, design, build, operate + finance [DDBOF]) übernehmen sie zusätzlich die Projektentwicklung und -konzeption einschließlich der Finanzierung (z. B. bei Partnerschaftsmodellen). Sie reagieren insoweit einerseits auf Anforderungen aus dem Markt, andererseits verlängern sie ihre Wertschöpfungskette mit dem Ziel der Ertragssteigerung.

Vordergründig bieten Abwicklungsmodelle, bei denen der größte Teil der Verantwortung für die Umsetzung der Projektziele in einer Hand zusammengefasst ist, große Vorteile (einfache Kommunikation, klare Verantwortlichkeiten, überschaubare Strukturen bei Haftungs- und Gewährleistungs- und Mängelfragen etc.).

Die Planung und Realisierung aus einer Hand kann sich jedoch auch sehr stark nachteilig auswirken, wenn der unbedingt erforderliche Interessensausgleich zwischen ökonomischen und gesellschaftlich-kulturellen Aspekten unterbleibt, weil sich die Bauproduktion ausschließlich am erzielbaren Gewinn orientiert. In solchen Fällen tritt an die Stelle einer konsequenten ganzheitlichen Durchbildung einer Entwurfskonzeption in Form und Material das konzeptionelle Aneinanderfügen möglichst billiger Einzelelemente nach rein funktional-ökonomischen Gesichtspunkten. Zur Wahrung der nicht direkt messbaren Qualität (Architektur, Städtebau etc.) sollte die klassische Trennung zwischen Vorgabe und Ausführung nicht aufgegeben werden.

An die Stelle einer abgeschlossenen Planung muss zur Sicherung der Nachhaltigkeit zumindest eine sorgfältige und umfassende Zielvorgabe und eine laufende Ergebniskontrolle treten.

Große Marktteilnehmer haben die Probleme, die sich aus der Doppelrolle des Anbieters und Umsetzers ergeben, erkannt. Sie halten dennoch an ihrer Strategie „ganzheitliche Problemlösung aus einer Hand" fest, haben aber über Holdingstrukturen die einzelnen Geschäftsfelder

— Entwickeln
— Planen
— Bauen
— Betreiben
— Finanzieren

so gegeneinander abgeschottet, dass der erforderliche Interessenausgleich zumindest im Innenverhältnis stattfinden muss.

3.2.4 Immobiliengesellschaften

Da der Immobilienbestand seinen Stellenwert als „stille Reserve" weitgehend eingebüßt hat, wird er zu großen Teilen über Immobiliengesellschaften verwertet. Zeitgleich kommen große Immobilienbestände der öffentlichen Hand und privatisierter Staatsunternehmen (Deutsche Bahn, Deutsche Post, Telekom etc.) mit ähnlicher Zielsetzung auf den Markt.

Hierdurch entstehen große Chancen zur Weiterentwicklung bzw. zum Umbau vorhandener Stadtstrukturen. Die Integration der zusätzlichen Flächen in eine geordnete Stadtentwicklung erfordert allerdings eine sorgfältige Planung, um bestehende Entwicklungslinien nicht zu gefährden.

Egoismen öffentlicher und privater Akteure im Immobilienmarkt behindern oder blockieren jedoch in vielen Fällen eine positive Entwicklung (jedem Bezirk sein Einkaufszentrum, sein Multiplex-Kino, sein Gewerbezentrum etc.). In der Folge entsteht ein Überangebot mit hohen Leerstandsquoten und ein häufig nicht kostendeckendes Mietniveau. Ausgelöst durch Fehlinvestitionen wurde bei vielen Immobiliengesellschaften ein Paradigmenwechsel vollzogen. Da ihr wirtschaftlicher Erfolg von der nachhaltigen Rentabilität ihrer Produkte abhängt, setzen sie neue Methoden und Instrumente zur Projektentwicklung [19] und zum Immobilienmanagement mit folgenden Schwerpunkten ein:

- Erhöhung der Prognosesicherheit hinsichtlich zukünftiger Anforderung an Immobilieninvestitionen,
- Entwicklung zuverlässigerer Verfahren zur Wertermittlung von Grundstücken und Gebäuden,
- Integration von differenzierten Zielsystemen für alle Projekt bestimmenden Faktoren in die vorhandenen Projektmanagementsysteme,
- Entwicklung von Verfahren zur Messung der Performance im Projektentwicklungs- und Planungsprozess bei voller Integration der nicht unmittelbar quantifizierbaren Entscheidungsgrößen (Architektur, Städtebau, Ökologie, Soziologie etc.).

Aufgrund des derzeit relativ günstigen Preisniveaus interessieren sich große international tätige Immobiliengesellschaften zunehmend für den deutschen Immobilienmarkt. Sie treten dabei oft in der Doppelrolle Anbieter und Umsetzer auf. Sie erwerben große Immobilienbestände, rekonstruieren und repositionieren sie und verkaufen sie nach einer Konsolidierungsphase von 3 bis 5 Jahren gewinnbringend als Kapitalanlage an private und institutionelle Investoren. Sie nehmen dabei vorübergehend die Rolle des Nachfragers ein, da sie ausschließlich den späteren Kundennutzen im Fokus haben, obwohl sie unter Marktgesichtspunkten zum Anbieterkreis gehören.

3.3 Nachfrager

3.3.1 Formen der Kapitalanlage in Immobilien

Bei Immobilieninvestitionen ist grundsätzlich zwischen der direkten und indirekten Kapitalanlage zu unterscheiden. Bei der direkten Beteiligung tritt der Investor als Bauherr auf, während er bei der indirekten Beteiligung als reiner Kapitalanleger anderen steuerlichen Rahmenbedingungen unterworfen ist. Neben der Direktanlage, zu der neben dem Erwerb einer Liegenschaft (Gebäude und Grundstück) auch der Erwerb von Teileigentum (überwiegend im Wohnungsbau) gehört, haben Investoren die Möglichkeit, sich indirekt an Immobilienvermögen (Immobilienfonds, Immobilienaktiengesellschaften etc.) zu beteiligen.

Bei der indirekten Immobilienbeteiligung stellt der Anleger sein Kapital einer Anlagegesellschaft zur Verfügung, die den Bau bzw. die Akquisition der Immobilie übernimmt. Häufig garantiert sie dabei auch die Mindestrendite, in jedem Fall aber die Höhe des erforderlichen Investitionskapitals. Diesem Merkmal folgend gehört die Beteiligung an einem geschlossenen Immobilienfond eher zu einer indirekten Beteiligung und wurde deshalb auch entsprechend vorgenommen, obwohl sie steuerlich zu den direkten Beteiligungen zählt, da der Investor als

Bauherr in einer Bauherrengemeinschaft auftritt und am Risiko (in der Regel begrenzt) beteiligt ist.

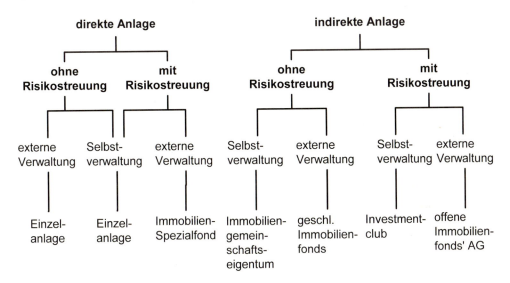

Abb. 3.5 Kapitalanlagemodelle im Immobiliensektor

In ihrem Anlage- / Investitionsprofil zeigen sich bei den Marktteilnehmern teilweise gravierende Unterschiede.

3.3.2 Wichtige institutionelle Investoren

Offene Immobilienfonds

Bei offenen Fonds handelt es sich um klassische Investitionsfonds, die den Vorschriften und Auflagen nach dem Gesetz über Kapitalanlagegesellschaften (KAGG) analog zu Aktien- oder Rentenfonds entsprechen müssen. Die Fondskonstruktion besteht daher aus

— der Kapitalanlagegesellschaft
— dem Sondervermögen des Fonds
— der Depotbank.

Das Sondervermögen wird aus dem Kapital zahlreicher Anleger gebildet. Die in Deutschland registrierten offenen Immobilienfonds investieren hauptsächlich in Gewerbeimmobilien im In- und Ausland. Anleger erhalten für ihr Kapital Anteilsscheine (Investmentzertifikate), die frei handelbar sind (ab 100 € aufwärts). Offene Fonds dürfen nur in der Rechtsform einer GmbH oder einer Aktiengesellschaft geführt werden. Sie müssen entsprechend § 2 des KAGG als Kapitalanlagegesellschaft wie ein Kreditinstitut geführt werden und unterliegen der Bankenaufsicht. Nach deutschem Recht muss ein offener Fond mindestens 15 Objekte umfassen, um Chancen und Risiken ausreichend zu verteilen (Streuung nach Nutzungsart, Mieterstruktur, Größe und Standorten).

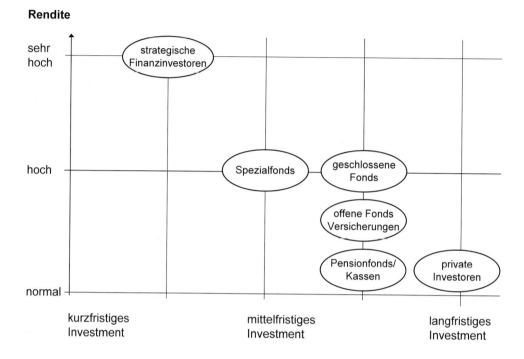

Abb. 3.6 Investoren und ihre Anlagestrategie

Zur Absicherung des investierten Kapitals muss der Wert der Fondsimmobilien jährlich neu festgesetzt werden, um auf Veränderungen im Immobilienmarkt reagieren zu können. Zu den Hauptaufgaben der Kapitalanlagegesellschaft gehört die Bewertung der Objekte, der Objektankauf, das Portfoliomanagement und die Steuerung der Renditen in der Weise, dass die jährliche Ausschüttung von Ertragsanteilen an die Anleger dauerhaft gesichert ist.

Die Depotbank verwaltet das Sondervermögen und die analog zu Aktien frei handelbaren Anteilsscheine, die sie auch ausgibt bzw. zurücknimmt. Mindestens 25 % des Sondervermögens (maximal 49 %) muss in Guthaben angelegt werden, die innerhalb eines Jahres aufgelöst werden können, um die Liquidität der Fondsgesellschaft zu sichern. Die jährlichen Ausschüttungen der Fondsgesellschaften setzen sich aus

– Veräußerungsgewinnen

– laufenden Überschüssen aus Vermietung und Verpachtung

– Überschüssen aus sonstigen Anlagen (z. B. Wertpapiere, Geldmarkt)

– realisierten Wertsteigerungen

zusammen. Sie bleiben steuerfrei, sofern die Fondsanteile nicht innerhalb der Spekulationsfrist von 10 Jahren veräußert werden.

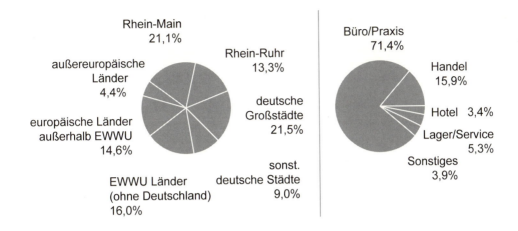

Abb. 3.7 Liegenschaften der Offenen Immobilienpublikumsfonds im Jahr 2000

Offene Fonds erreichten in der Vergangenheit jährliche Renditen von durchschnittlich 5 %. Trotz eines Mittelzuflusses in den Jahren 2002 und 2003 von insgesamt ca. 30 Mrd. Euro (gesamtes Fondsvolumen aller 27 in Deutschland gelisteten offenen Fonds = ca. 85 Mrd. Euro) sank die Wertentwicklungsrate des Fondsvermögens auf durchschnittlich 3,3 % [20].

Als Hauptursache sind hierfür Abwertungen bei inländischen Objekten um jeweils ca. 800 Mio. Euro in den letzten beiden Jahren verantwortlich, die in Folge sinkender Erträge aus den Bestandsimmobilien erforderlich wurden.

Zum Ausgleich wurden ausländische Objekte mit positiver Wertentwicklung aus steigenden Erträgen aufgewertet, so dass der Gesamtsaldo mit ca. 140 Mio. Euro in 2002 noch positiv ausfiel. 2003 reichten die Aufwertungen im Inland und Ausland zur Kompensation nicht mehr aus. Einschließlich anzurechnender Beträge aus Währungsverlusten wurde eine Gesamtabwertung von ca. 400 Mio. Euro erforderlich [21].

Aufgrund der weiterhin ungünstigen wirtschaftlichen Rahmenbedingungen dürfte die Abwertung in 2004 noch deutlich höher ausfallen, zumal die Spielräume zur Bilanzierung der Fonds enger geworden sind. Hierin liegt offensichtlich ein Hauptgrund für den starken Abfluss von Investorengeldern, der seit Anfang 2004 zu beobachten ist (ca. 3,5 Mrd. € bis August 2004).

Geschlossene Immobilienfonds

Geschlossene Immobilienfonds investieren – anders als offene Fonds – in konkrete Projekte, deren Mittelbedarf (Fremd- und Eigenkapital) feststeht. Sobald das erforderliche Eigenkapital eingeworben ist (i.d.R. ca. 50 % der Gesamtinvestition), wird der Fond für weitere Anleger geschlossen.

Die Rechtsform geschlossener Immobilienfonds basiert auf einer Personengesellschaft (Gesellschaft bürgerlichen Rechts oder Kommanditgesellschaft), die als Vermögensverwalter auftritt. Anteilseigner geschlossener Immobilienfonds sind damit unmittelbar Miteigentümer der Immobilie. Sofern sich die Fondsanteile im Privatvermögen befinden, erzielen die Anteilseigner Einkünfte aus Vermietung und Verpachtung, ansonsten werden Einkünfte aus gewerblicher Tätigkeit erzielt und entsprechend versteuert.

Über die unmittelbare Beteiligung am Immobilienvermögen erwirbt der Anleger die gleichen Steuervorteile, die er als Bauherr oder Käufer eines Objektes hat. Steuerliche Verlustzuweisungen werden direkt an die Anleger durchgereicht. Hauptsächlich aus diesem Grund haben sich geschlossene Immobilienfonds einen erheblichen Anteil (in 2003 ca. 5,64 Mrd. Euro) im Immobilienmarkt sichern können.

Über Änderungen in der Steuergesetzgebung wie z. B. die Einführung der Verlustausgleichsbeschränkung nach § 2 b Einkommensteuergesetz oder die Einschränkung des steuerlichen Sofortabzugs von Kosten und Gebühren sowie der Wegfall von Sonderabschreibungsmöglichkeiten in den neuen Bundesländern wurde die Höhe der steuerlichen Vorteile geschlossener Immobilienfonds deutlich reduziert.

Die aktuellen Angebote geschlossener Immobilienfonds sind in Folge dessen nicht mehr nur auf Steuervorteile ausgerichtet – unabhängig von den tatsächlichen Marktverhältnissen – sondern auf die tatsächliche Ertragskraft und Werthaltigkeit der Investitionen. Der Wechsel in der Anlagestrategie brachte den Initiatoren geschlossener Immobilienfonds in Deutschland nach einem Tiefpunkt im Jahr 2001 (– 33 %) in 2003 ein Umsatzplus von 16 %, jeweils bezogen auf das Basisjahr 1993. Die langfristige Wirtschaftlichkeit ist zu einem wichtigen Erfolgsfaktor beim Vertrieb von Anteilen geschlossener Immobilienfonds geworden. Die Mindestbeteiligung an geschlossenen Fonds liegt oft bei über 50.000 €, so dass sie für Kleinanleger weniger in Frage kommen.

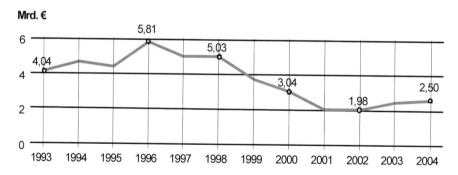

Abb. 3.8 Platziertes Eigenkapital geschlossener Immobilienfonds in Deutschland [22]

Immobilienspezialfonds

Die gesetzlichen Regelungen richten sich wie bei offenen Immobilienfonds nach dem Kapitalanlagegesellschaftengesetz (KAGG).

Danach sind Spezialfonds Sondervermögen, deren Anteilsscheine aufgrund schriftlicher Vereinbarungen mit der Kapitalanlagegesellschaft jeweils von nicht mehr als 10 Anteilsinhabern, die keine natürlichen Personen sind, gehalten werden.

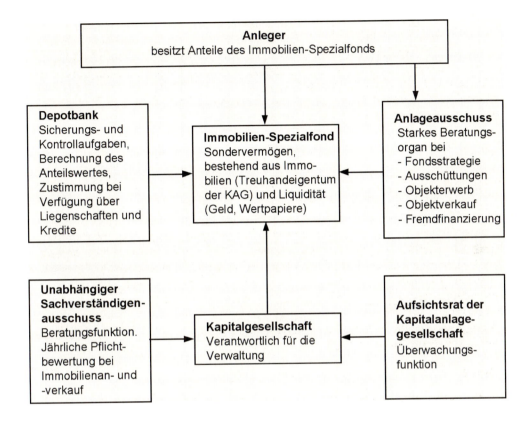

Abb. 3.9 Konstruktion eines Immobilienspezialfonds [23]

Als Kontrollorgan fungiert das Bundesaufsichtsamt für das Kreditwesen.

Spezialfonds werden von institutionellen Anlegern bevorzugt, wenn Objektrisiken verteilt werden sollen. Ein weiterer Grund liegt in der Möglichkeit, über das Immobilienvermögen steuerneutral nach Ablauf eines Jahres verfügen zu können, da das Anlagevermögen als indirekte Beteiligung zu werten ist, für die eine Spekulationsfrist von einem Jahr gilt.

Typische Projekte, bei denen das der Fall sein kann, sind Freizeitimmobilien, deren wirtschaftliche Entwicklung nur schwer vorhergesehen werden kann oder andere Spezialimmobilien wie Seniorenheime etc.

Offene und geschlossene Immobilienfonds weisen aufgrund ihrer unterschiedlichen Fondstrukturen stark differierende Merkmale auf, aus denen sich je nach der Risikobereitschaft der Anleger Vor- und Nachteile ergeben.

Grundsätzlich muss jedoch davon ausgegangen werden, dass jede Immobilieninvestition ein mehr oder weniger hohes Grundrisiko beinhaltet, das sich in erster Linie aus der nachhaltigen Nutzungsmöglichkeit und den hieraus erzielbaren Erträgen ergibt

Die spezifischen Vor- und Nachteile der wichtigsten Investitionsmodelle, die im Markt bekannt sind, werden in der folgenden Abbildung gegenüber gestellt.

	Offene Immobilienfonds	Geschlossene Immobilienfonds	Immobilien Aktiengesellschaften
Konstitution	Der offene Fonds ist ein Grundstückssondervermögen, dass von einer Kapitalanlagegesellschaft (KAG) geführt wird. Die KAG ist ein Spezialkreditinstitut und unterliegt der Aufsicht des Bundesamts für das Kreditwesen. Eine Depotbank verwaltet die liquiden Mittel und gibt die Fondszertifikate aus.	Eine Personen- oder Kommanditgesellschaft ist Eigentümer des Grundstücks. Der Anleger beteiligt sich direkt oder über einen Treuhänder an der Gesellschaft.	Die Aktiengesellschaft ist Eigentümerin des Grundstücks, entweder direkt oder über die Beteiligung an Grundstücksgesellschaften. Die Immobilien-AG entspricht in allen Teilen jeder anderen deutschen AG.
Anteil	Inhaberwertpapier	kein Wertpapier Quittung oder Urkunde	Wertpapier in Form einer Namens- oder Inhaberaktie
Haftung	Inhaberwertpapier	Komplementäre haften unbeschränkt, Kommanditisten bis zur Höhe der Einlage. Bei GbR Haftung unbeschränkt, Haftungsbeschränkung möglich, über Treuhandkonstruktion oder GbR mit beschränkter Haftung	auf den Anteil beschränkt
Anlegerschutz	umfangreiche Schutzvorrichtungen der Kapitalanlagegesellschaft (KAG)	keine direkten Anlegerschutzbestimmungen	Anlegerschutz durch gesetzliche Zulassungs-, Prüfungs- und Publizitätspflichten
Fungibilität	Uneingeschränkt durch gesetzliche Rücknahmegarantie	eingeschränkt, initiatorenabhängiger Sekundärmarkt	Wertpapier in Form einer Namens- oder Inhaberaktie
Bewertung Anteile	tägliche Berechnung des Werts durch Depotbank	keine laufende Wertfeststellung	Bewertung durch die Börse bei börsennotierten Aktien
Risiko	aufgrund vorsichtiger Anlagepolitik und Streuung bisher gering, evtl. Bewertungsprobleme	mittel, da in der Regel keine Streuung vorhanden Risiko, dass Annahmen im Projekt nicht zutreffen, eingeschränkte Flexibilität	hoch, aufgrund stärkerer unternehmerischer Orientierung

Abb. 3.10 Risiken und Anlegerschutz bei indirekten Immobilienbeteiligungen

Immobilienaktiengesellschaften

Im deutschen Immobilienmarkt haben Immobilienaktiengesellschaften bisher noch keine große Bedeutung. Durch die restriktive Politik der deutschen Banken bei der Vergabe von Immobilienkrediten kann sich das analog zur Entwicklung in den USA zumindest mittelfristig ändern.

Der Immobilienaktienmarkt kam in den USA erst zur Blüte, als die Geschäftsbanken als Partner für Immobilienfinanzierungen weitgehend ausfielen. Als Ersatz entstanden Real Estate Investments Trusts (REITS), die sich nach dem Modell eines Börsen orientierten Investmentfonds über die Ausgabe von Aktien finanzieren. Die indirekte Beteiligung an Immobilien über Aktien hat Vorteile für den Anleger wie z. B.

– hohe Wertbeständigkeit der Investition, da der Aktienkurs weitgehend vom Ertrags- und Sachwert der Immobilien bestimmt wird,
– gegenüber Fondsanteilen 1 Jahr Spekulationsfrist bei der Besteuerung von Gewinnen aus Anteilsverkäufen anstelle von 10 Jahren bei Immobilien,
– schnelle Verfügbarkeit von Barmitteln über den Verkauf der Anteile an der Börse.

Die Vorteile greifen allerdings nur dann, wenn Verfahren entwickelt und angewendet werden, die eine einheitliche und transparente Bewertung der Aktienpakete ermöglichen. Projekte, die tagesaktuell noch hohe Renditen ausweisen, können aufgrund von Marktveränderungen relativ schnell einen Teil ihres zum Stichtag ermittelten Wertes einbüßen.

Aus vergleichbaren Problemen hat sich in Großbritannien der open market value (OMV= Practise Statement Appraisal Valuation Manual der Royal Institution of Chartered Surveyors) als Bewertungsmaßstab für Immobilien durchgesetzt. Nach diesem Maßstab wird die Immobilie zum höchst erzielbaren Preis bewertet. Dabei spielt die aktuelle Nutzung nur eine nachrangige Rolle, da die Festsetzung des höchst erzielbaren Preises auch mögliche Optionen, die in der Zukunft liegen, wie z. B. eine andere Nutzung oder die Kombination mit anderen Grundstücken oder Gebäuden, berücksichtigt.

Immobilienaktiengesellschaften haben gegenüber Fondskonstruktionen dann höhere Ertragschancen, wenn sie eigene Projekte mit Erfolg realisieren und hierdurch überdurchschnittliche Ergebnisse erzielen. Aus unterbewerteten Immobilienpaketen, die das eigene Profil sinnvoll ergänzen, können ebenfalls erhebliche außerordentliche Erträge erzielt werden.

Für den normalen Anleger sind solche Transaktionen jedoch nur bedingt nachvollziehbar, so dass eine Einschätzung der tatsächlichen Anlagerisiken im Normalfall nur sehr schwer möglich ist.

Immobilienleasinggesellschaften

Leasinggesellschaften verpachten oder vermieten bewegliche (Pkws, Maschinen etc.) und unbewegliche Investitionsgüter für eine bestimmte Dauer und gegen die Zahlung einer entsprechenden Miete bzw. Pacht.

Nach Ablauf des Leasingvertrages kann der Leasinggegenstand
– zurückgegeben werden,
– über eine Verlängerung des Leasingvertrages weiter genutzt werden,
– käuflich zum Restwert übernommen werden.

Der Unterschied zum Kauf besteht im Wesentlichen in der beim Leasing nicht erforderlichen Kapitalbindung sowie steuerlichen und bilanztechnischen Aspekten.

Im Immobilienbereich haben sich die folgenden Geschäftsfelder etabliert:

- Ankauf von bestehenden Immobilien, Finanzierung und Nutzungsübergabe an einen Leasingnehmer (z. B. sale and lease back, wenn der Leasingnehmer identisch mit dem früheren Eigentümer ist),
- Projektentwicklung, Realisierung, Finanzierung und Nutzungsübergabe an einen Leasingnehmer,
- Leasing mit Risikobeteiligung durch die Übernahme von Verwaltungs- und Servicekosten zum Pauschalpreis.

Immobilienleasingverträge haben in aller Regel eine lange Laufzeit (> 15 Jahre) und werden in den meisten Fällen so abgeschlossen, dass sich die Investitionen des Leasinggebers während der Laufzeit nur teilweise amortisieren.

Die Leasingraten werden dann so kalkuliert, dass die Tilgungsraten der linearen Abschreibung entsprechen. Wird der Leasinggegenstand nach Ablauf des Vertrages vom Leasingnehmer übernommen, entspricht der Kaufpreis mindestens dem Restbuchwert.

Für den Leasinggeber ergeben sich aus dieser Konstellation in Phasen geringer Wertsteigerungsraten und unübersichtlicher Entwicklungslinien in den gesamtwirtschaftlichen Rahmendaten nicht unerhebliche Risiken, die sich wie folgt zusammenfassen lassen:

- Der Restwert des Leasinggegenstandes muss unabhängig von langfristigen Marktentwicklungen bereits bei Abschluss des Leasingvertrages festgelegt werden.
- Die Risiken aus möglichen Veränderungen in der kalkulierten Wertentwicklung trägt der Leasinggeber alleine, wenn das Objekt in die Drittverwertung gehen muss, weil der Leasingnehmer zur Übernahme des Objektes nicht mehr in der Lage ist bzw. sein Abnahmerecht nicht wahrnehmen will.
- Abnahmegarantien darf der Leasingnehmer nicht geben, da er sonst steuerlich als Eigentümer behandelt wird. Das gleiche gilt, wenn der Restwert kleiner als der Restbuchwert ist.

Pensionsfonds / -kassen

Als wichtigstes Instrument der betrieblichen Altersvorsorge legen Pensionskassen und –fonds die eingenommenen Beiträge vor allem in festverzinsliche Anleihen, Immobilien oder Aktien soweit möglich risikoarm an.

Aufgrund der demografischen Entwicklung, die mittel- und langfristig dazu führt, dass die über die gesetzliche Umlage finanzierte Altersversicherung zukünftig nur noch die Grundversorgung der Versicherten übernehmen kann, gewinnen Pensionsfonds bzw. Pensionskassen als zweite Säule der Alterssicherung zunehmend an Bedeutung.

Da das angesparte Kapital nicht zur Finanzierung der laufenden Leistungen herangezogen werden kann, sondern in einem dem Versicherten zustehenden Plan oder Fond akkumuliert werden muss (Kapital gedeckte betriebliche Altersvorsorge) erwartet z. B. die Deutsche Bank, dass sich das private Pensionskapital bis zum Jahr 2009 auf ca. 160 Mrd. Euro belaufen wird. Pensionskassen bzw. Pensionsfonds entwickeln sich daher zu einem wichtigen Marktteilnehmer in der Immobilienwirtschaft.

Voraussetzung ist allerdings, dass die Immobilienangebote den Grundsätzen der nachhaltigen Wirtschaftlichkeit entsprechen.

Pensionskassen unterliegen hinsichtlich der Vermögensanlage den Bestimmungen des Versicherungsaufsichtsgesetzes (VAG), Pensionsfonds im Wesentlichen den Regelungen aus dem so genannten Riestergesetz und den Pensionsfondsrichtlinien (EU-Richtlinie).

Versicherungsgesellschaften

Bundesdeutsche Versicherungsgesellschaften gehören neben den offenen und geschlossenen Immobilienfonds zu wichtigen Teilnehmern am Immobilienmarkt. Versicherungsgesellschaften können nach § 54 a Absatz 2 Nr. 10 des Versicherungsaufsichtsgesetz (VAG) Kundengelder in bebaute, in der Bebauung befindliche oder zur alsbaldigen Bebauung bestimmte Grundstücke anlegen.

Bei der Anlage von Vermögenswerten sind sie jedoch verpflichtet, dafür zu sorgen, dass eine möglichst große Sicherheit und Rentabilität bei jederzeitiger Liquidität unter Wahrung einer angemessenen Mischung und Streuung erreicht wird [24].

Versicherungsgesellschaften bevorzugten traditionell die direkte Anlage in Immobilien (z. B. mehrfunktional genutzte Immobilien in Innenstadtlagen), da diese Anlageform den geforderten Kriterien am besten entsprach.

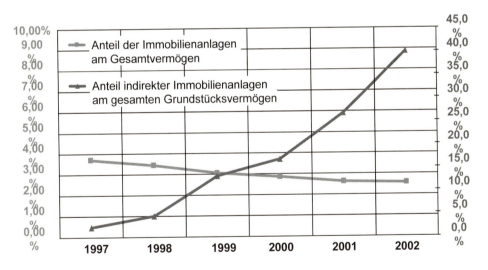

Abb. 3.11 Anlageverhalten deutscher Lebensversicherungsunternehmen (1997 bis 2002) [25]

Aufgrund des hohen Verwaltungsaufwands, der relativ ungünstigen Rahmenbedingungen bei der Veräußerung (geringe Flexibilität) sowie niedriger Renditen und der Notwendigkeit, hohe Objektrisiken durch anspruchsvolles Expertenwissen auszugleichen, hat sich die Anlagestrategie vieler Versicherungsunternehmen in den letzten Jahren geändert.

Seit Ende der 90er Jahre sinkt der Anteil direkter Immobilieninvestitionen, während der Anteil indirekter Investitionen nicht zuletzt wegen der besseren Möglichkeiten zur Veräußerung überproportional ansteigt .

Ein wichtiges Instrument der indirekten Immobilieninvestition bilden dabei die Immobilienspezialfonds, deren Bedeutung im Immobilienmarkt parallel zu den Veränderungen im Anlageverhalten stark gewachsen ist.

Begünstigt wird diese Entwicklung durch die aktuelle Steuergesetzgebung, nach der für direkte Immobilienanlagen eine Spekulationsfrist von 10 Jahren gilt. Für Anteile an Immobilien-spezialfonds gilt analog zu Aktien- und Wertpapiergeschäften eine Frist zur steuerfreien Veräußerung der Anteile von einem Jahr.

3.3.3 Wohnungsunternehmen

Wohnungsunternehmen sind sowohl Errichter wie Betreiber von Immobilien, sofern sie nicht als Bauträger für fremde Dritte agieren. Insofern steht die dauerhafte Mieterbindung im Mittelpunkt ihrer wirtschaftlichen Tätigkeit.

Analog zu Entwicklungen im Gewerbebereich bieten Wohnungsunternehmen zunehmend ein breites Spektrum an Dienstleistungen an, das von der Betreuung der Wohnung bei Abwesenheit bis zu Sicherheitsdiensten (Doorman) reicht.

Sie beschränken sich dabei nicht nur auf den eigenen Wohnungsbestand, sondern treten auch als Verwalter von Immobilienbeständen Dritter auf. Ein besonderer Schwerpunkt bildet dabei die Senkung von Betriebskosten über den Einsatz der ganzheitlichen Betrachtung der Immobilien.

Die Grundlage dazu liefern die Methoden und Werkzeuge des professionalisierten Facility Managements, bei dem sämtliche Kosten und Erträge im Lebenszyklus einer Immobilie systematisch erfasst und gesteuert werden.

Grundsätzlich ist bei Wohnungsunternehmen nach privaten, kommunalen und genossenschaftlichen Rechtsformen zu unterscheiden, wobei den beiden letztgenannten Gruppen auch soziale Aufgaben zufallen.

3.3.4 Private Anleger

Infolge der Verunsicherung im Immobilienmarkt, die über die Problematik um die so genannten Schrottimmobilien, (Verkauf von indirekten Beteiligungen über Steuersparmodelle zu weit überhöhten Preisen) verstärkt wird, ist eine Veränderung im traditionellen Anlegerverhalten (1/3 Immobilien, 1/3 Wertpapiere, 1/3 Bargeld) zu Ungunsten der Immobilien erkennbar.

Dem Trend kann nur entgegen gewirkt werden, wenn verloren gegangenes Vertrauen über die Entwicklung nachhaltig werthaltiger Immobilien zurückgewonnen wird. Der Kundennutzen muss wieder zum Maßstab der Dinge gemacht werden und nicht der schnell verdiente Profit des Projektentwicklers, Bauträgers oder Fondsauflegers.

Etwas mehr als die Hälfte des privaten Gesamtvermögens bestand in Deutschland im Jahr 2000 aus Immobilien (ca. 3,86 Billionen €).

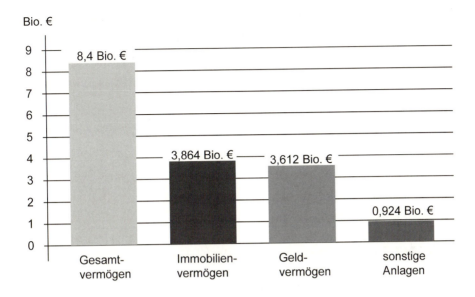

Abb. 3.12 Immobilienvermögen in Deutschland [26]

Bei den privaten Anlegern steht der Erwerb von Wohnraum zur eigenen Nutzung im Vordergrund. Daher dominiert die Direktanlage in Ein- und Zweifamilienhäuser, Eigentumswohnungen und Mehrfamilienhäuser den Markt im Bereich privater Investitionen.

Wichtiges Element dieser Anlageform ist die private Vermögensbildung und die zusätzliche Altersvorsorge.

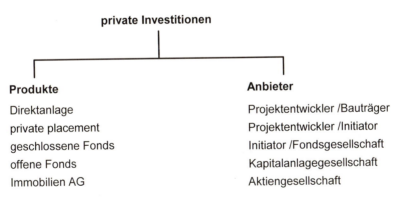

Abb. 3.13 Struktur privater Immobilieninvestitionen

Private Placements sind eine relativ junge Anlageform im privaten Immobilienmarkt, die zwischen den geschlossenen Fonds und Direktanlagen steht. Ein einzelnes oder mehrere Objekte werden in eine Gesellschaft mit einer geringen Anzahl von privaten Anlegern eingebracht. Das Investment wird durch einen Projektentwickler oder Initiator vorbereitet. Das Management orientiert sich an geschlossenen Fonds. Es kommt dabei jedoch ohne deren teilweise erheblichen Nebenkostenanteile für die Prospektierung, Treuhänder, Vertrieb usw. aus.

3.3.5 Strategische Finanzinvestoren

Ausgelöst durch Not leidend gewordene Kredite und durch das wachsende Angebot großer Immobilienbestände, insbesondere aus dem Segment nicht mehr betriebsnotwendiger Immobilien, haben strategisch ausgerichtete Finanzinvestoren den deutschen Immobilienmarkt als lohnendes Tätigkeitsfeld ausgemacht.

Anlagerisiko	gering	mittel	hoch
Anlagestrategie	Sicherheit	Wertsteigerung	Ertragsoptimiert
Wertschöpfung	gering	mittel	hoch
	Langzeitmietverträge mit kompletter Instandhaltung	voll vermietet bei Ausnutzung des Markts	Restrukturierung Repositionierung der Immobilie bzw. Portfolien
	1A Lage	ertragsoptimiert	
	geringe Leverageeffekte		hohe Leverageeffekte
Verzinsung auf EK	6-8%	12-15%	>20%
Anlageziel	sichere Erträge	sichere Erträge + Wertsteigerung	Wertsteigerung
Dauer des Invests	>10 Jahre	5-7 Jahre	>5 Jahre
Profile des Investments	1A-Immobilien in zentralen Innenstadtlagen von Wachstumsregionen	stabile Investments, deren Wert durch ein optimiertes Management gesteigert werden kann	unterbewertete oder notleidende Immobilien, deren Wert erheblich gesteigert werden kann
	Portfoliomanagement (Immobilienverwaltung)	Assetmanagement (strategisches Finanzmanagement)	

Abb. 3.14 Ertrag und Risikoprofil von strategischen Finanzinvestoren

Sie kaufen große Portfolien auf, rekonstruieren und repositionieren sie, teilweise unter der Beimischung von passenden Einzelobjekten, um sie unter günstigen Marktbedingungen Wert schöpfend weiter zu veräußern. Bis zum Verkauf nutzen sie über eine hohe Fremdkapitalfinanzierung Leverageeffekte (Steuerentlastung bei gleichzeitiger Erhöhung der Eigenkapitalrendite) Gewinn bringend aus.

In jüngster Zeit finden bei US-amerikanischen Opportunity-Fonds, aber auch bei großen deutschen Immobiliengesellschaften Wohnungsimmobilien besonderes Interesse, die lange als schwer verkäuflich galten. Sie spekulieren in strukturstarken Ballungsräumen wie Hamburg, Berlin, Stuttgart, München und dem Rhein-Main – Gebiet auf eine kurzfristig eintretende Nachfrageflut und entsprechend steigende Mieten sowie auf Veränderungen im Anlageverhalten der potenziellen Erwerber, da die Wohnungen in der Regel nach einer Modernisierung, zumindest zum Teil, dem Markt als Teileigentum wieder zu geführt werden.

Zur Abgrenzung von Risiken nehmen strategische Finanzinvestoren grundsätzlich Positionen des späteren Endinvestors ein, da sie damit rechnen müssen, dass Schwachpunkte einer Immobilieninvestition im Verkaufsfall, der planmäßig nach 3-5 Jahren erfolgen soll, über eine umfassende Due Diligence des Käufers aufgedeckt werden (vergleiche Punkt 8.3.4).

3.3.6 Öffentliche Hände

Der bestehende Investitionsstau bei öffentlichen Projekten im Bereich der sozialen Infrastruktur (Schulen, Kindergärten, Krankenhäuser) wird bundesweit auf ca. 130 Milliarden Euro geschätzt [27]. Aufgrund der Finanzsituation der öffentlichen Hand, die kaum noch Spielräume für die wichtigsten Instandsetzungsmaßnahmen geschweige denn für Neuinvestitionen zulässt, ist der Einsatz privaten Kapitals zur Auflösung der bestehenden Missstände unausweichlich geworden. Aus Bauherren, die im Rahmen eigener Vorgaben und Richtlinien für den Eigenbedarf haushaltsfinanzierte Baumaßnahmen errichtet haben, werden zunehmend wichtige Akteure im Immobilienmarkt, die als Nachfrager auftreten. Zurzeit wird die Entwicklung noch durch kommunal-, vergabe- und haushaltsrechtliche Beschränkungen sowie steuerliche Nachteile gebremst. Auf Bund- und Länderebene existieren jedoch bereits mehrere Initiativen, die über einen bundeseinheitlichen Rechtsrahmen dafür Sorge tragen sollen, dass über den Entfall der bisherigen Nachteile mehr privates Kapital als bisher für öffentliche Bauvorhaben mobilisiert werden kann.

3.3.7 Mieter / Nutzer

Die Suche nach geeigneten Mietern / Nutzern gehört zu den zentralen Aufgaben der Immobilienprojektentwicklung. Aufgrund der geänderten Rahmenbedingungen im Immobilienmarkt, die derzeit an steigende Vermietungs- und Vermarktungsrisiken gekoppelt sind, machen die finanzierenden Banken ihre Kreditzusage von einer weitgehenden Vermietung bzw. Vermarktung des Projektes vor Baubeginn abhängig. Eine besondere Problematik ergibt sich aus der Entwicklung im Mietmarkt, die aufgrund der unsicheren wirtschaftlichen Voraussetzungen von einer weitgehend fehlenden Planungssicherheit bei potentiellen Mietern geprägt ist. In der Folge werden aus Mietobjekten Betreiberimmobilien. Langfristige Mietverträge mit Laufzeiten von 10 und mehr Jahren sind auch bei gewerblicher Nutzung eher die Ausnahme.

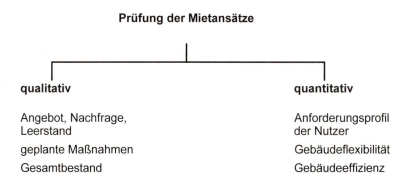

Abb. 3.15 Prüfschema für nachhaltig erzielbare Mieten

Im Rahmen der Kreditprüfung hinterfragen die Banken daher sehr genau, wie werthaltig die vorgelegten Mietverträge sind.

Die nachhaltig erzielbare Miete spielt auch bei Immobilien, die eigen genutzt, aber überwiegend fremd finanziert werden sollen, eine wichtige Rolle, da aus ihr der Ertrag im Fall einer notwendigen Drittverwertung errechnet wird.

Die Höhe der erzielbaren Mieten hängt von quantitativen und qualitativen Aspekten in den jeweils zu betrachtenden Teilmärkten ab.

Das erste Differenzierungskriterium bildet dabei die Nutzungsart (Wohnimmobilien, Gewerbeimmobilien, gemischt genutzte Immobilien und Sonderimmobilien).

Die aktuelle Nachfragesituation und erkennbare Zukunftstrends in den jeweiligen Teilmärkten bilden das zweite Kriterium, nach dem Mietansätze überprüft werden.

Bei der Festlegung der erzielbaren Mieten ist die Abschätzung des Gesamtangebots im jeweiligen Teilmarkt relativ unproblematisch, da über eine sorgfältige Marktanalyse genügend Datenmaterial zur Beurteilung der Konkurrenzsituation gewonnen werden kann.

Problematischer ist die Einschätzung der zukünftigen Nachfrage, da sie sich aus einer Vielzahl von nur schwer beeinflussbaren Faktoren ergibt:

– Veränderungen in den Nutzeranforderungen,
– wirtschaftliche Entwicklung insgesamt und in der jeweiligen Zielgruppe (Büros, Handel, Freizeit etc.),
– Veränderungen in der regionalen zum Teil auch Standort bezogenen Nachfrage,
– regionale Veränderungen in der Bevölkerungs- und Einkommensstruktur,
– Zinsentwicklung,
– steuerliche Behandlung von Immobilien etc.

Bei einer sorgfältigen Analyse aller wichtigen Einflussgrößen lassen sich die Risiken aus ungenauen Prognosen zumindest für einen mittelfristigen Zeitraum eingrenzen. Deutlich wird das am Beispiel von Büroimmobilien, bei denen sich zurzeit die Nutzeranforderungen dramatisch verändern.

		1990	2004
stationärer Arbeitstyp	arbeitet überwiegend lokal	80 %*)	40 %
Wechseltyp	arbeitet überwiegend lokal an wechselnden Arbeitsplätzen, hat aber einen Basisarbeitsplatz	15 %*)	40 %
Mobiler & variabler Typ	arbeitet an unterschiedlichen Arbeitsplätzen innerhalb und außerhalb des Unternehmens (desk sharing)	5 %*)	20 %

*) eigene Schätzung

Abb. 3.16 Verteilung unterschiedlicher Arbeitsplatztypen

Aus der Vielzahl neuer Nutzeranforderungen ergibt sich, dass Bürogebäude, die überwiegend vergangenheitsorientiert konzipiert wurden (z. B. reines Zellenbüro mit geringer innerer Flexibilität) hinsichtlich ihrer zukünftigen Marktattraktivität deutlich schlechter beurteilt werden müssen als z. B. Future Office – Konzepte oder Kombibürolösungen, die relativ leicht an geänderte Anforderungen angepasst werden können.

Wie dramatisch die Entwicklung zurzeit verläuft, zeigt eine aktuelle Office21®-Studie des Fraunhofer IAO [28] (Institut für Arbeitswirtschaft und Organisation).

Danach machen stationäre Arbeitsplatztypen nur noch ca. 40 % der Gesamtarbeitsplätze aus. Die Anzahl der Wechseltypen hat sich im Zeitraum von 1990 bis heute auf ebenfalls 40 % mehr als verdoppelt.

Eine weitere Auswirkung aus geänderten Nutzeranforderungen ergibt sich aus den immer kürzer werdenden Zyklen der wirtschaftlichen Entwicklung.

Aufgrund der unterschiedlichen Konzeptionen ist es durchaus möglich, dass es im Segment moderner Büroflächen zu steigenden Mieten kommt, während sie unter vergleichbaren Marktbedingungen im Bereich konventioneller Mietflächen (z. B. Geschossplatten mit starrer Nutzungsstruktur) wegen einer sinkender Marktattraktivität fallen.

Die sorgfältige Beobachtung der Nachfragesituation in den entsprechenden Teilmärkten gehört in Folge dessen zu den wichtigsten Aufgaben der Projektentwicklung.

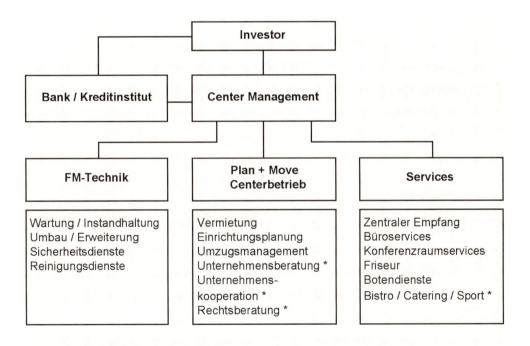

* Wahlleistungen „externer" Partner

Abb. 3.17 Betreiberkonzept einer Future-Office – Immobilie

Während Wachstum und Personalentwicklung noch Ende der 80er Jahre halbwegs verlässlich geplant werden konnten, verlangt der globalisierte Wettbewerb auch im Dienstleistungsbereich ein Höchstmaß an Flexibilität, um die Wettbewerbsfähigkeit des Unternehmens erhalten zu können. In der Folge sind Mietabschlüsse mit einer Laufzeit von 10 und mehr Jahren, die früher die Regel waren, heute selten geworden. Die Büroimmobilie ist durch die kurzen Laufzeiten der Mietverträge (3 bis 5 Jahre) im Kern zu einer Betreiberimmobilie geworden.

Gewerbemietverträge werden in der Regel befristet abgeschlossen, wobei häufig Verlängerungs- bzw. Veränderungsrechte (Reduzierung bzw. Ausweitung der Mietfläche) zusätzlich vereinbart werden müssen, um den Mieter in einem schwachen Vermietungsmarkt zum Vertragsabschluss zu bewegen. Eine vergleichbare Wirkung wird mit der Gewährung von Incentives (wie z. B. der Übernahme von Umzugskosten, Teilen der Einrichtung etc.) angestrebt, da sie als Einmalzahlung das nominale Mietniveau unbeeinflusst lassen.

Der gesetzliche Rahmen zum Abschluss von Mietverträgen wird über die §§ 535 ff BGB geschaffen. Die §§ 535 – 548 BGB beinhalten allgemeine Vorschriften zu Mietverhältnissen. Den besonderen Bedingungen des Wohnungsmietrechts (Kündigungsschutz, Mietkürzung etc.) wird über die §§ 549 – 577a BGB entsprochen, während sich die §§ 578 – 580a BGB auf Mietverhältnisse von Sachen erstrecken.

3.4 Umsetzer

3.4.1 Grundsätze zur Realisierung von Bauprojekten

In den Landesbauordnungen der Länder sind die Zuständigkeiten und die Verteilung der Aufgaben bei der Planung und Errichtung von Baumaßnahmen im Einzelnen geregelt. Über Kommentare und die ständige Rechtssprechung werden die Pflichten, z. B. im Bereich nicht delegierbarer Bauherrenaufgaben, permanent verfeinert, was nicht unbedingt zu mehr Klarheit in der Projektabwicklung führt.

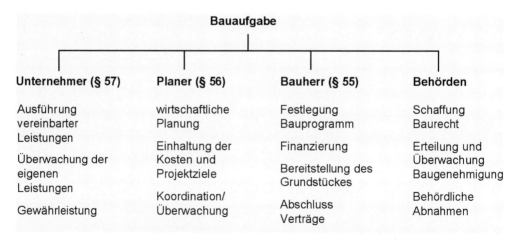

Abb. 3.18 Gliederung der Bauaufgabe gemäß der Bauordnung Mecklenburg-Vorpommern [29]

Neben den Hauptbeteiligten sind ergänzend eine Reihe weiterer Funktionen, wie z. B. Projektmanager, Makler, Gutachter und Finanzfachleute, erforderlich, um eine Bauaufgabe erfolgreich umzusetzen.

Anders als bei dem relativ einfach aufgebauten klassischen Modell der Zuständigkeiten verwischen die Verantwortlichkeiten bei einer Überlagerung der einzelnen Kompetenzfelder sehr schnell, wenn eine klare Abgrenzung über eine eindeutige Projektorganisationsstruktur unterbleibt.

Besonders deutlich wird dies am Beispiel von Generalübernehmerprojekten, bei denen der Auftragnehmer von Bauleistungen parallel zu den Bauarbeiten wesentliche Planungsleistungen erbringt.

Der Planer des Generalübernehmers steht unter einem Dauerkonflikt. Einerseits sieht er sich in der Verpflichtung, eine nachhaltig werthaltige Immobilie zu planen, andererseits muss er die ausgeprägten wirtschaftlichen Interessen seines Auftraggebers in den Vordergrund stellen.

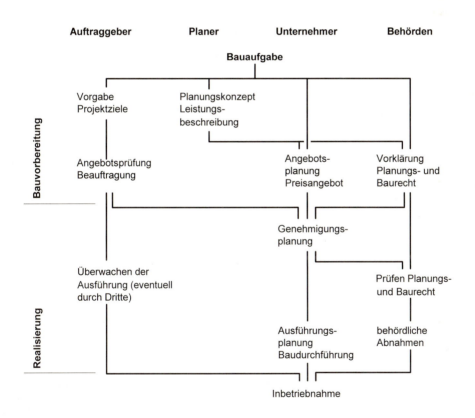

Abb. 3.19 Projektrealisierung über einen Generalunternehmer bzw. Generalübernehmer

Zwischen Auftraggeberwunsch und Auftragnehmerforderung entsteht bei dieser Konstellation durch das Fehlen der unabhängigen Planungskompetenz sehr oft eine unausgewogene

Interaktion, die den Auftragnehmer aufgrund seines Know-how – Vorsprungs in der Regel bevorteilt.

Der systembedingte Nachteil einer solchen Abwicklungsstruktur lässt sich über ein technisch-wirtschaftliches Controlling auf der Grundlage verbindlich vereinbarter Ziele, das alle Projektphasen von der Projektidee bis zur Übergabe des fertig gestellten Bauobjektes umfasst, ausgleichen.

Bei solchen Modellen fungiert der Controller als Treuhänder des Auftraggebers; im Konfliktfall auch als Mediator, der dazu beiträgt, dass langwierige juristische Auseinandersetzungen mit oft ungewissem Ausgang vermieden werden.

3.4.2 Bauunternehmen

Bauunternehmen klassischer Prägung erbringen aufgrund einer vorgegebenen Planung und ergänzender Leistungsbeschreibungen Bauleistungen im weitesten Sinn.

Die Bauunternehmen gliedern sich in das Bauhauptgewerbe, zu dem im Wesentlichen der Hoch- und Tiefbau, der Ingenieurbau und Verkehrswegebau und wichtige ergänzende Baugewerbe wie Dachdecker- und Isolierarbeiten, Stuckateur- und Gerüstbauarbeiten gehören und das Baunebengewerbe, das z. B. Tischler-, Sanitär-, Heizungs- und Elektroinstallations- sowie Maler- und Bodenbelagsarbeiten umfasst.

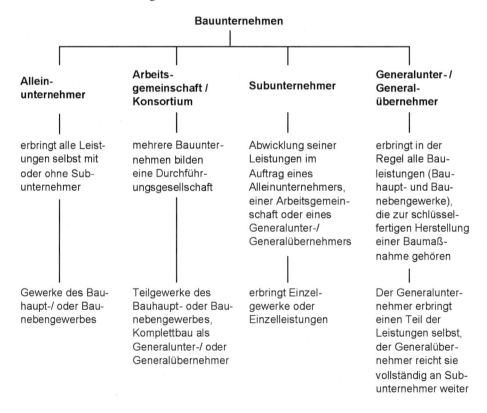

Abb. 3.20 Unternehmereinsatz in der Bauwirtschaft

Aufgrund der Strukturveränderungen in der Bauwirtschaft, die viele Bauunternehmen in die Rolle des Komplettanbieters gezwungen haben, verliert die traditionelle Aufteilung nach Gewerken an Bedeutung. Im Mittelpunkt steht der Komplettanbieter, der über ein stark verbessertes Baumanagement, unter Beachtung der Kriterien der Strategien des „time to market" und über die Ausnutzung möglicher Synergien bessere Ergebnisse als bisher üblich erwirtschaften soll. Ein wesentlicher Bestandteil dieser Strategie ist die Ausnutzung von seriellen Bauelementen, die additiv zusammengefügt werden sowie die stärkere Ausnutzung von Expertenwissen bei der Fach- und Detailplanung bereits in den frühen Planungsphasen [30].

Komplettanbieter, Arbeitsgemeinschaften bzw. Konsortien beschäftigen immer weniger gewerbliche Mitarbeiter und greifen zur Kostensenkung und Risikoverteilung auf Subunternehmer zurück. In der Folge nimmt die Bedeutung von Leistungen zu, die in einer nur schwer kontrollierbaren Grauzone (Steuern, Sozialabgaben, Arbeitsschutz, Tariftreue etc.) erbracht werden. Bei Generalunter- / Generalübernehmern greifen die gleichen Gesetzmäßigkeiten, da sie unabhängig von der Unternehmensform dem Auftraggeber anstelle verschiedener Einzelunternehmer die ordnungsgemäße Abwicklung der vertraglich übernommenen Bauleistungen (in der Regel die schlüsselfertige Erstellung) auf der Grundlage der VOB (Vergabe- und Vertragsordnung für Bauleistungen) bzw. eines BGB-Werkvertrages (Bürgerliches Gesetzbuch §§ 631 ff) schulden. Der Generalunternehmer erbringt einen Teil der Bauleistungen (z. B. die Rohbauarbeiten) selbst, während der Generalübernehmer sämtliche Leistungen von Dritten (Subunternehmern) ausführen lässt.

Generalüber-/ Generalunternehmerverträge, die in der Regel zum Pauschalpreis abgeschlossen werden, umfassen häufig Leistungen, die im eigentlichen Sinn nicht zu den Bauleistungen, sondern zum Facility Management gehören (Wartung, Instandhaltung und Bedienung der technischen Anlagen, Gebäudebewirtschaftung etc.). Solche Vertragskonstruktionen kommen build + operate – Verträgen (b + o) nach international gebräuchlichem Vorbild sehr nahe.

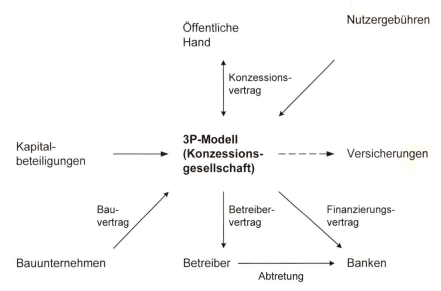

Abb. 3.21 Grundstruktur von Partnerschaftsmodellen der Bauwirtschaft [31]

In der Regel sind die geschuldeten Leistungen an weitreichende Kostengarantien geknüpft, die nur dann seriös abgegeben werden können, wenn vor Angebotsabgabe eine umfassende und qualifizierte Projektvorbereitung erfolgt.

Große Bauunternehmen erwirtschaften im Segment von Service- und Betreuungsleistungen (Facility Management) bereits bis zu 30 % ihres Gesamtumsatzes, wobei die Tendenz stark steigend ist.

3.4.3 Finanzpartner

Ohne ausreichende und gesicherte Finanzierung bleiben Projektentwicklungen früher oder später stecken. Die Finanzierung kann nur dann sichergestellt werden, wenn neben dem Kundennutzen aus der Funktionalität und den weichen Projektfaktoren (z. B. Architektur und Städtebau) eine ausreichende Wirtschaftlichkeit aus entsprechenden Erträgen nachgewiesen werden kann.

Entsprechend groß muss der Einfluss der finanzwirtschaftlichen Aspekte in den ersten Phasen der Projektentwicklung (Projektdefinition, Zieldefinition und Projektkonzeption) sein, um schwerwiegende Fehlentscheidungen bei der Konzeption der Projektentwicklung zu vermeiden.

Große Spezialbanken wie die Westdeutsche Immobilienbank, aber auch private Investoren, die über Mezzaninedarlehen (vergleiche Punkt 9.2.6) oder Eigenkapitalfonds eher indirekt an einer Projektentwicklung beteiligt sind, nehmen über ein breit gefächertes Beratungs- und Dienstleistungsangebot zunehmend Einfluss auf die Konzeption der Immobilienprodukte.

In vielen Fällen gehen sie soweit, dass sie sich als Partner direkt oder über Tochtergesellschaften indirekt an Realisierungsgesellschaften beteiligen, um ihren Einfluss auf die Projektabwicklung abzusichern, und um angemessen am Erfolg der Projektentwicklung teilnehmen zu können.

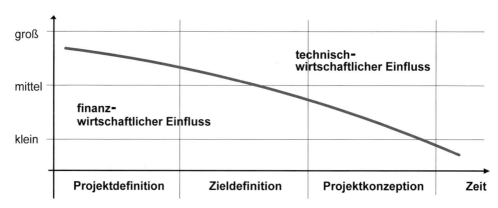

Abb. 3.22 Einflussgrößen in den ersten Phasen der Projektentwicklung

Zum Leistungsspektrum der Finanzpartner einer Projektentwicklung gehören neben der Herausgabe langfristiger Darlehen und der Stellung der Bauzwischenfinanzierung, Eigenkapital- und Vorfinanzierungen, die Gestellung von Bürgschaften und ergänzend das Immobilienmanagement einschließlich der Projektentwicklung und die zuvor bereits erwähnten Beteiligungen.

3.4.4 Immobilienmanager

Makler

Makler spielen in allen Phasen des Lebenszyklus einer Immobilie bei der Vermietung und beim Verkauf eine wichtige Rolle. Über ihre Beratungsleistungen, die von der Konzeption des Anforderungsprofils einer Immobilie bis zum Umzugs- und Nutzermanagement reichen können, nehmen sie aktiv Einfluss auf den Abschluss entsprechender Verträge.

Sofern Makler auch als Projektentwickler auftreten, ist eine klare Abgrenzung kaum noch möglich, da sie ihren teilweise erheblichen Markteinfluss nicht mehr uneingeschränkt nach Treu und Glauben zu Gunsten ihrer sonstigen Auftraggeber einbringen können.

Im Zweifel werden sie das eigene Projekt bei der Mieterakquisition bevorzugt behandeln. Ihr Vergütungsanspruch basiert auf §§ 652 – 655 BGB.

Nach der ständigen Rechtssprechung kann ein Maklervertrag formfrei, d. h. schriftlich, mündlich oder durch schlüssiges Verhalten abgeschlossen werden. Um im Markt tätig werden zu können, benötigen Makler in Deutschland eine Erlaubnis nach § 34c der Gewerbeordnung.

Neben ihrer Hauptleistung, der Vermittlung eines konkreten Objektes, erbringen die Makler zahlreiche Nebenleistungen als Grundlage für die ordnungsgemäße Abwicklung ihrer normalen Geschäftstätigkeit.

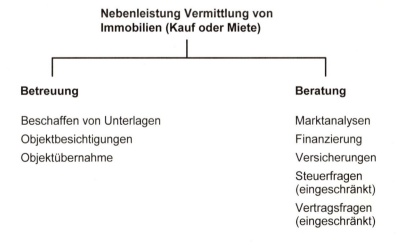

Abb. 3.23 Wesentliche Nebenleistungen der Maklertätigkeit

Neben Einzelunternehmen, die ihre Tätigkeit im Wesentlichen regional und auf Sparten begrenzt erbringen, agieren große Maklergesellschaften, die national bzw. international im Markt tätig sind.

Immobilienportfolio-Management

Zu den Kernleistungen des Managements von Immobilienportfolios gehört die dynamische Risiko und Rendite orientierte Steuerung von Bestandsimmobilien auf der Grundlage von modernen Analyse- und Prognosemethoden.

Wesentliche Teilleistungen sind:

– Analyse des Portfolios auf der Grundlage einer umfassenden Due Diligence,
– Wertanalyse mit Markteinschätzung,
– Wertermittlung über verschiedene Methoden (Verkehrswertermittlung nach der Wertverordnung, discounted cash flow etc.),
– Planen und Durchführen von Maßnahmen zur Wertverbesserung und Rentabilität z. B. über Veränderungen in der Nutzungs- und Mieterstruktur (Werterhaltungsmanagement),
– laufende Ergebniskontrolle einschließlich der Performancekontrolle der Einzelobjekte und des Gesamtportfolios anhand von Kennzahlen (Ertragsoptimierungsmanagement),
– Berücksichtigung von aktuellen Einflüssen aus dem Steuer- und Mietrecht,
– laufende Kontrolle und Optimierung der Finanzierungsstruktur in Abhängigkeit von der Laufzeit des Darlehens und der Zinsentwicklung,
– Immobilienmarketing.

Die Kernleistungen des Immobilienportfolio-Managements gehen sehr viel weiter als das Tätigkeitsprofil eines Immobilienverwalters, das sich in erster Linie auf den Erhalt der Gebäudesubstanz (Instandhaltung, Modernisierung) und die ordnungsgemäße Durchführung des Gebäudebewirtschaftung (Mietinkasso, Nebenkostenabrechnung, Abschluss von Mietverträgen, Veranlassen und Überwachen von laufenden Arbeiten wie Gebäudereinigung, Wartung von technischen Anlagen etc.) beschränkt.

Verwalter nach dem Wohnungseigentumsgesetz (WEG))

Bei Immobilien, die in Teileigentum aufgeteilt sind, bleibt es dem einzelnen Eigentümer überlassen, ob er die Verwaltung seines Eigentums (Sondereigentum) selbst erbringt oder ob er damit einen Verwalter beauftragt.

Anders sieht es bei dem hiermit verbundenen Gemeinschaftseigentum (Tragkonstruktion, Fassade und Dach, zentrale Anlagen der Technischen Ausrüstung, öffentliche Verkehrsflächen etc.) aus, für dessen Verwaltung nach § 20 WEG ein Verwalter zwingend vorgeschrieben ist.

Über die gesetzliche Regelung soll sichergestellt werden, dass Einzelinteressen nicht über das Gesamtinteresse der Eigentümerversammlung gestellt werden können. Nach § 27 WEG ist der Verwalter gesetzlich verpflichtet, folgende Leistungen zu erbringen:

– Durchführen der Beschlüsse der Eigentümerversammlung,

- Durchsetzen der Hausordnung,
- ordnungsgemäße Instandhaltung, Wartung und Instandsetzung des Gemeinschaftseigentums,
- Durchführen aller Maßnahmen zur Gefahrenabwehr und zur Erhaltung des Gemeinschaftseigentums auch ohne entsprechende Beschlüsse der Eigentümerversammlung,
- Verwaltung der Hausgeldkonten.

Darüber hinaus wird der Verwalter oft mit Kann-Leistungen wie die Erstellung von Nebenkostenabrechnungen, der gerichtlichen und außergerichtlichen Durchsetzung von Ansprüchen der Eigentümergemeinschaft gegenüber Dritten etc. beauftragt.

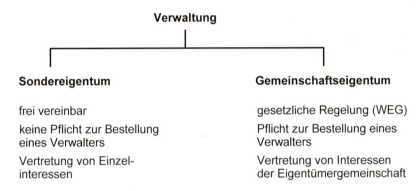

Abb. 3.24 Grundlagen zur Verwaltung von Teileigentum nach WEG

Weitere Kann-Leistungen können sich aus der Bewirtschaftung des Sondereigentums ergeben. WEG-Verwalter übernehmen oft auf der Basis freier Vereinbarungen die Vermietung des Teileigentums und die Mieterbetreuung.

Insoweit enthält das Anforderungsprofil eines modernen Verwalters Elemente eines umfassenden Immobilienmanagements. In manchen Fällen gehen die Aufgaben so weit, dass sämtliche Aufgaben rund um die Immobilien einschließlich des Facility Managements zum Pauschalpreis übernommen werden.

Facility Management (FM)

Da die Kosten aus der Nutzung einer Immobilie im Normalfall über den geplanten Nutzungszeitraum hinweg ein Mehrfaches der Investitionskosten für die Errichtung ausmachen können, hat sich als Spezialgebiet des Immobilienmanagements das Facility Management (FM) entwickelt.

Während in den USA die Gebäudebewirtschaftung über FM bereits Mitte des letzten Jahrhunderts eingeführt wurde (1952 Vertrag zum Betrieb und zur Instandhaltung der Air-Force-Gebäude Cape Canaveral zwischen der US Air-Force und der PAWS – Pan Am World Service) begann die Entwicklung in Europa erst 1985 mit der Gründung der Association of Facility Management (AFM) in Großbritannien.

1989 wurde der erste deutsche Verband gegründet (GEFMA – German Facility Management Association).

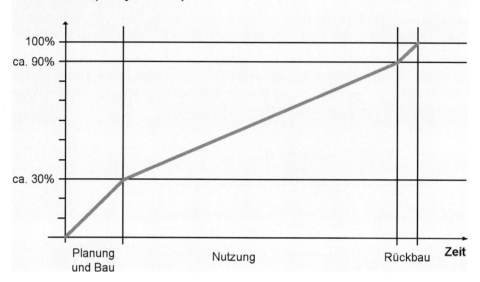

Abb. 3.25 Lebenskosten einer Büroimmobilie

Wörtlich übersetzt bedeutet Facility Management „Management der Arbeitsmittel". Insbesondere im Bereich der Produktionsimmobilien, bei denen die Gebäudeanforderungen weitgehend durch die Prozesstechnik bestimmt werden, setzte sich sehr schnell die Erkenntnis durch, dass die betriebsnotwendigen Liegenschaften zur Vermeidung von Wettbewerbsnachteilen als Arbeitsmittel ein fester Bestandteil der strategischen Unternehmensführung sein müssen. Ähnliches gilt auch für Dienstleistungsgebäude (Bürohäuser, Kliniken, Logistikimmobilien, Forschungs- und Entwicklungszentren), bei denen starke Wechselbeziehungen zwischen den Faktoren Gebäudestruktur, Einrichtung, Arbeitseffizienz und Nutzungsflexibilität und den betrieblichen Abläufen bestehen.

Hieraus ergibt sich zwingend, dass die Aufgaben des Facility Managements, die sich mit dem Begriff „optimale Bewirtschaftung von Immobilien" zusammenfassen lassen, nicht erst bei der Übergabe der Gebäude beginnen, sondern bereits bei den aller ersten Überlegungen zur Abdeckung eines Flächenbedarfs und der hierin zu integrierenden Arbeitsprozesse mit allen Anforderungen, die sich hieraus auf die Arbeitsumgebung ableiten.

Zu den Kernaufgaben des Facility Managements gehören nach Fachgruppen gegliedert:

– Kaufmännisches Gebäudemanagement,

– Technisches Gebäudemanagement,

– Flächenbereitstellung und –management,

– Bereitstellung der notwendigen IT-Systeme (Kommunikation, Information etc.),

– Allgemeine Dienstleistungen (Postverteilung, Sicherheit, Reinigung, Müllentsorgung, Logistik im Gebäude, Warenannahme, Pflegearbeiten in den Außenanlagen etc.).

Nach der sehr weit gehenden Definition der GEFMA ist Facility Management

„…ein unternehmerischer Prozess, der durch die Integration von Planung, Kontrolle und Bewirtschaftung bei Gebäuden, Anlagen und Einrichtungen (Facilities) und unter Berücksichtigung von Arbeitsplatz und Arbeitsumfeld eine verbesserte Nutzungsflexibilität, Arbeitsproduktivität und Kapitalrentabilität zum Ziel hat."

Dabei werden Facilities als strategische Ressourcen in den unternehmerischen Gesamtprozess integriert."

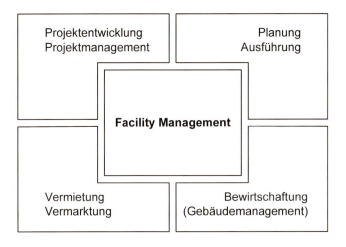

Abb. 3.26 Kernaufgaben des Facility Managements [32]

3.4.5 Architekten / Ingenieure

Zu den wichtigsten Partnern in der Projektentwicklung zählen die Architekten und Ingenieure. Sie haben die Aufgabe, aus der Fülle sich teilweise widersprechender Zielvorgaben aus Gesetzen und Verordnungen und Rahmenbedingungen der Politik und der Verwaltung eine Gebäudekonzeption zu entwickeln, die auf alle offenen Fragen (technisch, ökologisch, wirtschaftlich, ästhetisch etc.) in angemessener Weise reagiert. Hierbei spielt es zunächst keine Rolle, in welchem Umfang (Eigennutzer, Generalunter /-übernehmer usw.) sie tätig werden.

Konflikte treten allerdings unvermeidlich auf, wenn der Interessenausgleich zwischen dem Nachfrager (Besteller) von Bauleistungen, dem Anbieter (z. B. Bauträger) und (oder) Umsetzer / Bauunternehmen, Planer etc. nicht im ausreichenden Maß erfolgt.

In nicht wenigen Fällen entstanden in den 70er und 80er Jahren Gebäude, die weit vor dem Ende ihrer kalkulierten wirtschaftlichen Lebensdauer als praktisch nicht vermietbar leer stehen. Im Bereich der Planung muss der Konzeptionsphase daher unabhängig vom Regelwerk der HOAI mehr Aufmerksamkeit geschenkt werden, da in ihr die entscheidenden Grundlagen für den Erfolg oder Misserfolg einer Immobilieninvestition gelegt werden [33].

Über das Zielsystem wird vermieden, dass subjektiv begründete Kriterien, wie z. B. die Architektur oder die städtebauliche Einbindung, auf die Erarbeitung der Projektkonzeption, die alle Aspekte berücksichtigen muss, einen zu starken Einfluss nehmen Danach bildet das Zielsystem die Grundlage zur objektiven Bewertung von Alternativen, die die Entwicklung einer Ziel gerichteten, der jeweiligen Situation angemessenen Gebäudekonzeption zulassen.

Besondere Bedeutung hat hierbei die Integration der Teilsysteme Gebäudeentwurf, Tragwerk, Gebäudehülle und Technik zu einem geschlossenen, sich gegenseitig ergänzenden Gesamtsystem.

Im Idealfall behält das zu Beginn des Projektes aufgestellte Zielsystem in allen Phasen der Projektrealisierung seine Gültigkeit. Es bildet damit eine sehr gute Basis, auf der die modernen Methoden und Werkzeuge des Projektmanagements (Optimierung von Terminabläufen über die Simulation von Alternativen, Optimierung von Konstruktions- und Kostenstrukturen, Kosten- und Terminmanagement, Informations-, Dokumentations- und Entscheidungsmanagement etc.) nahtlos aufsetzen können.

Darüber hinaus bieten Zielsysteme den großen Vorteil, dass

– der Interessenausgleich im interdisziplinär besetzten Planungs- und Bauteam auf sachlicher Ebene erfolgen kann,
– demzufolge einseitig motivierte und nicht angemessene Planungsansätze als solche sehr schnell erkannt werden,
– deutlich bessere Planungsergebnisse innerhalb kürzerer Planungsfristen erzielt werden,
– Alternativen im Rahmen der Konzeptionsphase rechtzeitig untersucht werden, wodurch zeitraubende Umwege in der Planung vermieden werden können.

3.4.7 Öffentliche Verwaltung

Viele hochfliegende Projektentwicklungsideen sind daran gescheitert, dass die für das Vorhaben erforderliche kommunalpolitische Akzeptanz und damit der Rückhalt über die öffentliche Verwaltung zu wenig Beachtung geschenkt wurde.

Neben der Entwicklung eines tragfähigen Konzeptes gehört die Absicherung der Realisierbarkeit der Projektideen im öffentlichen Raum zu den Hauptaufgaben des Projektentwicklers.

Dies gilt insbesondere dann, wenn die Projektidee in Art und Maß der baulichen Nutzung gegen entsprechende Festsetzungen aus der verbindlichen Bauleitplanung (Bebauungspläne nach § 30 Baugesetzbuch) entstanden ist. Sünden der Vergangenheit, bei denen die ökonomischen Aspekte eines Projektes einseitig in den Vordergrund der Interessen gerückt wurden, haben zu einem deutlich geschärften Bewusstsein in der Öffentlichkeit und bei den politisch Verantwortlichen geführt.

Es genügt daher heute nicht mehr, alleine ökonomische Faktoren, wie z. B. die Auswirkungen des Vorhabens auf den Arbeitsmarkt, zu diskutieren. Auswirkungen auf das ökologische Umfeld der geplanten Maßnahme müssen genauso ernsthaft diskutiert werden wie die Fragestellungen, die sich aus den Folgelasten der Investition ergeben.

Soziale und stadtentwicklungspolitische Ziele sind zur Erlangung einer breiten Akzeptanz in der Öffentlichkeit und damit der politischen Durchsetzbarkeit gleichermaßen zu beachten. Hinzu kommt die Forderung nach einer sozial gerechten Bodennutzung, der bei der Novellierung des Baugesetzbuchs im Jahr 2004 besondere Beachtung geschenkt wurde.

Danach beteiligt sich der Investor / Projektentwickler in Zeiten leerer kommunaler Kassen an den Folgekosten, die sein Vorhaben auslöst (z. B. bei Wohnimmobilien Zuschüsse zum Bau von Schulen, Kindergärten etc.).

Darüber hinaus fordern die Kommunen, dass ein Teil der Wertschöpfung aus der Schaffung des Planungsrechts in ihre eigene Kasse umlenkt wird, um die erforderlichen Erschließungsmaßnahmen abzusichern (Münchener Modell). Die Rechtsgrundlage dazu bildet im Allgemeinen ein städtebaulicher Vertrag, der zwischen der Kommune und dem Grundstücksbesitzer/Investor vor der Schaffung des Baurechts abgeschlossen wird.

In der Zusammenarbeit zwischen der öffentlichen Verwaltung und den Investoren / Projektentwicklern hat ein tragfähiger Interessensausgleich einen besonders hohen Stellenwert. Die Festlegung auf notwendige Kompromisslösungen setzt den Willen zur konstruktiven Zusammenarbeit auf beiden Seiten voraus.

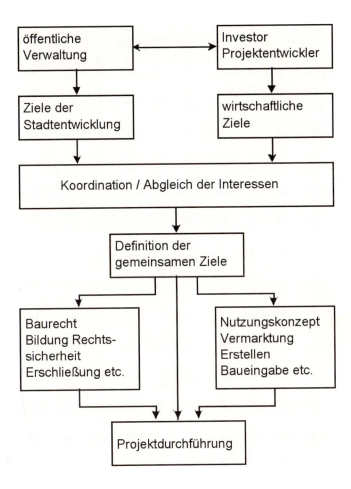

Abb. 3.29 Mitwirkung der öffentlichen Verwaltung bei der Projektentwicklung

Unabhängig von der Größe eines Projektes ist daher jeder Investor / Projektentwickler gut beraten, vor Beginn der Projektentwicklung Einvernehmen mit der öffentlichen Verwaltung über die wichtigsten Verfahrensschritte und –ziele herzustellen. Hierzu empfiehlt sich die Aufstellung einer Rahmenvereinbarung, in der die wesentlichen Parameter der gedachten Maßnahme im Vorfeld der eigentlichen Projektentwicklung einvernehmlich festgelegt werden. Eine geeignete Grundlage kann hierzu über eine Machbarkeitsstudie geschaffen werden, in der neben harten Projektfaktoren, wie z. B. die Kostentragung für die Erschließung, auch weiche Faktoren, wie die Grundsätze der städtebaulichen Entwicklung und der architektonischen Gestaltung, festgelegt werden.

Bei städtebaulichen Entwicklungsmaßnahmen nach dem Baugesetzbuch (BauGB) wird die zuvor skizzierte Zusammenarbeit unter der Federführung eines Entwicklungsträgers, der die Verwaltungsaufgaben der Kommune treuhänderisch übernimmt, zum Standardfall. Die Käufer der baureifen Grundstücke finanzieren im Extremfall aus dem Mehrerlös zwischen dem Ankaufswert und dem Veräußerungswert nach Durchführung aller kommunalen Aufgaben (Baurechtschaffung, Erschließung etc.) alle direkten und indirekten Investitionen, die im Zusammenhang mit der Schaffung des Baurechts stehen.

Wenn die Wünsche der Allgemeinheit im Bereich der indirekten Investition zu stark ausufern (Schulen, Kindergärten, Grün- und Sportanlagen etc.), kann dies dazu führen, dass die hierzu notwendigen Deckungsbeiträge über die Projektentwicklung nicht mehr refinanziert werden können. Unter den derzeitigen wirtschaftlichen Rahmenbedingungen ist der zuvor skizzierte Fall allerdings eher die Ausnahme, da die einzelnen Kommunen bemüht sind, ein positives Klima für Investoren / Projektentwickler zu schaffen. Über Neubaumaßnahmen sollen neue Arbeitsplätze geschaffen werden, aus denen sich im erheblichen Umfang Ressourcen zum eigenen Nutzen der Kommune bzw. Region schöpfen lassen.

4 Rechtsgrundlagen der Projektentwicklung

4.1 Allgemeines

Rechtsfragen begleiten jedes Bauvorhaben von der ersten Idee – über Planung, Bau und Nutzung – bis zum Rück- oder Umbau nach dem Ende der Nutzungsperiode.

Bei der Projektentwicklung ist eine nur schwer überschaubare Fülle von Gesetzen, Verwaltungsvorschriften und Verordnungen, deren Wichtigste im Folgenden kurz angerissen werden, zu beachten. Die Rechtsgrundlagen gliedern sich in das private und das öffentliche Baurecht. Unter dem öffentlichen Baurecht versteht man die Gesamtheit aller Rechtsvorschriften, die die bauliche Nutzung eines Grundstücks regeln (Art und Maß der Nutzung, Abwehr von Gefahren für die öffentliche Sicherheit und Ordnung [Bauordnungsrecht]).

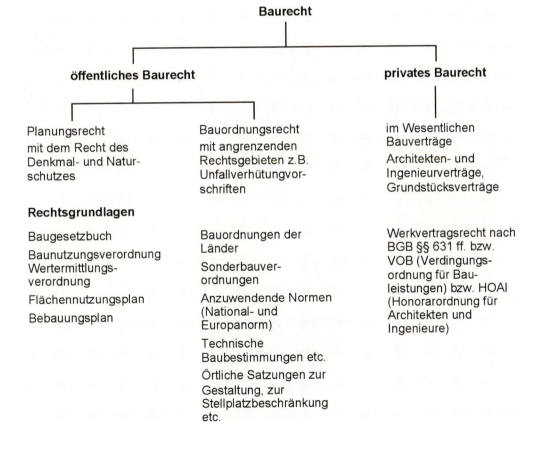

Abb. 4.1 Grundstruktur des Baurechts

Das private Baurecht regelt alle zivilrechtlichen Fragen, die sich zwischen den Beteiligten, die an der Planung, Errichtung und Nutzung einer Baumaßnahme mitwirken, ergeben (Bauvertragsrecht, zivilrechtliches Nachbarschaftsrecht etc.).

Das öffentliche Baurecht regelt darüber hinaus auch alle Anforderungen, die an das Gebäude selbst zu richten sind, z. B. hinsichtlich

– Standsicherheit
– Verkehrssicherheit
– Brandschutz und Fluchtwege
– Eignung der Materialien und Aufbau der Konstruktionselemente (Details von Dachbelägen etc.)
– Einhaltung ergänzender Vorschriften zu Arbeitsstätten und Arbeitsschutz etc.

Es umfasst darüber hinaus wichtige Baunebenrechte, wie z. B. die Gesetze und Bestimmungen zum Denkmalschutz. Des weiteren ergeben sich aus den Naturschutzgesetzen des Bundes und der Länder Auswirkungen auf das öffentliche Baurecht.

Im Planungsrecht sind Zuständigkeiten des Bundes, des Länder und der Gemeinden zusammengefasst.

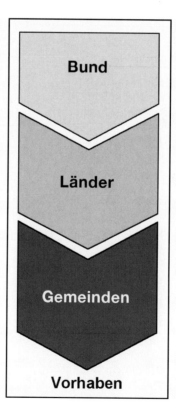

Abb. 4.2 Wichtige Gesetze und Zuständigkeiten beim öffentlichen Baurecht

Das dem Bund zustehende Baurecht umfasst in erster Linie Rechtsvorschriften nach dem Baugesetzbuch (BauGB).

– Allgemeines Städtebaurecht (Erstes Kapitel)

§§ 1 – 13	Bauleitplanung
§§ 14 – 28	Sicherung der Bauleitplanung
§§ 29 – 44	Regelung der baulichen und sonstigen Nutzung, Entschädigung
§§ 45 – 84	Bodenordnung
§§ 85 – 122	Enteignung
§§ 123 – 135	Erschließung
§§ 135a – 135c	Maßnahmen für den Naturschutz

– Besonderes Städtebaurecht (Zweites Kapitel)

§§ 136 – 164b	Städtebauliche Sanierungsmaßnahmen
§§ 165 – 171	Städtebauliche Entwicklungsmaßnahmen
§§ 171a – 171d	Stadtumbau
§ 171e	Soziale Stadt
§§ 172 – 179	Erhaltungssatzung und städtebauliche Gebote
§§ 180 – 181	Sozialplan und Härteausgleich
§§ 182 – 186	Miet- und Pachtverhältnisse
§§ 187 – 191	Städtebauliche Maßnahmen im Zusammenhang mit Maßnahmen zur Verbesserung der Agrarstrukturen

– Sonstige Vorschriften (Drittes Kapitel)

§§ 192 – 199	Wertermittlung
§§ 200 – 216	Allgemeine Vorschriften, Zuständigkeiten, Verwaltungsverfahren, Planerhaltung
§§ 217 – 232	Verfahren vor den Kammern (Senaten) für Baulandsachen

– Überleitungs- und Schlussvorschriften (Viertes Kapitel)

§§ 233 – 245b	Überleitungsvorschriften
§§ 246 – 247	Schlussvorschriften

Die Rechtsvorschriften werden über zusätzliche Vorschriften wie die Baunutzungsverordnung (BauNVO), Planzeichenverordnung (PlanzV) und die Wertermittlungsverordnung (WertV) ergänzt.

Wichtigstes Instrument des Länderrechts sind die jeweiligen Landesbauordnungen. Sie orientieren sich zwar grundsätzlich an der Musterbauordnung, die unter Mitwirkung des Bundes entstanden ist, weisen jedoch von Land zu Land teilweise gravierende Unterschiede aus.

Gleiches gilt auch für die ergänzenden Vorschriften des Naturschutz- und Denkmalschutzrechts.

Die Gemeinden setzen das Bundes- und Länderrecht über den Erlass von Satzungen, wie z. B. zur Bauleitplanung

- Flächennutzungspläne
- Bebauungspläne
- Erhaltung von Gebäuden und Quartieren
- Gestaltung
- Erschließung etc.

bezogen auf konkrete Vorhaben im Detail um.

4.2 Planungsrecht

Die Bauleitplanung ist das maßgebliche Planungsinstrument des Städtebaurechts. Gemäß § 1 Absatz 1 des Baugesetzbuches (BauGB) hat sie zum Gegenstand, die bauliche und die sonstige Nutzung von Grundstücken vorzubereiten und zu leiten. Die städtebauliche Planung kann nur durch die Bauleitplanung gemäß BauGB erfolgen. Sie hat normativen Charakter. Bauleitpläne sind der Flächennutzungsplan (vorbereitender Bauleitplan) und der Bebauungsplan (verbindlicher Bauleitplan).

Städtebauliche Entwicklungs- oder Rahmenpläne haben informellen Charakter. Sie gehören nicht zur Bauleitplanung im Sinne von § 1 Absatz 1 BauGB. Sie dienen in erster Linie der Vorbereitung von Entscheidungen zur Bauleitplanung.

Zur Absicherung einer geordneten städtebaulichen Entwicklung können im Einzelfall durch die Gemeinden gemäß BauGB Satzungen beschlossen werden, ohne dass eine verbindliche Bauleitplanung besteht, insbesondere nach

- § 22 Sicherung von Gebieten mit Fremdenverkehrsfunktion
- § 34 Vorhaben innerhalb der im Zusammenhang bebauten Ortsteile
- § 35 Bauen im Außenbereich
- §§ 136 ff Städtebauliche Sanierungs- und Entwicklungsmaßnahmen nach dem Besonderen Städtebaurecht (Kapitel 2 des BauGB)

Gemäß § 2 BauGB sind bei der Aufstellung von Bauleitplänen die öffentlichen und privaten Belange gegeneinander und untereinander gerecht abzuwägen. In der gültigen Fassung des BauGB vom 30.6.2004 wird hierzu eine umfassende Begründung – ergänzt durch einen Umweltbericht – zwingend gefordert (§ 2a BauGB).

Ein Rechtsanspruch des Einzelnen auf die Aufstellung von Bauleitplänen besteht nicht.

Bauleitpläne müssen grundsätzlich an die Ziele der Raumordnung und Landesplanung angepasst werden, wobei dem Bund eine Rahmenkompetenz nach dem Raumordnungsgesetz (ROG) zusteht.

Das Raumordnungsgesetz behandelt vertieft die Interessen des Bundes an einer Länder übergreifenden positiven Entwicklung des Gesamtraums der Bundesrepublik Deutschland unter Beachtung der natürlichen Gegebenheiten, der Bevölkerungsentwicklung und der wirtschaftlichen, infrastrukturellen, sozialen und kulturellen Erfordernisse. Dazu gehört der Schutz, die Pflege und Entwicklung der natürlichen Lebensgrundlagen.

Entsprechend § 1a BauGB gehört der Umweltschutz zu den wichtigen Zielen der Bauleitplanung. Danach werden die Gemeinden u. a. dazu verpflichtet:

– mit Grund und Boden sparsam und schonend umzugehen,
– landwirtschaftliche, als Wald oder für Wohnzwecke genutzte Flächen nur in notwendigem Umfang für eine andere Nutzung freizugeben,
– Flächen mit erheblichen Belastungen durch umweltgefährdende Stoffe im Flächennutzungs- und Bebauungsplan zu kennzeichnen.

Die Gemeinden können im Einzelfall (z. B. bei Sanierungsmaßnahmen entsprechend § 136 ff BauGB) die Belange des Umweltschutzes bei der Aufstellung von Bauleitplänen zugunsten anderer Belange (wirtschaftliche Aspekte) vorziehen.

4.2.1 Instrumente der Bauleitplanung

Entsprechend § 1 BauGB sind die Instrumente der Bauleitplanung der

– Flächennutzungsplan (vorbereitend) und der
– Bebauungsplan (verbindlich).

Ergänzend kommen hierzu

– der städtebauliche Vertrag nach § 11 BauGB,
– der Vorhaben- und Erschließungsplan nach § 12 BauGB als Sonderform des Bebauungsplans, der sich auf ein Vorhaben erstreckt sowie
– das vereinfachte Verfahren nach § 13 BauGB,
– die Festsetzung einer Innenbereichssatzung nach § 34 BauGB und
– die Genehmigung von Vorhaben im Außenbereich nach § 35 BauGB.

Die Aufstellung von Bauleitplänen dient in der Hauptsache der städtebaulichen Entwicklung des Gemeindegebietes. Entsprechend sind die Gemeinden nach § 1 BauGB verpflichtet, Bauleitpläne aufzustellen.

Entsprechend Artikel 28 des Grundgesetzes liegt die Planungshoheit für die städtebauliche Entwicklung und Ordnung bei der Gemeinde, die sich aber der Kontrolle des Staates unterwerfen muss. Die Bauleitplanung mehrerer Gemeinden kann zur besseren Koordination übergreifend in Form eines Planungsverbands erbracht werden, ohne dass die einzelne Gemeinde hierdurch ihre Planungshoheit verliert (§ 205 BauGB).

In der Aufstellung befindliche Bebauungspläne werden in der Regel durch den Satzungsbeschluss des Gemeinde- / Stadtrats vorläufig gültig (§ 33 BauGB, Zulässigkeit von Vorhaben während der Planaufstellung).

Endgültige Rechtskraft erhalten sie jedoch erst, nachdem die obere Baurechtsbehörde (in Nordrhein-Westfalen der Regierungspräsident bzw. Kreis), bei der die Bebauungspläne angezeigt werden müssen, geprüft hat, ob eine Verletzung von Rechtvorschriften vorliegt. Hierzu hat sie eine Frist von 3 Monaten, die im Einzelfall verlängert werden kann.

4.2.2 Flächennutzungsplan

Als vorbereitender Bauleitplan befasst sich der Flächennutzungsplan mit der beabsichtigten städtebaulichen Entwicklung des Gemeindegebietes.

Er umfasst im Wesentlichen die Ausweisung der für die Bebauung vorgesehenen Flächen nach Art der baulichen Nutzung, die vorhandenen und geplanten Einrichtungen und Anlagen zur Versorgung der Gemeinde mit Gütern und überörtlichem Verkehr, die örtlichen Hauptverkehrswege und die Anlagen für die Ver- und Entsorgung einschließlich der Hauptleitungen.

Abb. 4.3 Auszug aus einem Flächennutzungsplan

Dem Flächennutzungsplan fallen in wesentlichen Teilen auch Funktionen der Programmerfüllung zu, die sich aus Zielen der Raumordnung und Landesplanung ergeben. Er stellt jedoch keine Investitionsplanung z. B. für Verkehrsanlagen etc dar, deren Fachpläne er lediglich zur Darstellung der geplanten Bodennutzungen zusammengefasst beinhaltet.

Aus der komplexen Aufgabenstellung des Flächennutzungsplans folgt, dass er zwar in erster Linie auf aktuellen Anforderungen an die Bodennutzung beschränkt ist, dass er darüber hinaus aber zukünftige und gewünschte gemeindliche Entwicklungen ebenfalls berücksichtigen muss. Der Flächennutzungsplan muss von der höheren Verwaltungsbehörde genehmigt werden. Über die Genehmigung muss innerhalb von drei Monaten entschieden sein.

In Einzelfällen kann auf die Aufstellung eines Flächennutzungsplan verzichtet werden (§ 8 Absatz 2 Satz 2 BauGB).

4.2.3 Bebauungsplan

Der Bebauungsplan enthält parzellenscharf rechtsverbindliche Festsetzungen zur Art und zum Maß der zulässigen baulichen Nutzung für die im Flächennutzungsplan ausgewiesenen Bauflächen. Ein Bebauungsplan kann parallel zu einem Flächennutzungsplan aufgestellt, ergänzt oder aufgehoben werden, wenn dringende Gründe es erfordern, oder wenn der Bebauungsplan der beabsichtigten städtebaulichen Entwicklung des Gemeindegebiets nicht entgegensteht (vorgezogener oder selbstständiger Bebauungsplan nach § 8 Baugesetzbuch).

Zu ihrer Rechtswirksamkeit bedürfen sie jedoch nach § 10 Absatz 2 des Baugesetzbuches der Genehmigung durch die höhere Verwaltungsbehörde.

Bei Bebauungsplänen, die auf genehmigte Flächennutzungspläne aufbauen (Stufenfolge) ist seit dem 01.01.1998 die bis dahin generell geltende Genehmigungspflicht durch die Anzeige bei der höheren Verwaltungsbehörde ersetzt worden.

Nach § 30 Baugesetzbuch sind folgende Bebauungspläne zulässig:

– qualifizierter Bebauungsplan nach Absatz 1
– Vorhaben bezogener Bebauungsplan nach Absatz 2
– einfacher Bebauungsplan nach Absatz 3.

Grundsätzlich geht der Gesetzgeber von einer Stufenfolge der Planung aus, wonach der Bebauungsplan aus den Festsetzungen des Flächennutzungsplans zu entwickeln ist. Seine konkrete Ausgestaltung lässt Abweichungen zu (z. B. eine andere Nutzung als im Flächennutzungsplan festgesetzt), sofern die Grundkonzeption der Vorgabe unberührt bleibt.

Nach § 33 Baugesetzbuch können Vorhaben auch während der Aufstellung eines Bebauungsplans zulässig sein. In der Regel wird dies jedoch nur bei sehr einfachen Vorhaben möglich sein, da ohne vorherige Bürger- und Trägerbeteiligung die Abschätzung der Voraussetzungen für eine materielle Planreife nur sehr schwer möglich ist.

Der Zeitpunkt, zu dem ein Bebauungsplan rechtswirksam geworden ist, kann für die Beurteilung der planungsrechtlichen Zulässigkeit eines Vorhabens von großer Bedeutung sein. Wenn ein Bebauungsplan in seinen Festsetzungen auf die Baunutzungsverordnung (BauNVO) verweist, wird diese in ihrer Gesamtheit Bestandteil der Rechtsnorm. Spätere Novellierungen der Baunutzungsverordnung ändern daran nichts, da die Festsetzungen so anzuwenden sind wie sie zum Zeitpunkt der Rechtskräftigkeit des Bebauungsplans galten.

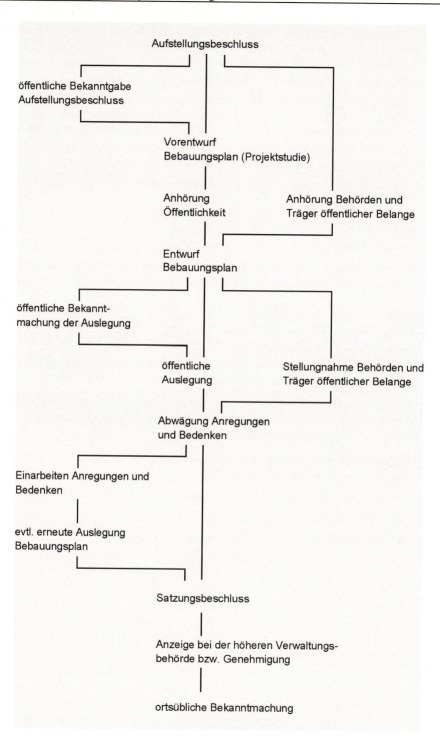

Abb. 4.4 Regelablauf des Bebauungsplanverfahrens

Die Festsetzungen in Bauleitplänen richten sich nach der Baunutzungsverordnung (BauNVO). Im Bebauungsplan werden insbesondere festgesetzt:

— Art- und Maß der baulichen Nutzung,
— Bauweise und Grundsätze zur Gestaltung der Baukörper und Außenanlagen,
— Abmessungen der Baugrundstücke, Stellung der baulichen Anlagen sowie nicht überbaubare Grundstücksflächen,
— Flächen für Nebenanlagen wie Kinderspielplätze, Pkw-Stellplätze etc.,
— Flächen für Gemeinbedarf,
— Flächen für Verkehrserschließung sowie für die Ver- und Entsorgung,
— Flächen, die mit Geh-, Fahr- und Leitungsrechten belastet sind oder werden sollen,
— Gebiete, für die zum Schutz vor schädlichen Umwelteinwirkungen im Sinne des Bundes-Immissionsschutzgesetzes besondere Beschränkungen erforderlich werden.

Soweit besondere städtebauliche Gründe maßgeblich sind, können in Ergänzung zu § 9 Absatz 1 BauGB detaillierte Festsetzungen zu Art und Maß der baulichen Nutzung getroffen werden (z. B. gesonderte Festsetzung zur Höhenlage der baulichen Anlage getrennt nach Geschossen, Bauteilen etc.).

Rechtsverbindliche Bebauungspläne können geändert bzw. aufgehoben werden (§ 2 Absatz 4 und § 13 BauGB). Wenn wesentliche Teile der Grundzüge eines Bebauungsplans geändert werden sollen – z. B. Änderung von Art und Maß der baulichen Nutzung – ist in jedem Fall eine erneute Offenlegung des Bebauungsplans erforderlich.

Art und Maß der baulichen Nutzung eines Grundstücks werden auf der Grundlage der Baunutzungsverordnung (BauNVO) festgelegt. Im Flächennutzungsplan wird bei der Festlegung der Art der baulichen Nutzung folgende Unterscheidung getroffen:

— Wohnbauflächen (W)
— gemischte Bauflächen (M)
— Gewerbeflächen (G)
— Sonderbauflächen (S).

Im Bebauungsplan werden diese Festsetzungen weiter unterteilt in:

— Kleinsiedlungsgebiete (WS)
— reine Wohngebiete (WR)
— allgemeine Wohngebiete (WA)
— besondere Wohngebiete (WB)
— Dorfgebiete (MD)
— Mischgebiete (MI)

- Kerngebiete (MK)
- Gewerbegebiete (GE)
- Industriegebiete (GI)
- Sondergebiete (SO).

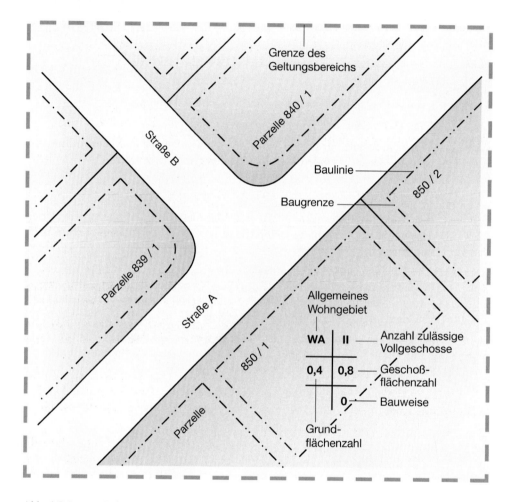

Abb. 4.5 Auszug Bebauungsplan

Unabhängig vom Regelungsumfang des Bebauungsplans bestimmt § 30 des Baugesetzbuchs, dass ein Vorhaben im Geltungsbereichs eines qualifizierten oder Vorhaben bezogenen Bebauungsplans immer dann planungsrechtlich zulässig ist, wenn es den Festsetzungen des Bebauungsplans nicht widerspricht, und wenn die Erschließung gesichert ist.

Bei einfachen Bebauungspläne müssen zur Beurteilung der planungsrechtliche Zulässigkeit ergänzend die Parameter der §§ 34 und 35 Baugesetzbuch herangezogen werden (vergleiche Punkt 4.2.1). Bauvorhaben, die dem Charakter der Festsetzungen widersprechen, sind unzulässig. Allerdings kann die gleiche Nutzart unter mehreren Gebietsfestsetzungen zulässig sein so z. B. Bürogebäude.

	WS	WR	WA	WB	MD	MI	MK	GE	GI
generell				●		●	●	●	●
in Ausnahmen	●		●		●				

Abb. 4.6 Zulässigkeit von Bürogebäuden in Abhängigkeit von der Gebietsfestsetzung

Im Bebauungsplan wird das Maß der baulichen Nutzung bestimmt durch die

— Grundflächenzahl (GRZ) aus dem Quotient der überbauten Fläche und der Grundstücksfläche (zwingend erforderlich),
— Geschossflächenzahl (GFZ) aus dem Quotient der Summe aller Bruttogrundflächen und der Grundstücksfläche,
— Baumassenzahl (BMZ) aus dem Quotient des geplanten Gebäudevolumens zur Grundstücksfläche,
— Zahl der Vollgeschosse (zwingend erforderlich),
— Höhe der baulichen Anlage (erforderlich, wenn ohne ihre Festsetzung öffentliche Belange, insbesondere das Orts- und Landschaftsbild, beeinträchtigt werden können).

Zusätzlich zu Art und Maß der baulichen Nutzung werden die bebaubaren und nicht bebaubaren Flächen eines Baugrundstücks im Bebauungsplan über Baulinien und Baugrenzen festgesetzt.

Diese Festsetzung kann für die einzelnen Geschosse unterschiedlich sein, um z. B. aus städtebaulichen Gründen eine Höhenstaffelung des Gebäudes vorzugeben. Wenn eine Baulinie vorgeschrieben ist, muss zwingend an diese angebaut werden. Ist eine Baugrenze festgesetzt, darf bis an diese herangebaut werden.

Zusätzlich werden in die meisten Bebauungspläne nach § 9 Baugesetzbuch (Regelung der Festsetzungsmöglichkeiten) die Stellung der Baukörper, die vollständige öffentliche Erschließung, öffentliche und private Grünflächen, Spielplätze und sonstige Flächen für den Gemeinbedarf aufgenommen.

Die Darstellung der Festsetzungen in Bauleitplänen richtet sich nach der Planzeichenverordnung (PlanzV). Eine weitere Möglichkeit, die zukünftige Struktur einer baulichen Anlage über den Bebauungsplan zu beeinflussen, ergibt sich über die textlichen Festsetzungen. So kann z. B. über eine Gestaltungssatzung (textliche Festsetzung im Bebauungsplan) die mögliche Materialpalette für die Fassadengestaltung eingeschränkt werden, um Wildwuchs im städtebaulichen Erscheinungsbild zu verhindern.

Die Bauweise wird ebenfalls im Bebauungsplan festgesetzt. Grundsätzlich wird zwischen der offenen und der geschlossenen Bauweise unterschieden. In der offenen Bauweise sind Einzelhäuser und Hausgruppen mit einer Gesamtlänge von maximal 50 m zulässig.

Die Vorschriften der Landesbauordnung über die seitlichen Grenzabstände müssen zwingend eingehalten werden.

Anderes gilt bei der geschlossenen Bauweise, die Baukörper mit einer Länge von mehr als 50 m umfasst, die nur ohne seitlichen Grenzabstand (Anbaugebot) zugelassen sind, es sei denn, die vorhandene Bebauung, die selbst einen Grenzabstand besitzt, erfordert einen Grenzabstand.

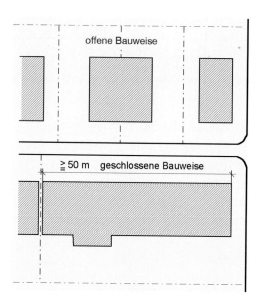

Abb. 4.7 Schema der offenen bzw. geschlossenen Bauweise

In manchen Fällen wird vom Verfasser des Bebauungsplans versucht, maßgeblich auf die Realisierung der einzelnen Baumaßnahmen Einfluss zu nehmen. Hierbei werden die einzelnen Festsetzungen des Bebauungsplans so eng gefasst, dass kein ausreichender Spielraum für eine individuelle Entwicklung der einzelnen Baukörper bleibt. Wie Beispiele zeigen, muss der notwendige Spielraum dann über eine Fülle von Befreiungen für jeden Einzelfall mit großem Zeitaufwand wiederhergestellt werden.

Befreiungen von Festsetzungen des Bebauungsplans können auf Antrag (im Einvernehmen mit der Gemeinde) durch die Bauaufsichtsbehörde erteilt werden. Grundsätzlich liegen Befreiungsgründe nur vor, wenn es sich um atypische und deutlich von der Regel abweichende Sachverhalte handelt, und wenn diese vorher vom Aufsteller des Bebauungsplans nicht erkannt werden konnten (§ 31 BauGB). Wenn die Befreiung zum Regelfall wird, geht der Charakter des Bebauungsplans als verbindlicher Bauleitplan schlimmstenfalls soweit verloren, dass er nichtig wird. Ein Rechtsanspruch auf die Befreiung von Festzungen des Bebauungsplans besteht nicht.

Flächen, deren Böden erheblich mit umweltgefährdenden Stoffen belastet sind, müssen im Bebauungsplan gesondert ausgewiesen werden. Gleiches gilt für Bergbauflächen und Bauflächen, für die besondere Maßnahmen (z. B. zum Schutz gegen Überschwemmungen) erforderlich sind.

4.2.4 Vorhaben- und Erschließungsplan

Nach § 12 BauGB kann die Gemeinde eine Baugenehmigung auch auf der Basis eines Vorhaben bezogenen Bebauungsplans erteilen. Planinhalte dieser Sonderform des Bebauungsplanverfahrens sind zum einen die Schaffung der planungsrechtlichen Voraussetzungen und zum anderen die Herstellung der erforderlichen Erschließungsanlagen. Bei der Festsetzung der Zulässigkeit von Vorhaben über einen Vorhaben bezogenen Bebauungsplan sind die Gemeinden freier als bei einem normalen Bebauungsplan, da sie an den normativen Charakter des § 9 BauGB sowie die Vorgaben der Baunutzungsverordnung nicht gebunden sind.

Der Satzungsbeschluss über einen Vorhaben bezogenen Bebauungsplan setzt voraus, dass mit dem Vorhabensträger (Projektentwickler) ein Durchführungsvertrag abgeschlossen wird, in dem die Fristen zur Abwicklung der Maßnahmen und die Kostenfolgen aus der Erschließung geregelt sind.

Bei Verstößen gegen den Durchführungsvertrag ist die Gemeinde berechtigt, den Vorhaben bezogenen Bebauungsplan aufzuheben (§ 12 Absatz 6 Satz 1 BauGB).

4.2.5 Bebauung im Innenbereich (§ 34 BauGB)

Im Innenbereich einer Gemeinde sind Vorhaben zulässig, wenn sie sich harmonisch in die tatsächlich vorhandene städtebauliche Situation einfügen, und wenn die Erschließung sichergestellt ist (§ 34 BauGB). Entsprechend § 34 Absatz 3 und 4 kann die Gemeinde Außenbereichsgrundstücke über einen Satzungsbeschluss in den bebauten Innenbereich einbeziehen.

4.2.6 Bebauung im Außenbereich (§ 35 BauGB)

Im Außenbereich sind Vorhaben auch ohne rechtsgültigen Bebauungsplan zulässig, sofern es sich um in § 35 Absatz 1 BauGB bestimmte Vorhaben handelt. Sonstige Vorhaben sind im Einzelfall zulässig, wenn öffentliche Belange nicht beeinträchtigt werden.

4.2.7 Besonderes Städtebaurecht

Das besondere Städtebaurecht umfasst Maßnahmen, die über die normalen Instrumente der Bauleitplanung nicht Ziel führend abgedeckt werden können. Im Einzelnen betrifft dies

– städtebauliche Sanierungs- und Entwicklungsmaßnahmen und
– Erhaltungssatzungen und städtebauliche Gebote.

Im ersten Teil werden Vorschriften umfasst, die die Neuordnung von Ortsteilen entsprechend ihrer besonderen Bedeutung für das Gemeinwohl regeln. Wesentliche Merkmale sind:

– Notwendigkeit einer zügigen Durchführung der Maßnahme,
– Erwerb von Grundstücken durch die Gemeinde, wobei eine Veräußerungspflicht für Zwecke der Entwicklungsmaßnahmen besteht,
– Ausgleichspflicht des Eigentümers für entwicklungsbedingte Werterhöhungen.

Der zweite Teil des Besonderen Städtebaurechts umfasst die Erhaltungssatzung und städtebauliche Gebote. Danach kann die Gemeinde zur Erhaltung baulicher Anlagen und der Eigenart von Gebieten durch einen entsprechenden Satzungsbeschluss eine erweiterte Genehmigungspflicht für Bauvorhaben und Baumaßnahmen einführen. Aus städtebaulichen Gründen kann die Gemeinde darüber hinaus Gebote erlassen (§§ 176 bis 179 BauGB). Sie soll die Maßnahmen mit den Betroffenen erörtern. Zu den Betroffenen zählen alle Nutzungsberechtigten, d. h. auch Mieter und Pächter.

Folgende Gebote können ausgesprochen werden:

– § 176 Baugebot
– § 177 Modernisierungs- oder Instandsetzungsgebot
– § 178 Pflanzgebot
– § 179 Abbruchgebot.

Landesrechtliche Vorschriften, insbesondere über den Schutz und die Erhaltung von Denkmälern, bleiben unberührt.

4.2.8 Sicherung der Bauleitplanung

Über die Zulässigkeit von Vorhaben entscheidet die Bauaufsichtsbehörde. Voraussetzung für die Zulässigkeit von Vorhaben ist eine gesicherte Erschließung, die eine Aufgabe der Gemeinden ist.

Zur Feststellung ihres Aufwands bei der erstmaligen Erschließung einer Baufläche erhebt die Gemeinde Erschließungsbeiträge bei den Grundstückseigentümern, die von der Erschließung betroffen sind (§ 127 ff BauGB) entsprechend einer vom Rat zu beschließenden Beitragssatzung. Da vom Aufstellungsbeschluss bis zur Rechtsgültigkeit von Bauleitplänen eine erhebliche Zeitspanne liegen kann, benötigt die Gemeinde Instrumente, mit denen sie die Durchführung ihrer Planungsabsicht durchsetzen kann.

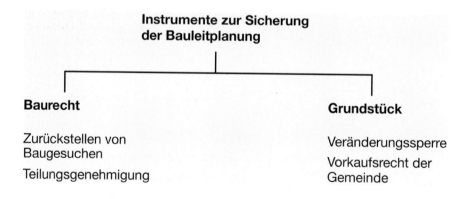

Abb. 4.8 Instrumente zur Sicherung der Bauleitplanung

Sobald eine Gemeinde einen Aufstellungsbeschluss herbeigeführt hat, kann sie im Geltungsbereich des zukünftigen Plangebietes eine Veränderungssperre gemäß § 15 BauGB als Satzung beschließen.

Danach dürfen vorhandene Gebäude nicht wesentlich Wert steigernd umgebaut oder erweitert werden. Darüber hinaus dürfen keine neuen Vorhaben nach § 29 BauGB errichtet, aber auch keine vorhandenen baulichen Anlagen beseitigt werden. Die Geltungszeit einer Veränderungssperre ist grundsätzlich auf 2 Jahre ausgerichtet (§ 17 BauGB). Die Frist kann auf max. 4 Jahre ausgedehnt werden, ohne dass die Gemeinde eine Entschädigung zahlen muss.

Anstelle der Veränderungssperre kann die Gemeinde die Zurückstellung von Anträgen zu Bau- und Abbruchgenehmigungen verfügen, wenn zu befürchten ist, dass der Sinn der Bauleitplanung nach Durchführung der beauftragten Maßnahmen nicht mehr zu erreichen ist. Im Unterschied zur Veränderungssperre beträgt die maximale Frist 12 Monate, wobei keine Entschädigung gewährt wird.

Ein weiteres Sicherungsinstrument liegt in der Ausübung eines Vorkaufsrechts der Gemeinde, wobei seine Ausübung voraussetzt, dass bereits ein Kaufvertrag mit einem Dritten abgeschlossen worden ist. Wichtige Voraussetzung zur Ausübung des Vorkaufsrechts ist unter anderem, dass die Flächen nach den Vorstellungen zum Bebauungsplan entweder / oder für

- öffentliche Zwecke
- naturschutzrechtliche Ausgleichsmaßnahmen
- Umlegungs- oder Sanierungsmaßnahmen
- die Erhaltung bestehender Strukturen (Erhaltungssatzung)
- überwiegend wohnwirtschaftliche Nutzung

dienen sollen. Über das in § 34 BauGB geregelte Vorkaufsrecht hinaus kann die Gemeinde weitere Vorkaufsrechte über eine entsprechende Satzung beschließen. Grundsätzlich darf die Gemeinde Vorkaufsrechte jedoch nur ausüben, wenn das Wohl der Allgemeinheit dies erfordert. Die Frist zur Ausübung des Vorkaufsrechts beträgt maximal 2 Monate.

Zur Sicherstellung der städtebaulichen Ordnung kann die Gemeinde über das vierte Instrument zur Sicherung der Bauleitplanung die willkürliche Teilung von Grundstücken im Geltungsbereich von Bebauungsplänen verhindern, in dem sie die hierzu erforderliche Genehmigung nach § 19 BauGB verweigert. Die Genehmigungsfrist beträgt 1 Monat. Sie kann in Ausnahmefällen um bis zu 3 Monate verlängert werden. Bei einer Fristüberschreitung gilt die Genehmigung automatisch als erteilt.

4.2.9 Ausnahmen und Befreiungen

Im § 31 BauGB sind Sachverhalte geregelt, für die im Bebauungsplan ausdrücklich eine Ausnahme vorgesehen wurde oder für die eine Befreiung von Festsetzungen erteilt werden kann. Ausnahmen müssen dabei dem Zweck des Bebauungsplans entsprechen. Sie dürfen nur städtebaulich begründet sein (§ 36 BauGB).

Befreiungen von Festsetzungen des Bebauungsplans können nur dann zugelassen werden, wenn sie

- dem Wohl der Allgemeinheit dienen,
- städtebaulich vertretbar sind und wenn die Versagung zu einer offenbar nicht beabsichtigten Härte bei der Durchführung des Bebauungsplans führen würde (§ 31 BauGB).

Grundzüge der Bauleitplanung dürfen jedoch in keinem Fall berührt werden.

4.3 Bauordnungsrecht

Im Gegensatz zum Städtebaurecht, dessen Rechtsvorschriften überwiegend aus Bundesgesetzen und Verordnungen abgeleitet werden, ergibt sich das Bauordnungsrecht hauptsächlich aus Ländervorschriften.

Hierzu haben die Länder Bauordnungen erlassen, die über zahlreiche Sondervorschriften wie

- Verordnung über Anlagen zum Lagern, Abfüllen und Umschlagen Wasser gefährdender Stoffe (KAWS),
- Verordnung über bautechnische Prüfungen (BauPrüfVO),
- Verordnung über den Bau und Betrieb von Garagen (GarVO),
- Verordnung über den Bau und Betrieb von Hochhäusern (HochhVO),
- Verordnung über den Bau und Betrieb von Versammlungsstätten (VstättVO) etc.

in Verbindung mit Vorschriften aus anderen Rechtsgebieten wie Landeswassergesetz, Bodenschutzgesetz und Technische Anleitung Luft (TA-Luft) usw. die Grundlagen für die Errichtung baulicher Anlagen bilden.

Einschließlich der Sondervorschriften bilden die Bauordnungen das Regelwerk für die

- Errichtung
- Änderung
- Abbruch
- Nutzung und Nutzungsänderung sowie
- Bewirtschaftung (Unterhaltung)

von Gebäuden.

Zuständig für die Überwachung der Einhaltung der öffentlich-rechtlichen Vorschriften ist die Bauaufsichtsbehörde.

Die gesetzlich geregelten Zuständigkeiten und Befugnisse anderer Behörden (z. B. Gewerbeaufsichtsamt, zuständige Aufsichtsbehörde für Verfahren nach dem Bundes - Immissionsschutzgesetz – BImSchG) bleiben unberührt.

4.3.1 Zulässigkeit von Bauvorhaben

Die Bauaufsichtsbehörden entscheiden über die Zulässigkeit von Baumaßnahmen. Soweit Ausnahmen und Befreiungen im Bereich des Planungsrechts erforderlich sind, muss die Bauaufsichtsbehörde Einvernehmen mit der Gemeinde herstellen (§ 36 BauGB).

Wenn das Einvernehmen nicht hergestellt werden kann, muss die Bauaufsichtsbehörde einen Bauantrag ablehnen.

Für die Genehmigung von Baumaßnahmen bzw. Nutzungsänderungen ist zunächst die untere Bauaufsichtsbehörde (Gemeinde) zuständig.

Mit dem Bauantrag sind alle Unterlagen einzureichen, die zur Beurteilung der Genehmigungsfähigkeit erforderlich sind. Nachgereicht können die erforderlichen Nachweise für die Standsicherheit und sonstige ergänzende Nachweise, wie z. B. zum Wärmeschutz.

Kleinere Maßnahmen, die im Geltungsbereich eines rechtsverbindlichen Bebauungsplans liegen bedürfen in aller Regel nur der Zustimmung durch die Bauaufsichtsbehörde. Über diese Variante des Genehmigungsverfahrens wird das Verfahren bis Baubeginn erheblich verkürzt und vereinfacht.

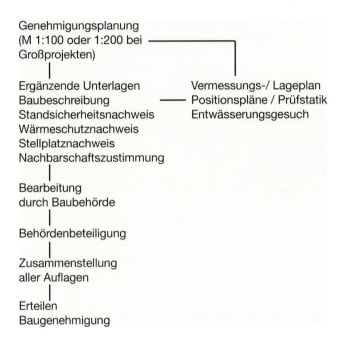

Abb. 4.9 Regelablauf von Baugenehmigungsverfahren [33]

Zu beachten sind u. a.:
- weitere öffentlich-rechtliche Vorschriften (z. B. § 30 bis 38 BauGB)
- die Regeln der Technik (DIN-Normen etc.)
- die Normen des Gewerberechts (z. B. Arbeitsstättenverordnung)
- die Energieeinsparverordnung (EnEV)
- das Wasserrecht etc.

Baugenehmigungen gelten auch für den Rechtsnachfolger des Antragstellers. Nach Einreichung eines Bauantrages können nach dem Ermessen der unteren Bauaufsichtsbehörde für die Baugrube oder Teile der Baumaßnahme (z. B. Rohbau) Teilbaugenehmigungen erteilt werden. Der Umfang der einzureichenden Unterlagen ist z. B. für Berlin in der Verordnung über Bauvorlagen in bauaufsichtlichen Verfahren (BauVer/VO) geregelt. Im Einzelnen wird der Inhalt der Unterlagen aus den §§ 2 – 6 bestimmt. Die wichtigsten Unterlagen sind:
- der Lageplan (Maßstab M 1:500) mit Darstellung der Grundstücksgrenzen, der Baukörper, der Himmelsrichtung, der Höhenbezüge, vorhandene bauliche Anlagen, Abstandsflächen, Erschließung etc. entsprechend der Planzeichen nach der Bauordnung.

- Bauzeichnungen (i.d.R. Maßstab 1:100), Grundrisse und Schnitte über alle Geschosse mit Angabe der Nutzung der Räume, Feuerstätten, Aufzugs- und Versorgungsschächte, Lage und Ausbildung von Treppen, Anbindung an vorhandene und geplante Höhen, Ansichten unter Einbeziehung der Nachbarschaft soweit erforderlich.
- Bau- und Betriebsbeschreibungen: In der Baubeschreibung sind die Vorhaben und die vorgesehene Nutzung zu erläutern, soweit dies aus den Plänen nicht hervor geht (z. B. Materialien und Bauweisen). Bei gewerblicher Nutzung ist die Anzahl der Arbeitsplätze, die Maschinen- und Geräteausstattung, die Art der zu bearbeitenden Rohprodukte und die Arbeitsbedingungen der Beschäftigten in der Betriebsbeschreibung anzugeben.
- Bautechnische Nachweise: Für die Prüfung der Standsicherheit ist eine statische Berechnung mit Dimensionierung des statischen Systems vorzulegen. Darüber hinaus muss der Nachweis des Wärme-, Schall- und Brandschutzes geführt werden.

4.3.2 Abstandsflächen

Soweit Festsetzungen aus der verbindlichen Bauleitplanung (Baulinien, Baugrenzen) nichts anderes bestimmen, ergibt sich die Lage eines Gebäudes auf dem Baugrundstück im Wesentlichen aus den vorgeschriebenen Abstandsflächen. In Teilen gelten in den Ländern unterschiedliche Abstandsflächenregelungen, wobei deren Grundsätze identisch sind.

Soweit aus dem Bebauungsplan nichts anderes hervor geht, gilt folgendes:

- vor Gebäudewänden müssen Abstandsflächen liegen, die von oberirdischen Gebäuden freigehalten sind,
- Abstandsflächen müssen auf dem eigenen Grundstück oder in Ausnahmen auf öffentlichen Flächen liegen,
- Soweit Abstandsflächen auf öffentlichen Straßenflächen liegen dürfen sie die Mittelachse der Straßenfläche nicht überschreiten.
- Abstandsflächen auf eigenem Grundstück können sich unter bestimmten Bedingungen überlagern,
- Abstandsflächen können auch auf fremden Grundstücken liegen, wenn der Grundstückseigentümer zustimmt (Übernahme von Baulasten),
- die Tiefe der Abstandsflächen ergibt sich aus der Gesamthöhe der baulichen Anlagen.
- Bei in der Höhe gestaffelten Baukörpern ist der höhere Baukörper zur Bestimmung der Abstandsflächen maßgeblich,

Nach der Bauordnung Nordrhein-Westfalen gilt für die Bemessung der Tiefe von Abstandsflächen allgemein folgendes:

- generell gilt die 0,8-fache Gebäudehöhe, in Kerngebieten eine 0,5-fache Gebäudehöhe,
- in Gewerbe- und Industriegebieten (GE und GI) 0,25-fache Gebäudehöhe,
- In Sondergebieten (SO) ist eine geringere Tiefe als die 0,8-fache Gebäudehöhe zulässig, wenn die Nutzung der Gebäude dies rechtfertigt.
- Die Mindesttiefe (Bauwich) beträgt 3,0 m, bei Wänden, die mit normal entflammbaren Baumaterialien aufgebaut sind 5,0 m.

- Vorbauten bis zu einer Tiefe von 1,5 m bleiben bei der Bemessung von Abstandsflächen unberücksichtigt.
- Unterirdische Wände sind keine Außenwände im Sinne der Abstandsflächenregelung.
- Außenwände liegen auch dann vor, wenn die Konstruktion (z. B. bei Pergolen) den Eindruck einer geschlossenen Wand erzeugt.
- Abstandsflächen dürfen sich nicht überdecken (unter bestimmten Bedingungen sind Ausnahmen möglich).
- Bei Wänden unterschiedlicher Höhe ergibt sich die Tiefe der Abstandsflächen für jeden Wandabschnitt getrennt.
- Bei geneigten Dächern wird bei einer Neigung von mehr als 70° die Firsthöhe voll angerechnet, bis zu einem Drittel der Firsthöhe bei einer Neigung von 45°.

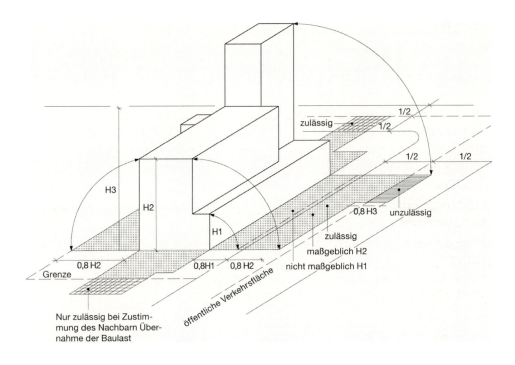

Abb. 4.10 Übersicht zur Bemessung von Abstandsflächen [35]

4.3.3 Baulasten

Mit der Baulast übernimmt ein Grundstückseigentümer Verpflichtungen, die sich aus der Bebauung eines fremden Grundstücks ergeben. Er geht dabei eine öffentlich-rechtliche Verpflichtung ein, die im Baulastenverzeichnis eingetragen wird. Eine Eintragung im Grundbuch erfolgt nicht. Beispiele für Baulasten sind u. a.:

4 Rechtsgrundlagen der Projektentwicklung

- Übernahme von Abstandsflächen auf Nachbargrundstücken
- Übernahme einer Zufahrtsverpflichtung zur Sicherung der Erschließung
- Übernahme von Verpflichtungen zur Durchführung von Ver- und Entsorgungsleitungen
- Erfüllung der Stellplatzverpflichtung auf fremdem Grundstück
- Anrechnung von Ausgleichsflächen für den Naturschutz auf fremdem Grundstück.

4.3.4 Rettungswege

Gebäude müssen so beschaffen sein, dass der Entstehung eines Brandes und der Ausbreitung von Feuer und Rauch vorgebeugt wird und dass die Rettung von Menschen und Tieren sowie wirksame Löscharbeiten möglich sind.

Geschossplatten eines Gebäudes müssen daher – soweit sie nicht ebenerdig liegen – neben den erforderlichen Abständen zu Nachbargebäuden über zwei unabhängige Rettungswege verfügen, wovon einer über eine notwendige Treppe führen muss.

Der zweite Rettungsweg kann über eine Stelle führen, die von Rettungsgeräten der Feuerwehr erreicht werden kann (Balkon zum Anleitern etc.). Notwendige Treppen müssen in einem durchgehenden Treppenraum liegen.

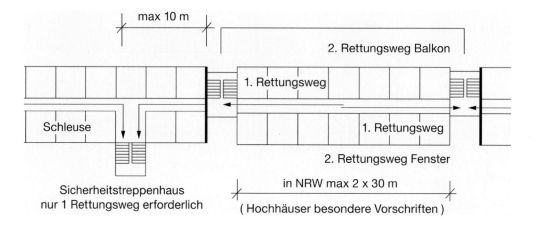

Abb. 4.11 Beispiel zur Anordnung von Rettungswegen

4.3.5 Wärmeschutz

Die Mindestanforderungen für den winterlichen Wärmeschutz ergeben sich aus der DIN 4108.

Für den sommerlichen Wärmeschutz werden Empfehlungen ausgesprochen, die Obergrenzen der Raumtemperaturen (Behaglichkeitsgrenze ca. + 26°C) einhalten sollen, die von der Rechtssprechung mittlerweile eingefordert werden.

Ergänzend zur DIN 4108, die die Mindestanforderungen beinhalten, gelten zur Reduzierung des spezifischen Energieverbrauchs die Wärmeschutzverordnung bzw. die Energieeinsparungsverordnung (EnEV vom 01.01.2002) in Verbindung mit der DIN V 4108-6 und V 4701-10 EN 832 als Regelwerk für die Berechnungen.

Über die Bestimmungen der EnEV soll der Heizenergiebedarf von Gebäuden gegenüber den Anforderungen der Wärmeschutzverordnung von 1995 um 30 % gesenkt werden.

4.3.6 Schallschutz

Die Mindestanforderungen an den Schallschutz ergeben sich aus der DIN 4109 und den Bauordnungen der Länder.

So regelt z. B. die Bauordnung Nordrhein-Westfalen in § 18 Abs. 2 das Geräusche, die von ortsfesten Anlagen oder Einrichtungen in baulichen Anlagen oder auf Baugrundstücken ausgehen, so zu dämmen sind, dass Gefahren oder unzumutbare Belästigungen nicht entstehen. Da diese den heutigen Anforderungen nur unzureichend entsprechen, wurde eine Reihe von ergänzendentechnischen Richtlinien erlassen. Die Wichtigsten sind:

– VDI-Richtlinie 2781 – Schallschutz im Städtebau (DIN 18055)
– VDI-Richtlinie 2719 – Schallschutz von Fenstern
– VDI-Richtlinie 2058 – Beurteilung von Arbeitslärm in der Nachbarschaft
– TA-Lärm (Technische Anleitung zum Schutz gegen Lärm).
– DIN EN ISO 717 – Bewertung der Schalldämmung in Gebäuden und von Bauteilen

4.3.7 Stellplatznachweis

Zur Genehmigungsfähigkeit eines Bauvorhabens gehört der Nachweis, dass die erforderlichen Stellplätze für Pkws und Zweiräder eingerichtet werden können. Die rechnerische Ermittlung der erforderlichen Stellplätze ergibt sich z. B. in Nordrhein-Westfalen nach den Richtzahlen für den Stellplatzbedarf von Kraftfahrzeugen (Verwaltungsvorschrift zur Landesbauordnung, VVBauONW).

Für Bürogebäude gilt z. B. 1 Stellplatz je 30 – 40 m^2 Nutzfläche. Bei Gebäuden mit hoher Besucherfrequenz reduziert sich der Wert auf 20 – 30 m^2 je Nutzfläche.

Die Gemeinde kann über eine Satzung als Rechtsgrundlage die Herstellung von Stellplätzen einschränken und untersagen, wenn stadtentwicklungspolitische Gründe vorliegen. Grundsätzlich gilt jedoch, dass eine Baugenehmigung versagt werden muss, wenn der Stellplatznachweis nicht geführt werden kann. Eine Ausnahme ist dann möglich, wenn die Gemeinde über eine Satzung die Möglichkeit zur finanziellen Ablösung einer Stellplatzverpflichtung geschaffen hat.

4.3.8 Sondervorschriften für Hochhäuser

Bei der Projektentwicklung von Hochhäusern ist zu beachten, dass die allgemeinen bauordnungsrechtlichen Vorschriften u. a. in folgenden Punkten verschärft werden:

- Hochhäuser müssen mindestens zwei voneinander unabhängige Treppenhäuser oder ein Sicherheitstreppenhaus haben.
- Die maximale Flurlänge zwischen zwei gegenüber liegenden Treppenhäusern darf 40 m nicht überschreiten.
- Flurtrennwände müssen in der Feuerwiderstandsklasse F90-A hergestellt werden.
- Hochhäuser müssen wegen ihrer Gebäudehöhe (oberster Fußboden mehr als 22 m über Gelände) mehr als 2 Aufzüge aufweisen, wobei sie alle Geschosse anfahren müssen. Bei Hochhäusern mit einer Höhe des obersten Fußbodens von mehr als 30 m über Gelände muss ein Aufzug als Feuerwehraufzug ausgebildet werden.

4.4 Privates Baurecht

Ebenso wie das öffentliche Baurecht ist das private Baurecht weit verzweigt. Im Folgenden soll daher nur auf einige wesentliche Aspekte eingegangen werden, die im direkten Zusammenhang mit der Projektentwicklung stehen.

4.4.1 Projektentwicklungsvertrag

Sofern der Projektentwickler für einen fremden Dritten tätig wird, haftet er sehr oft nach dem Werkvertragsrecht (§§ 631 ff BGB), da er nicht nur die Tätigkeit an sich, sondern auch einen Erfolg im Rahmen der vorgegebenen Ziele schuldet.

Wegen der Vielzahl der Variablen, die der Projektentwickler nur zum Teil unmittelbar beeinflussen kann, sollten im Vertragstext, der im Wesentlichen frei gestaltet werden kann, Anpassungsklauseln vorgesehen werden, die nicht kalkulierbare Risiken abdecken.

Garantien und pauschale Zusicherungen sollten im Projektentwicklervertrag nur vereinbart werden, wenn das Produkt in seinen Einzelheiten bereits aus anderen Bauvorhaben bekannt ist, und wenn geltendes Baurecht besteht.

4.4.2 Bauträgervertrag

Ein typischer Bauträgervertrag beinhaltet die schlüssel- bzw. teilschlüsselfertige Errichtung einer Immobilie. Er beinhaltet in der Regel auch sämtliche Planungsleistungen sowie die Pflicht zur Übereignung des bebauten Grundstücks.

Aufgrund seiner Zweckbestimmung bezeichnet der Bundesgerichtshof (BGH) in einem Urteil vom 21.11.1985 (VII ZR 366/83) den Bauträgervertrag als Typenkombinationsvertrag, da er Elemente des Werkvertrages (Planung und Errichtung der Immobilie), des Kaufrechts (Erwerb bzw. Veräußerung des Grundstücks) sowie eines Dienstleistungs- oder Geschäftsbesorgungsvertrages (Beratung und Betreuung) beinhaltet.

Dabei ist jedoch zu beachten, dass der Grundsatz der Einheit des Vertrages gilt, der es unmöglich macht, den Vertrag in einen Kaufvertrag (Grundstück) und einen Werkvertrag (Bauleistungen) aufzuspalten [36]. In Folge dessen zieht die Kündigung des Errichtervertrages automatisch die Rückabwicklung des Grundstückskaufvertrages nach sich.

Da der Bauträger in der Regel mit Finanzmitteln der Käufer baut, in dem er Abschlagszahlungen auf noch unfertige Leistungen in Rechnung stellt, unterliegt er besonderen Sicherungspflichten, die in der Makler- und Bauträgerverordnung (MaBV) im Einzelnen geregelt sind.

Abb. 4.12 Sicherungspflichten des Bauträgers gegenüber dem Erwerber

4.4.3 Maklervertrag

Das wirksame Zustandekommen eines Maklervertrages setzt voraus, dass der Makler den Abschluss eines Vertrages vermitteln soll und dass sein Auftraggeber für seine Tätigkeit eine Provision zahlen will. Nach § 653 BGB ist dem Makler dabei weder eine Frist gesetzt noch ist die Art und der Umfang der zu erbringenden Leistung geregelt.

Um späteren Streitigkeiten vorzubeugen, haben sich in der Praxis verschiedene Grundmodelle zu Maklerverträgen herausgebildet.

Der **Einfache Maklervertrag** – ohne Ersatz der Aufwendungen – entspricht am weitesten den gesetzlichen Regelungen nach § 652 BGB, der den Vertragsparteien in ihrem Handeln größtmögliche Freiräume lässt.

Da ein Provisionsanspruch des Maklers erst entsteht, wenn es zu einem Vertragsabschluss kommt, kann der Makler seine Vermittlungsbemühungen völlig frei gestalten. Umgekehrt kann der Auftraggeber den Vertrag jederzeit fristlos kündigen.

Beim **Alleinauftrag** ist die Sachlage komplizierter, da sich der Auftraggeber bewusst exklusiv an einen Makler bindet, wobei eine Befristung möglich ist. Wichtig ist, dass der Auftraggeber auch beim Bestehen eines Alleinauftrages nicht daran gehindert ist, das betroffene Objekt selbst zu verkaufen. In dem Fall hat der Makler nur dann einen Provisionsanspruch, wenn

– der Provisionsanspruch im Maklervertrag anders lautend geregelt ist, z. B. über eine Alleinbefugnis des Maklers, mit vorhandenen oder zukünftigen Interessenten Verhandlungen zu führen,

– der Kaufvertrag mit einem Interessenten abgeschlossen wird, den der Makler im Rahmen seiner Vermittlungstätigkeit angesprochen und nachgewiesen hat und sofern das Zustandekommen des Vertrages hierauf nachweislich zurückzuführen ist.

Maklerprovisionen werden in der Regel auch dann fällig, wenn der Vertrag
— mit aufschiebenden Bedingungen abgeschlossen wird,
— ein Rücktrittsrecht eines Vertragspartners vorsieht (z. B. bei Zahlungsverzug nach § 326 BGB), wobei ein Rücktrittsvorbehalt im Vertrag nicht zur Fälligkeit der Provision führt solange er Gültigkeit hat (Fristen etc.),
— von den Vertragsparteien einvernehmlich aufgehoben wird.

Die Haftung des Maklers bezieht sich in erster Linie auf unrichtige Angaben zu den Fakten des Vermittlungsobjektes, wobei das nicht automatisch den Verlust der Provision, in der Regel aber Schadenersatzansprüche nach sich zieht.

4.4.4 Architekten- und Ingenieurverträge

Am 17.9.1976 trat die Honorarordnung für Leistungen von Architekten und Ingenieure (HOAI) erstmalig in Kraft. Die letzte Anpassung erfolgte am 14.11.2001(Anpassung an den Euro).

Seit ihrem Inkrafttreten als Rechtsverordnung des Bundes steht sie immer wieder in der Kritik, dass sie zwischen der Höhe der Baukosten und der hieraus abzuleitenden Honorare einen direkten Zusammenhang herstellt (§ 1, Berechnung der Entgelte – über festgelegte Mindest- und Höchstsätze – für die Leistungen der Architekten und Ingenieure). Das führt in nicht wenigen Fällen dazu, dass bei der Konzeption von Gebäuden zu wenig Rücksicht auf ökonomische Zusammenhänge genommen wird und aufwendige Untersuchungen zur Kosteneinsparung unterbleiben.

Die HOAI gliedert sich

— fachlich in Leistungsbilder

   § 15 – Objektplanung für Gebäude, Freianlagen und Raum bildende Ausbauten

   § 55 – Objektplanung für Ingenieurbauwerke und Verkehrsanlagen

   § 64 – Tragwerksplanung

   § 73 – Technische Gebäudeausrüstung

— zeitlich in Projektphasen (LP)

   LP 1 – Grundlagenermittlung

   LP 2 – Vorplanung

   LP 3 – Entwurfsplanung

   LP 4 – Genehmigungsplanung

   LP 5 – Ausführungsplanung

   LP 6 – Vorbereiten der Vergabe

   LP 7 – Mitwirken bei der Vergabe

   LP 8 – Objektüberwachung

   LP 9 – Objektbetreuung und Dokumentation

Die Ermittlung der Honorare erfolgt prinzipiell in Abhängigkeit von

- den anrechenbaren Kosten des Projektes,
- dem Schwierigkeitsgrad der Planung, die über die Objektliste zur Festlegung der Honorarzone berücksichtigt wird,
- den maßgeblichen Honorartafeln,
- den beauftragten Leistungen, getrennt nach Grundleistungen (Honorarprozente nach den Honorartabellen der HOAI) und Besonderen Leistungen.

Die Honorare für Besondere Leistungen und für alle Honoraranteile, die oberhalb der Mindestansätze der Honorartafeln liegen, müssen schriftlich vereinbart werden. Ansonsten besteht keine Formerfordernis, so dass entsprechende Verträge auch mündlich oder durch schlüssiges Verhalten abgeschlossen werden können. Grundsätzlich können die Leistungsphasen von 1 – 9 (beim Tragwerk § 64 1 – 6) separat oder in Teilen beauftragt werden. Zur Vermeidung von Streitigkeiten über den Umfang der beauftragten Leistungen sollte vor dem Beginn der Leistungserfüllung hierüber in jedem Fall eine schriftliche Vereinbarung / Abgrenzung erfolgen.

In der Konzeptionsphase der Projektentwicklung werden regelmäßig Teilleistungen aus den Leistungsphasen 1 + 2, bei schwierigen Projekten (z. B. mit multifunktionalen Nutzungsstrukturen) auch anteilig Leistungen aus den Leistungsphasen 3, 4 und 5 (vergleiche auch Punkt 3.4.5.) erforderlich. Die Abgrenzung der Leistungen, die für die Projektentwicklung tatsächlich erforderlich werden, ist deshalb so wichtig, weil die HOAI grundsätzlich davon ausgeht, dass die Architekten-/ Ingenieurleistungen umfassend und für alle Leistungsphasen beauftragt werden.

In dem Fall (ohne Abgrenzung) steht dem jeweiligen Planer nach Abschluss der Projektentwicklung das volle Honorar für alle Leistungsphasen 1 – 9 zu, wobei er sich ersparte Aufwendungen aus den nicht erbrachten Leistungsphasen (i.d.R. mit ca. 50 %) gegen rechnen lassen muss, sofern die Projektentwicklung nicht in einem Realisierungsbeschluss mündet.

Bevor ein Architekt oder Ingenieur seine Leistungen aufnimmt, sollten daher zumindest das Leistungsziel und der Umfang der Leistungen und die vorgesehene Vergütung im Vorgriff auf den formal abzuschließenden Vertrag (im Normalfall als Werkvertrag nach BGB) schriftlich fixiert werden. Ändert der Auftraggeber das Leistungsziel (z. B. Wohnnutzung zu Büronutzung) kann der Architekt (Ingenieur) ansonsten das jeweils volle Honorar verlangen.

Ein häufiger Streitpunkt zwischen Projektentwicklern und Planern ergibt sich aus den Fällen, bei denen die Gebäudekonzeption aufgrund von Abstimmungsgesprächen mit den beteiligten Genehmigungsbehörden angepasst oder geändert werden muss. Es empfiehlt sich daher, den Leistungsanteil der Phase 2 (Vorplanung) „Abklärung der Genehmigungsfähigkeit" in den Leistungsumfang der Konzeptionsplanung ausdrücklich aufzunehmen.

Während bei Bauverträgen das Bausoll durch Pläne, Berechnungen und Beschreibungen klar vorgegeben werden kann, ist eine Konkretisierung der Werkvertragspflichten bei Architekten- und Ingenieurverträgen insbesondere in den frühen Phasen der Projektentwicklung nur sehr schwer möglich, da trotz weitgehend detaillierter Vorgaben erst über die noch zu erstellende Planung die erforderlicher Konkretisierung des Planungssolls erfolgt.

Insoweit sind Architekten- und Ingenieurverträge in der Projektentwicklungsphase sowohl Ergebnis bezogen als auch Prozess orientiert [37].

4.4.5 Grundstücksverträge

Beim Abschluss von Grundstückskaufverträgen oder von Verträgen mit grundstücksgleichen Rechten (Wohnungseigentum oder Erbbaurechte) sind über die Rechtssprechung vielfältige Käuferschutzmechanismen entwickelt worden, die insbesondere den Haftungsausschluss und die Gewährleistung betreffen. Unabhängig davon muss jeder Grundstückskaufvertrag gründlich vorbereitet werden, um vor unliebsamen Überraschungen sicher zu sein.

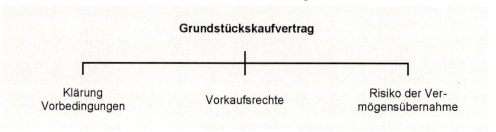

Abb. 4.13 Handlungsfelder bei der Vorbereitung von Grundstückskaufverträgen

Wichtigster Bestandteil der Klärung von Vorbedingungen ist die Einsichtnahme in das Grundbuch (Eigentumsverhältnisse, Belastungen, Größe und Lage etc.), die Abklärung der möglichen baulichen Ausnutzung (Planungsrecht),die Übernahme bestehender Verpflichtungen aus Miet- und Pachtverträgen sowie die Prüfung von Auswirkungen aus bestehenden Rechtsverpflichtungen, die die Ausnutzung des Grundstücks beeinträchtigen können (z. B. über das Baulastenverzeichnis bestehende öffentliche oder private Baulasten wie z. B. die Übernahme von Straßenbaulasten oder von Abstandsflächen, Wegerechte etc.). Darüber hinaus ist es bei jedem Grundstückskaufvertrag unerlässlich zu prüfen, ob Vorkaufsrechte bestehen.

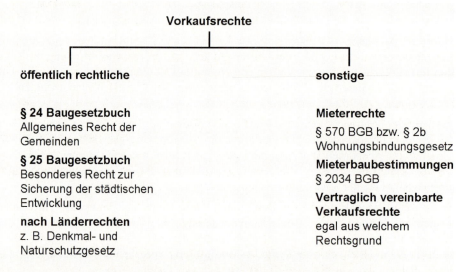

Abb. 4.14 Wichtige Vorkaufsrechte beim Grundstückskaufvertrag

Wenn die elementaren rechtlichen Fragen geklärt sind, ist eine vertiefte Prüfung der physischen Eigenschaften des Grundstücks erforderlich. Hierzu gehört insbesondere ein Gutachten zur Beschaffenheit des Baugrunds und der Höhenlage und Zusammensetzung des Grundwassers im jahreszeitlichen Verlauf.

Wichtige Bestandteile der Untersuchungen sind Aussagen zur Tragfähigkeit des Bodens, zu möglichen Altlasten in den einzelnen Bodenschichten und zu Verunreinigungen bzw. aggressiven Bestandteilen im Grundwasser.

Neben der Abklärung der Vorbedingungen und möglicher Vorkaufsrechte muss die steuerliche Situation aus Sicht des Verkäufers (Spekulationsfrist 10 Jahre) und des Käufers (Grunderwerbsteuer) geklärt werden.

Bei sharedeals werden – bis auf einen Restanteil von ca. 6 % – Anteile an einer Immobiliengesellschaft erworben, um die Grunderwerbsteuer zu sparen, wobei für den Käufer anders als bei einem Kaufvertrag (assetdeals) erhebliche Gewährleistungsrisiken (z. B. aus Miet- und Pachtverhältnissen, Substanzmängel etc.) entstehen können.

In aller Regel vereinbaren die Vertragspartner einen Festpreis für die Übernahme der Immobilie, der dem tatsächlichen Wert entsprechen muss. Wird z. B. zur Reduzierung der Grunderwerbsteuer formal ein zu niedriger Kaufpreis festgelegt, besteht die Gefahr, dass der Kaufvertrag nach § 117 BGB nichtig wird.

Eine zulässige Möglichkeit zur Senkung der Grunderwerbsteuer besteht darin, den Kaufpreis zu splitten.

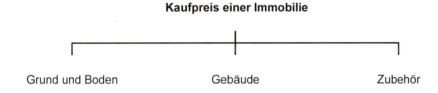

Abb. 4.15 Kaufpreissplittung bei Immobilien zur Reduzierung der Grunderwerbsteuer

Nach § 2 Absatz 1 des Grunderwerbsteuergesetzes (GrEStG) unterliegt das Zubehör nicht der Besteuerung, wobei die Finanzämter erhebliche Ermessensspielräume haben. Maßgeblich für die Fälligkeit der Grunderwerbsteuer ist grundsätzlich der Abschluss eines Kaufvertrages und nicht sein Vollzug (Zahlung des Kaufpreises).

Die Aufhebung oder Rückabwicklung eines Grundstückskaufvertrages löst generell beim Käufer die Zahlung einer erneuten Grunderwerbsteuer aus, es sei denn, dass der ursprüngliche Käufer nach § 16 GrEStG innerhalb von 2 Jahren ein im Kaufvertrag vereinbartes Rücktrittsrecht in Anspruch genommen hat (aufschiebende Bedingung für die Rechtswirksamkeit des Vertrages).

Grundstücksgeschäfte sind grundsätzlich von der Umsatzsteuer befreit soweit nicht Betriebsvorrichtungen mit verkauft werden, für die dann anteilig die Umsatzsteuer zu errichten ist. Anders als bei Warengeschäften ist eine Bezahlung des Grundstückskaufpreises Zug um Zug mit der Übergabe des Kaufgegenstandes nicht möglich, da der Besitzübergang an die Eintragung im Grundbuch gekoppelt ist. Mit besonderem Vertrag können jedoch vorab Nutzungsrechte an der in Frage kommenden Liegenschaft übertragen werden (Anhandgabevertrag).

Um den Zahlungsfluss trotzdem sicherzustellen, hat der Gesetzgeber Instrumente geschaffen, die den Käufer bereits vor der Eintragung ins Grundbuch absichern:

– Eintragung einer Auflassungsvormerkung im Grundbuch mit Rangbestätigung (1. Stelle, falls weitere grundbuchlich verbriefte Lasten vorhanden sind),
– Bestätigung der Rechtswirksamkeit des Vertrages (z. B. Teilungsgenehmigung nach BauGB, Negativbestätigung hinsichtlich der Ausübung von Vorkaufsrechten etc.),
– Nachweis von Löschungsbewilligungen zu Belastungen im Grundbuch soweit sie im Kaufvertrag vereinbart wurden,
– Vereinbarungen zur Räumung des Kaufgegenstandes (Auszug von Mietern).

Zahlt der Käufer trotz der vielfältigen Sicherungen den Kaufpreis nicht fristgerecht, kann der Verkäufer den Ersatz des Verzugsschadens verlangen (§ 284 Absatz 2 BGB). Darüber hinaus steht dem Verkäufer das Recht zum Rücktritt vom Vertrag zu.

Grundsätzlich haftet der Verkäufer einer Immobilie dafür, dass diese zum Zeitpunkt des Eigentümerwechsels frei von wesentlichen Mängeln ist, es sei denn, im Kaufvertrag werden abweichende Vereinbarungen getroffen.

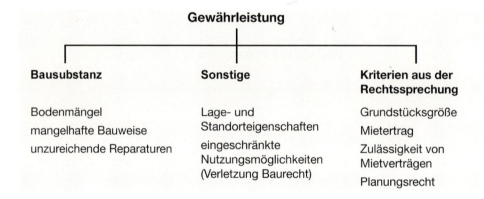

Abb. 4.16 Übersicht über Gewährleistungsmängel

Zur Abgrenzung möglicher Risiken können verkäuferseitig Formulierungen gewählt werden, die rechtswirksam das Risikopotenzial eingrenzen, z. B. „Jede Haftung für die Güte und Beschaffenheit des Grundbesitzes wird ausgeschlossen". Diese Formulierungen können nur dann ausgehebelt werden, wenn es dem Käufer gelingt zu beweisen, dass der Verkäufer Fehler arglistig verschwiegen hat. Zum rechtsverbindlichen Eigentumsübergang ist die übereinstimmende Willenserklärung des Käufers und Verkäufers vor einem deutschen Notar erforderlich (§ 873 Absatz 1, § 925 Absatz 1 BGB) [36].

Eine besondere Form des Grunderwerbs ist die freiwillige bzw. Zwangsversteigerung. Die Zwangsversteigerung dient der Vollstreckung von Forderungen in das unbewegliche Vermögen des Schuldners auf Antrag des Gläubigers entsprechend § 15 ZVG (Gesetz über die Zwangsversteigerung und Zwangsverwaltung).

Weitere Versteigerungsgründe sind:

– Antrag eines Insolvenzverwalters
– Anträge zur Aufhebung der Gemeinschaft (z. B. in Erbschaftsstreitigkeiten).

Für die Durchführung der Zwangsversteigerung ist das Vollstreckungsgericht zuständig, in dessen Bezirk die Immobilie liegt. Ab dem Beschluss über die Durchführung einer Zwangsversteigerung gilt für den Eigentümer ein Verfügungsverbot, soweit Rechte des (oder der) Gläubiger beeinträchtigt werden könnten. Insoweit darf der Eigentümer zwar Verkaufsverhandlungen mit potentiellen Käufern weiter führen, zum Abschluss der Verhandlungen bedarf es jedoch in jedem Fall der ausdrücklichen Zustimmung des Gläubigers. Das Verfügungsverbot umfasst auch das Zubehör der Immobilie (§§ 1120 ff BGB, § 20 Absatz 2 ZVG, relatives Veräußerungsverbot).

Grundsätzlich darf bei einer Zwangsversteigerung nur ein Zuschlag erteilt werden, wenn das entsprechende Angebot mindestens 70 % des Verkehrswertes (festgestellt von einem vereidigten Gutachter) ausmacht. Wird dieser Wert nicht erreicht, ist das Meistgebot maßgeblich, sofern es mindestens 50 % des amtlich festgesetzten Verkehrswertes ausmacht

Eine Sonderform des Immobilienvertrages stellt der Bauträgervertrag als gemischter Vertrag dar, auf den weitere Rechtsnormen, z. B. die Makler- und Bauträgerverordnung (MaBV) Anwendung finden (z. B. § 3 Absatz 2), der Zahlungshöchstraten auf die Vertragssumme festsetzt:

–	Rohbau einschließlich Zimmererarbeiter	40 %
–	Dachflächen und Dachrinnen	8 %
–	Rohinstallation Heizung	3 %
–	Rohinstallation Sanitär	3 %
–	Rohinstallation Elektro	3 %
–	Fenster und Verglasung	10 %
–	Innenputz	6 %
–	Estrich	3 %
–	Fliesenarbeiten	4 %
–	Restfertigstellung und Übergabe	12 %
–	Fassadenarbeiten	3 %
–	vollständige Fertigstellung	5 %
		gesamt 100 %

Abb. 4.17 Zahlungsraten nach der Makler- und Bauträgerverordnung (MaBV)

Der Käufer ist zur Entgegennahme und Abnahme des Kaufobjektes nach den Bestimmungen des Kaufrechts (§ 433 Absatz 2 BGB) und des Werkvertragsrechts (§§ 631 ff BGB) verpflichtet. Der Kauf eines Erbbaurechts richtet sich nach der Erbbaurechtsverordnung

(ErbbRVO). Dabei gelten im Grundsatz die gleichen Regeln wie bei tatsächlichem Kauf eines Grundstücks.

4.4.6 Bauverträge

Vorbereiten der Vergabe

Nach der HOAI § 15 (Honorarordnung für Leistungen von Architekten und Ingenieure) gehört zur Vorbereitung der Vergabe die Aufstellung von Leistungsbeschreibungen. Unabhängig von den Regelungen der VOB Teil A (Vergabe- und Vertragsordnung für Bauleistungen), an die der öffentliche Auftraggeber gebunden ist, sollten sie in jedem Fall so aufgestellt werden, dass die Leistungen eindeutig und erschöpfend beschrieben sind.

Alle Bewerber müssen die Beschreibung im gleichen Sinn verstehen und ihre Preise sicher und ohne große Vorarbeiten berechnen können (vergleiche VOB / A § 9 Absatz 1). Soweit die VOB bei privaten Auftraggebern nicht zur Vertragsgrundlage gemacht wird, gilt das Werkvertragsrecht nach §§ 631 ff nach BGB (Bürgerliches Gesetzbuch). Der private Auftraggeber sollte sich dennoch an die Grundsätze der VOB halten (z. B. DIN 18299 Abschnitt 0 im Teil C der VOB – Allgemeine Regelungen für Bauarbeiten jeder Art), da sie als selbst geschaffenes Recht der Wirtschaft sehr oft bei Rechtsstreitigkeiten zumindest hilfsweise herangezogen wird, wenn der BGB-Vertrag unklare Regelungen enthält.

Unpräzise bzw. in sich widersprüchliche Leistungsbeschreibungen mit der Tendenz zu einer einseitigen Verlagerung der Risiken auf die Auftragnehmerseite ziehen nicht nur die Gefahr einer mangelhaften Leistungserfüllung – der Auftragnehmer betreibt Risikovorsorge über unzulässige Einsparungen – nach sich, sondern auch Möglichkeiten zu unberechtigten Nachforderungen, die nicht selten über langwierige Gerichtsverfahren durchgesetzt bzw. abgewehrt werden müssen.

Die vorgenannten Grundsätze gelten unabhängig davon, ob es sich um

– Leistungsbeschreibungen mit Leistungsverzeichnis (Ausschreibung nach Gewerken, Leistungspositionen und zugehörigen Mengenansätzen) oder

– um Leistungsbeschreibungen mit Leistungsprogramm (Funktionalbeschreibung)

handelt.

Leistungsbeschreibungen mit Leistungsprogramm kommen in der Regel dann zur Anwendung, wenn der planerische Lösungsansatz dem Wettbewerb unterstellt werden soll, um die technisch, wirtschaftlich, gestalterisch sowie funktional beste Lösung der Bauaufgabe zu ermitteln (vergleiche VOB / A § 9 Absatz 10). Dies ist jedoch nur dann möglich, wenn alle wesentlichen Projekt bestimmenden Faktoren im Leistungsprogramm erfasst worden sind, und wenn ein Messsystem vorhanden ist, nach dem die entwurfsspezifischen Vor- und Nachteile gerecht gegeneinander abgewogen werden können.

Vergabe durch den privaten Auftraggeber

Der private Auftraggeber ist in der Wahl der Ausschreibungs- und Vergabeform grundsätzlich frei. Dies gilt sowohl für Einheitspreisverträge (Basis: Leistungsverzeichnis) als auch für

Pauschal- / oder Paketvergaben (Basis: Leistungsprogramm), zwischen denen er in Abhängigkeit zu der gewählten Abwicklungsstrategie entscheiden kann.

Abb. 4.18 Klassisches Vergabeschema

Die Gewerke spezifische Vergabe auf der Grundlage von Leistungsverzeichnissen ist für den Abschluss rechtssicherer Verträge in den frühen Konzeptions- und Planungsphasen nicht geeignet, da bei ihr die gewollte Interaktion zwischen Auftraggeber und Auftragnehmer nicht stattfinden kann. Die Suche nach der Bestlösung, die insbesondere auch bei Partnerschaftsmodellen der öffentlichen Hand im Vordergrund steht (vergleiche Kapitel 1.3.3) setzt voraus, dass im Verlauf der Umsetzung des Leistungsprogramms Varianten innerhalb einzelner Lösungsansätze (z. B. zum Tragwerk oder zur Fassade) zur Optimierung zugelassen werden können. In Folge dessen sind moderne Vergabeverfahren wie z. B. nach dem garantierten Maximalpreis (GMP) entstanden, die den Wettbewerb zwischen den Anbietern erheblich öffnen.

Erste Elemente einer interaktiven Abwicklungsstruktur finden sich bei der Vergabe von Bauleistungen an einen Generalunternehmer, der gleichzeitig Planungsaufgaben übernimmt (Generalüber- oder Totalübernehmer). Im Prinzip steht dieses Modell jedoch in der Regel für die Fortführung des klassischen Modells Vergabe / Ausführung, da die Einflussmöglichkeiten der Baudurchführungsseite auf die Planungsinhalte aufgrund der sehr späten Einschaltung in den Umsetzungsprozess (häufig erst nach der Entwurfs- / Genehmigungsplanung) relativ gering sind. In Folge dessen eignet sich dieses Vergabeverfahren nur dann für eine rechtssichere Abwicklung, wenn die erforderlichen Leistungen vor dem Vertragsabschluss in Plan und Text eindeutig beschrieben werden können.

Um Zeit zu sparen, wird diese Grundregel sehr oft verletzt, was sehr häufig in langwierigen Rechtsstreitigkeiten über die Berechtigung von Nachtragsforderungen endet. Anders sieht es bei Bauteam- bzw. Baupartnermodellen aus, die zu einem echten Paradigmenwechsel führen. In Folge der frühen Zusammenarbeit zwischen den Beteiligten kommt es zu einer weitgehenden Optimierung in der Erfüllung der Projektziele, da der Baupartner in Abstimmung mit dem Auftraggeber sehr großen Einfluss auf die gewählten Bauverfahren und Baukonstruktionen nehmen kann. Voraussetzung ist allerdings, dass er dabei andere wichtige Projektziele, wie z. B. die weichen gestalterischen und funktionalen Projektziele, nicht verletzt.

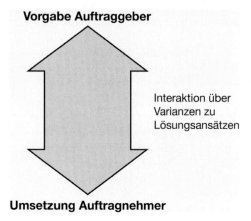

Abb. 4.19 Schema einer interaktiven Abwicklungsstruktur

Eine weitere Möglichkeit ist die Projektabwicklung nach der Methode des Construction Managements, die ursprünglich aus den USA kommt. Sie basiert auf der Annahme, dass der Construction Manager (CM) alle Bau- und Planungsaktivitäten als Projektmanager mehr oder weniger verantwortlich bündelt.

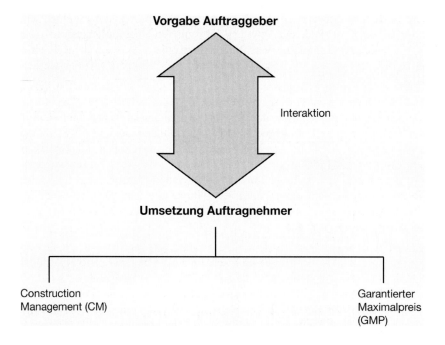

Abb. 4.20 Vergabe mit variablen Leistungsanteilen

Unterschieden wird dabei nach dem
- CM als Dienstleister
- CM als Risikopartner, der Werkverträge schließt.

Gegenüber dem Auftraggeber und den anderen am Bau Beteiligten übernimmt der Construction Manager nur eine geringe Haftung solange er koordinierende und steuernde Aufgaben wahrnimmt.

Sobald er allerdings Werkverträge abschließt, die weitgehende Erfüllungsgarantien umfassen, nähert er sich in seiner Marktposition den Generalübernehmer- oder Baupartnermodellen, wobei er in der Regel bemüht ist, den wesentlichen Teil der Risiken an Nachunternehmer (z. B. über Pauschalfestpreisverträge) weiter zu geben. Er schließt daher sehr häufig erst dann entsprechende Werkverträge ab, wenn das Risiko überschaubar geworden ist, weil z. B. für mehr als 70% der erforderlichen Leistungen Vergabe reife Angebote von Nachunternehmern vorliegen. Für die restlichen Leistungen stellt er eigene Kalkulationen mit entsprechenden Sicherheitszuschlägen auf. Hierdurch verschafft er sich die Sicherheit, dass er die geforderten Bauleistungen zum vereinbarten Pauschalpreis abwickeln kann.

Das Verfahren des Garantierten Maximalpreises (GMP) hat die Optimierung der Planungs- und Vergabephase zum Ziel. Es ermöglicht eine Vergabe zu einem sehr frühen Zeitpunkt (in der Regel nach der Vorplanungsphase) und lässt damit die Optimierung der Kosten- / Nutzenstruktur zum Vorteil beider Vertragspartner zu.

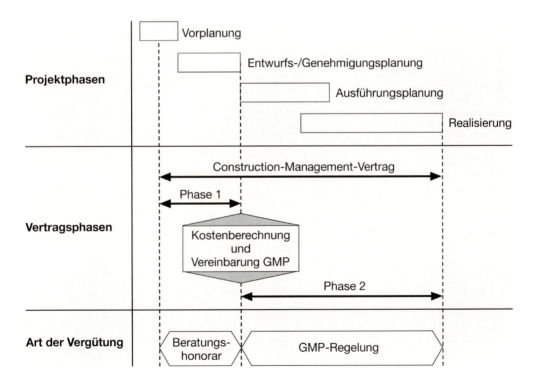

Abb. 4.21 Construction Management

Um eine einseitige Auslegung der GMP – Vereinbarungen zu verhindern, ist es jedoch erforderlich, vorab einige wesentliche Grundfragen vertraglich zu regeln:

- Wem stehen Vergabegewinne in welchem Verhältnis zu?
- Wie werden Vergabegewinne objektiv messbar gemacht (gläserne Taschen)?
- Wie werden Budgetveränderungen aus Leistungsänderungen (z. B. Minderung von Qualitätsanforderungen) objektiv bewertet?

Grundansatz von GMP-Modellen ist ein partnerschaftliches Zusammengehen beider Vertragsparteien. Es empfiehlt sich daher, die Installation einer unabhängigen Clearingstelle, die das Änderungsmanagement übernimmt und mögliche Differenzen bei der Bewertung von Kosten- und Terminauswirkungen bereits im Vorfeld von sonst drohenden juristischen Auseinandersetzungen auffängt.

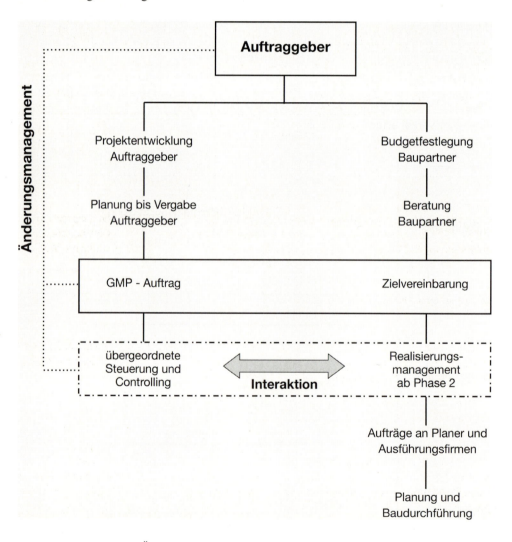

Abb. 4.22 Einbindung des Änderungsmanagements bei GMP- / oder Baupartnermodellen

Vergabe durch die öffentliche Hand

Vergaben der öffentlichen Hand müssen grundsätzlich, bis auf begründete Ausnahmen (freihändige Vergabe nach VOB / A § 3 Absatz 1 Punkt 3), im Wettbewerb erfolgen.

Bei der Auftragserteilung sind die Teile B und C der VOB grundsätzlich zu vereinbaren.

Darüber hinaus ist die erforderliche Transparenz, das Gleichbehandlungsgebot nach Maßgabe des sparsamen und wirtschaftlichen Mitteleinsatzes im Sinne der Haushaltsordnungen des Bundes und der Länder (BHO bzw. LHO), zu befolgen.

In- und ausländische Anbieter müssen gleich behandelt werden (Diskriminierungsverbot). In begründeten Ausnahmen sind beschränkte Ausschreibungen möglich.

Dies gilt insbesondere bei modernen Vergabeverfahren, bei denen neben den Bauleistungen auch wesentliche Planungsleistungen (Partnerschaftsmodelle etc.) und / oder Leistungen des späteren Betriebs (Konzessionsmodelle) und der Zwischen- und Endfinanzierung abgefragt werden. In der Regel ist dann ein 2-stufiges Verfahren mit vorgeschaltetem Teilnahmewettbewerb erforderlich, um den Wettbewerb auf solche Bieter zu beschränken, die über die erforderliche Wirtschaftskraft und die fachliche Eignung zur Durchführung der geforderten Leistungen verfügen.

Öffentliche Aufträge werden nach den folgenden Regelwerken vergeben:

Abb. 4.23 Schema der öffentlichen Vergaben

Aus dem Diskriminierungsverbot für Leistungen jeder Art innerhalb der Europäischen Gemeinschaft (EU) müssen folgende Schwellenwerte beachtet werden, bei deren Überschreitung eine EU-weite Ausschreibung erforderlich wird.

- VOB / A Abschnitt 2 – 4   5,0 Mio. Euro
- VOL / A Abschnitt 2 – 4   0,2 Mio. Euro
- VOF   0,2 Mio. Euro

Die vorgenannten Vorschriften gelten grundsätzlich auch für Partnerschaftsmodelle der öffentlichen Hand (public privat partnership), denen jedoch in der Regel ein Auswahlverfahren zur beschränkten Ausschreibung nach VOB / A § 8 Absatz 8, Teilnehmer am Wettbewerb, vorausgeht.

Ein wichtiger Grund zur beschränkten Vergabe von Bauleistungen kann durch die Erfordernis der Vorfinanzierung durch den Auftragnehmer gegeben sein Die Mittelbereitstellung erfolgt dann über ein zwischengeschaltetes Kreditinstitut auf der Grundlage von Abnahmegarantien und Ausfallbürgschaften des Auftraggebers.

Über diese Rechtskonstruktion tritt der Auftragnehmer seine Forderungen an die finanzierende Bank ab, so dass der Bank die Ratenzahlungen des Auftraggebers direkt zufließen können.

Fazit:

Unabhängig von der Person des Auftraggebers (privat oder öffentlich) sind in den letzten 10 bis 15 Jahren die Ansprüche an eine kostensichere Vergabe gestiegen.

Gleichzeitig hat sich aus vordergründigen Motiven (Generalunternehmer = kleines Risiko?) der Vergabezeitpunkt immer weiter nach vorne geschoben.

Bei Baupartnermodellen erfolgt der Abschluss von Bauverträgen zunehmend auf der Basis von Planungskonzeptionen, die dem Wettbewerb unterworfen werden. Belastbar sind solche Vergaben jedoch nur dann, wenn alle wichtigen Projekt bestimmenden Faktoren auch tatsächlich erfasst worden sind.

Insoweit reichen die eher reaktiven Hilfsmittel der Vergangenheit für eine sichere Vergabe nicht mehr aus. Die Leistungsbeschreibungen müssen Aspekte möglicher zukünftiger Entwicklungen soweit als möglich berücksichtigen.

In Konsequenz ist das mit erheblich mehr Aufwand als bisher in den Phasen der Projektentwicklung, Konzeptionsplanung und Vorbereitung der Vergabe verbunden.

5 Projekt bestimmende Faktoren

5.1 Allgemeines

Voraussetzung für eine erfolgreiche Projektentwicklung ist die Berücksichtigung aller Projekt bestimmenden Faktoren. Ihre individuelle Ausprägung muss dabei angemessen auf die individuellen Projektanforderungen reagieren, wobei die Kombination der Einzelelemente den späteren Gebäudewert ganz maßgeblich bestimmt.

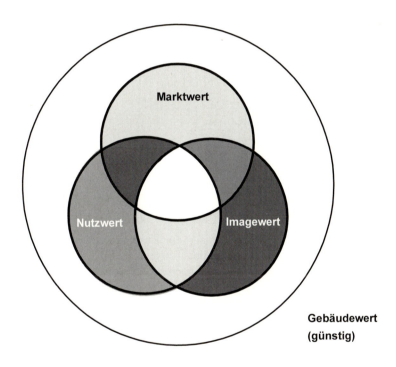

Abb. 5.1 Elemente, die den Wert einer Immobilie bestimmen

Unter normalen Marktbedingungen ergibt sich der Gebäudewert aus den Hauptgruppen Marktwert, Nutzwert und Imagewert, die in einem ausgewogenen Verhältnis zueinander stehen müssen.

Wenn dies nicht der Fall ist, sinkt der Gebäudewert in der Regel stark ab. So wird z. B. ein Gebäude mit einem hohen Imagewert und einem geringen Nutzwert in der Regel nur einen eingeschränkten Marktwert erreichen, da die Nachfrage nach einem solchen Produkt entsprechend klein sein wird.

Gleiches gilt umgekehrt für eine Bauinvestition mit einem hohen Nutzwert, die aber ihren üblichen Marktwert aufgrund schlechter Standortbedingungen, aus denen einen Imageproblem resultiert, nicht erreichen kann.

Wenn man unterstellt, dass der jeweilige Nutzwert den Gebäudewert bestimmt, muss in der Projektentwicklungsphase über die Bildung von Alternativen sichergestellt werden, dass die Teilsysteme des Gebäudes

- Rohbau
- Fassade
- Technische Ausrüstung
- Innenausbau

wechselnden Projektanforderungen standhalten können. Sie müssen so ausgelegt sein, dass ihre technische Lebensdauer den Anforderungen aus überschaubaren Zeiträumen entspricht. Aufgrund wechselnder Nutzeranforderungen, die über die innere Flexibilität (Raumaufteilung, Raumbelegung etc.) der Gebäudestrukturen aufgefangen werden müssen, sind z. B. längere Lebensdauern als 15 Jahre für Trennwandsysteme wirtschaftlich nicht sinnvoll. Gleiches gilt grundsätzlich auch für die Fassade, da in einem Zeitraum von 30 Jahren – insbesondere bei Glas-, Rahmen- und Sonnenschutzsystemen – mit technischen Fortschritten gerechnet werden muss, die die Nutzungskosten des Gebäudes massiv beeinflussen können.

Für ein flexibel nutzbares Bürogebäude (z. B. Kombibüro oder Mischform) könnten beispielhaft folgende Fristen gelten:

- Rohbau   60 Jahre
- Fassade   30 Jahre
- Technische Ausrüstung   20 bis 30 Jahre
- Innenausbau   15 Jahre

Der Ansatz unterschiedlicher Lebensdauern für die einzelnen Gebäudesysteme wirkt sich über die erforderliche Abschreibung auf das eingesetzte Kapital zunächst negativ aus, da die Nutzungskosten (Kapitaldienst oder Mieten) höher liegen als bei einer globalen Abschreibung der Gesamtkosten über einen 40 – Jahreszeitraum. Diesem Mehraufwand steht jedoch entgegen, dass flexibel ausgelegte Gebäude ein deutlich geringeres Nutzwertrisiko aufweisen und dass sie aufgrund der bereits vorgeplanten Anpassungs- bzw. Ersatzmaßnahmen jederzeit marktattraktiv gehalten werden können. Bevor die vorgenannte Sichtweise, die von einer Vollkostenbetrachtung über den geplanten Lebenszyklus der Immobilie ausgeht, allgemein akzeptiert wird, muss in wichtigen Punkten ein Paradigmenwechsel vollzogen werden. So müssen z. B. zukünftig

- die Abschreibungskosten als echte Kosten angesetzt werden. Ein Ausgleich über ähnliche Wertsteigerungsraten wie z. B. in den 80er und 90er Jahren ist zumindest mittelfristig nicht zu erwarten.
- erzielbare Synergieeffekte und hieraus resultierende Wettbewerbsvorteile in der Vollkostenrechnung berücksichtigt werden (z. B. bei Bürogebäuden),
- zu erwartende Veränderungen in der Kostenstruktur (z. B. Energiepreisentwicklung) über die Bildung entsprechender Szenarien bei der Entscheidung zu Gebäudesystemen Beachtung finden (Nutzung regenerativer Energien, Geothermie etc.).

5.2 Herleitung Projekt bestimmender Faktoren

Die Projekt bestimmenden Faktoren eines Gebäudes ergeben sich
- direkt aus bekannten Größen der Vergangenheit und Gegenwart und
- indirekt aus den Anforderungen der Zukunft.

Zum Entscheidungszeitpunkt über die grundsätzliche Auslegung der Gebäudestruktur müssen alle maßgeblichen Projekt bestimmenden Faktoren untersucht und festgelegt werden.

Die Erfahrung zeigt, dass insbesondere bei gemischt genutzten Gebäuden Kenntnisse aus abgewickelten Projekten nicht unmittelbar auf zukünftige Projektanforderungen übertragbar sind. Um das Entscheidungsrisiko möglichst gering zu halten, muss daher die Prognose zu künftigen Projektanforderungen mit der größtmöglichen Sorgfalt erfolgen.

Die Hauptgruppen der Projekt bestimmenden Faktoren Nutzwert und Imagewert bilden zusammen mit den realen und fiktiven Grundstücksbedingungen (Topografie, Bodenbeschaffenheit, vorhandenes Baurecht bzw. zukünftige Ausnutzung, zukünftige Verkehrsanbindung etc.) den Rahmen für die Gliederung der Projekt bestimmenden Faktoren, die nach ihrer Festlegung in das Zielsystem der Projektentwicklung überführt werden. Bei der Definition der Ziele muss die Gewichtung der Einzelfaktoren in ihren Wechselwirkungen ein Gesamtoptimum ermöglichen. Die Festsetzung von sich widersprechenden Zielen, wie z. B. höchste Qualität in kürzester Realisierungszeit zu geringst möglichen Kosten, muss ausgeschlossen werden.

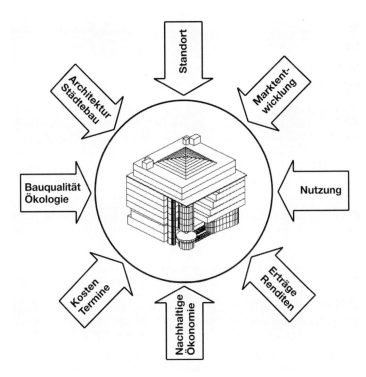

Abb. 5.2 Gliederung der wesentlichen Projekt bestimmenden Faktoren

5.2.1 Standortfaktoren

Die Rahmenbedingungen eines Standortes ergeben sich aus sozioökonomischen und physischen Aspekten bzw. aus weichen und harten Faktoren.

Weiche Standortfaktoren lassen sich in der Regel – wenn überhaupt – nur über mittel- bis langfristig ausgelegte Konzepte verändern.

Harte Faktoren wie die Ziele der Bauleitplanung oder Maßnahmen zur Verkehrserschließung werden als Voraussetzung für eine erfolgreiche Projektentwicklung im Zusammenspiel zwischen dem Projektentwickler und der öffentlichen Verwaltung bzw. der Politik relativ oft im erforderlichen Umfang angepasst.

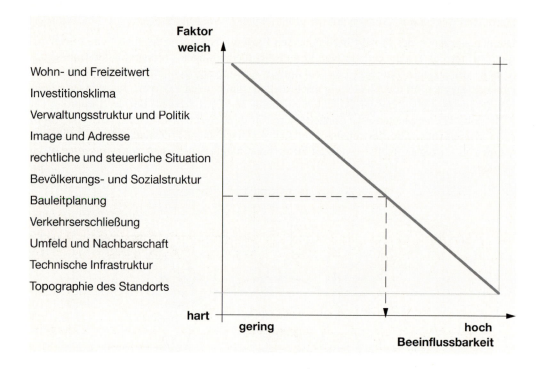

Abb. 5.3 Beeinflussbarkeit „harter" und „weicher" Standortfaktoren

Aus der Standortqualität leiten sich unmittelbar die Faktoren Lagequalität und Lagefunktionalität ab, die zusammen mit der Nachfragesituation im Markt den Wert eines Standortes bestimmen. Standortfaktoren sind das Ergebnis unmittelbarer und übergeordneter Einflüsse. Entsprechend wird bei der Bewertung der Standortqualität nach dem

- Mikrostandort, der die unmittelbare Umgebung des Grundstücks (Parzelle) umfasst und dem
- Makrostandort, der den Stadtbezirk und übergeordnete Einflüsse der Stadt- und Regionalentwicklung berücksichtigt, unterschieden.

Die Übergänge sind dabei fließend, so dass eine entsprechende Abgrenzung der Standortfaktoren schwierig ist und sehr viel Erfahrung erfordert.

Aus dem Zusammenspiel beider Faktoren ergibt sich die Standortqualität, die unabhängig von der jeweiligen Projektidee besonders bei Finanzgebern einen hohen Stellenwert bei der Beurteilung einer Projektentwicklung einnimmt (Lage, Lage und nochmals Lage als entscheidendes Kriterium für oder gegen eine Immobilieninvestition). Dabei darf nicht übersehen werden, dass sich die eher statischen Lagebedingungen immer weniger über die Ertragskraft einer Immobilie bestimmen.

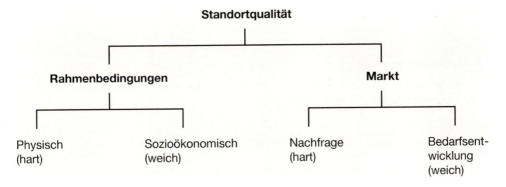

Abb. 5.4 Zusammenhang aus Standort, Rahmenbedingungen und Markt

Die systematische Analyse und Bewertung der Standortfaktoren erfolgt über eine Standort- und Marktanalyse, bei der im Wesentlichen auf folgende Informationsquellen zurückgegriffen wird:
— Amtliche Daten
  - Statistiken des Bundes, der Länder und Gemeinden
  - Statistiken von Bundes- und Landesanstalten, Körperschaften etc. (z. B. Wirtschaftsdaten der Bundesagentur für Arbeit)
— Nichtamtliche Daten
  - Statistiken von Wirtschaftsverbänden (z. B. Hauptverband der Deutschen Bauindustrie) und Marktforschungsinstituten (z. B. BulwienGesa AG, Gesellschaft für Konsumforschung, Ifo Institut etc.)
— Arbeitsergebnisse
  - Verkehrszählungen der Gemeinde- und Länderbehörden und der Verkehrsbetriebe
  - Kundenfrequenzmessungen großer Kaufhäuser und Verbände (z. B. Einzelhandelsverband)
— Forschungsergebnisse aus
  - Grundlagenforschung
  - Regionalanalysen

- Raumordnungsberichten
- Strukturanalysen
- Eigene Erhebungen
  - Bestandsaufnahmen
  - Konkurrenzanalysen
  - Demoskopische Befragungen
  - Expertengespräche
- Medienarchive und Fachliteratur

5.2.2 Marktentwicklung

Die Marktbedingungen einer Projektentwicklung werden in erster Linie durch die Nachfrage und die Marktattraktivität des Produktes bestimmt.

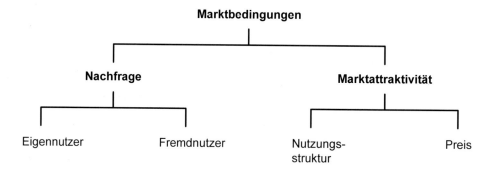

Abb. 5.5 Zusammenhang aus Markt, Nachfrage und Preis

In den Sparten Eigen- und Fremdnutzung kann sich die Nachfrage in Abhängigkeit zur gesamtwirtschaftlichen Entwicklung und Trends im Verhalten von Kapitalanlegern unabhängig vom konkreten Bedarf sehr unterschiedlich entwickeln. Besonders deutlich wird das im Segment gewerblich genutzter Immobilien, in denen ein sehr großer Anteil der Projekte vom späteren Nutzer zur Schonung der Liquidität geleast oder angemietet wird.

Für fremd genutzte Flächen ist die Forderung nach einer hohen Nutzungsflexibilität zur Vermeidung von Leerstandszeiten charakteristisch. Eigen genutzte Flächen weisen in der Regel eine spezifische Nutzungsstruktur auf, aus der sehr häufig ein eingeschränktes Marktsegment und ein erhöhtes Leerstandsrisiko resultieren.

Eine steigende Nachfrage ergibt sich in der Hauptsache aus der wirtschaftlichen Situation in einem Marktsegment (Wohnen, Büronutzung etc.) und aus geänderten Anforderungen an die Flächenstrukturen und –größen. Im Einzelnen wird sie z. B. im Gewerbebau ausgelöst durch:

- Unternehmenswachstum
- Neugründungen von Unternehmen
- Verlagerung von Standorten

- wachsender Flächenbedarf pro Mitarbeiter
- neue Produkte
- gestiegene Anforderungen an Corporate Identity und Repräsentation
- geänderte Anforderungen an die Flächenstruktur und an die Ausstattung.

5.2.3 Nutzungsstruktur

Die Konzeption eines Gebäudes wird am stärksten durch die vorgesehene Nutzung beeinflusst. Seine Zweckbestimmung ist in Folge dessen sehr oft an seiner Gliederung, der Höhenentwicklung und an den Fassaden und Außenanlagen ablesbar. Bei eigen genutzten Gebäuden mit spezifischen Nutzungsstrukturen wird das besonders deutlich (Kirchen, Produktionsgebäuden, Schulen, Warenhäuser etc.).

Wenn die historischen, wirtschaftlichen, sozialen und kulturellen Impulse, die von solchen Gebäuden bzw. Quartieren ausgehen, stark genug sind, wirken sie sich auf die Umgebung Milieu bildend aus (Marktplatz mit Kirche und Rathaus, Einkaufsstraßen, Bankenviertel etc.).

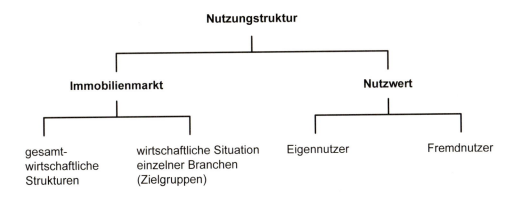

Abb. 5.6 Zusammenhang aus Nutzungsstruktur, Immobilienmarkt und Nutzwert

Die Gebäudenutzung ergibt sich in erster Linie aus der Nachfragesituation im Markt. Diese wird weitgehend von der gesamtwirtschaftlichen Entwicklung, aber auch Zielgruppen bezogen von der Entwicklung in einzelnen Regionen (z. B. Wohnungsnachfrage) oder Wirtschaftsbereichen beeinflusst.

Aus der jeweiligen Zweckbestimmung der Immobilie leiten sich die bestimmenden Nutzeranforderungen im Detail ab, wobei übergeordnete Kriterien wie eine ausreichende Nutzungsflexibilität zusätzlich berücksichtigt werden müssen, da sich die Randbedingungen einer Projektentwicklung innerhalb des relativ langen Zeitraums zwischen der Nutzungsidee und der Fertigstellung der Gebäude (in Deutschland 3 bis 5 Jahre) grundlegend ändern können.

Ein Beispiel für eine solche Entwicklung ist der Niedergang des „Neuen Markts" Anfang 2001/2002, der dazu geführt hat, dass Projektentwicklungen im Segment der new economy nicht umgesetzt werden konnten.

Wesentliche Nutzeranforderungen an Büroflächen beziehen sich z. B. auf die

- Flächenstrukturen und ihre Wirtschaftlichkeit
    a) Hauptnutzflächen (HNF)
    b) Nebennutzflächen (NNF)
    c) Verkehrsflächen (VF)
    d) Verhältniszahlen z. B. Bruttogrundfläche / Hauptnutzfläche
    e) Spezifische Ausformung der Nutzflächen für die jeweilige Zweckbestimmung (z. B. Gruppenraumbüro, Kombibüro, Zellenbüro etc.)

- Tragkonstruktion und Fassade
    a) Raster
    b) Geschosshöhe
    c) Tragfähigkeit der Decken
    d) Außenhaut (architektonisch und physikalisch)

- Anforderungen an die Technische Ausrüstung
    a) Beleuchtung (Tageslicht / Kunstlicht)
    b) Be- und Entlüftung
    c) Klimatisierung
    d) Elektroinstallation
    e) Nutzungsspezifische Anlagen (Maschinen, Geräte etc. bei Produktions-, Lager- und Verteilbetrieben etc.)
    f) Gebäudesicherheit

- Ökologische Grundstruktur
    a) Vermeidung von sick-building – Syndromen
    b) Ressourcenschonung
    c) ökologisch-innovative Systeme

Bei der Abschätzung zukünftiger Entwicklungen spielen überregional tätige Immobilieninstitute (z. B. die BulwienGesa AG, München, Deutsche Immobilien Datenbank, Wiesbaden, GIF – Gesellschaft für immobilienwirtschaftliche Forschung, Wiesbaden, Agenda4 –e-community, Berlin) eine wichtige Rolle, da sie über die permanente Beobachtung der Märkte frühzeitig auf sich anbahnende Veränderungen aufmerksam werden.

5.2.4 Rentabilität und Erträge

Hauptziel jeder Immobilieninvestition ist eine angemessene Verzinsung des eingesetzten Kapitals unter Einhaltung der Vorgaben aus der Liquidität und der Risikobewertung.

5.2 Herleitung Projekt bestimmender Faktoren

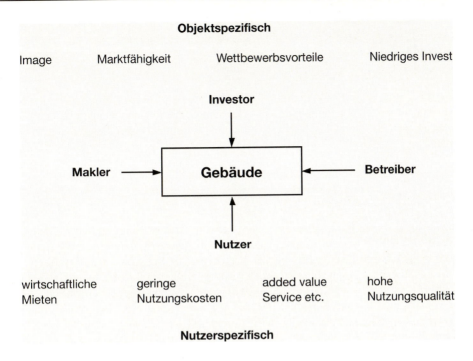

Abb. 5.7 Potenzial für Zielkonflikte in der Projektentwicklung [31]

Zwischen den Größen Rentabilität, Liquidität und Risiko bestehen starke Wechselwirkungen, die zu Zielkonflikten führen können.

So resultiert z. B. bei einer ansonsten identischen Kostenstruktur (Einnahmen und Ausgaben) aus einer Anhebung der Liquidität (z. B. Vorsorge zur Überbrückung eines absehbaren Leerstands) eine Reduzierung der Rentabilität. Im Gegensatz dazu ist eine hohe Rentabilität ist in der Regel mit einem erhöhten Risiko verbunden. Rückstellungen werden nicht oder nicht im erforderlichen Umfang gebildet.

Durch das Verschieben von vorbeugenden Instandsetzungsmaßnahmen entsteht sehr schnell ein Rückstau bei den erforderlichen Instandsetzungsmaßnahmen, die aufgrund ihrer Wechselwirkungen zu erhöhten Folgekosten führen.

Bei der Berechnung der Rentabilität wird unterschieden nach

$$\textbf{Eigenkapitalrendite (in \%)} = \frac{\text{Gewinn (Überschuss)}}{\text{Eigenkapital}} \times 100$$

$$\textbf{Gesamtkapitalrendite (in \%)} = \frac{\text{Gewinn + Fremdmittelzinsen}}{\text{Gesamtkapital}} \times 100$$

Umsatzrendite (in %) = $\dfrac{\text{Gewinn (Überschuss)}}{\text{Umsatz}}$ x 100

Zu den Grundmodellen der Rentabilitätsberechnungen stehen in einem engen Verhältnis Rentabilitätskennzahlen, wie z. B. der ROI (return of investment), die die Rentabilität weiter differenzieren.

ROI = $\dfrac{\text{Einzahlungsüberschüsse der Investiti-}}{\text{Anfangsinvestition}}$

Über den ROI kann die Rentabilität einer geplanten Investition nachgewiesen werden, sofern der Faktor größer Null ist. Die Schwäche der vorgenannten Verfahren liegt in der Hauptsache darin, dass sie die zeitliche Verteilung der Kapitalströme und damit die Zinseffekte außer Acht lassen. Dies hat zur Entwicklung moderner Verfahren geführt, die allgemein als dynamische Verfahren der Investitionsrechnung bezeichnet werden (Kapitalwertmethode, Methode der vollständigen Finanzpläne etc.). Da sich die Rentabilität einer Immobilie unmittelbar aus den erzielbaren Einnahmen ergibt, wird sie indirekt sehr stark von den Faktoren Markt, Nutzwert und Image beeinflusst.

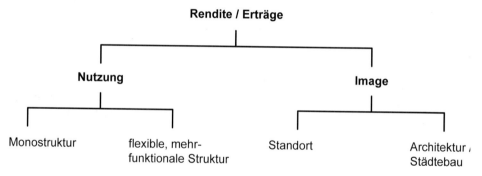

Abb. 5.8 Beeinflussung der Rendite über die Faktoren Markt, Nutzwert und Image

Voraussetzung ist dazu allerdings, dass auch alle anderen Projekt bestimmenden Faktoren wie insbesondere die Bauqualität und die Kostenstruktur angemessen berücksichtigt werden. Die Architektur und die städtebauliche Einbindung kann die Wirtschaftlichkeit eines Objektes massiv beeinflussen. So drückt z. B. eine beliebige Architektur an einem 1A-Standort das erreichbare Mietniveau. Umgekehrt führt eine erstklassige Architektur an einem beliebigen Standort nicht automatisch zu höheren Mieteinnahmen.

5.2.5 Architektur und Städtebau

Standortqualität und Nutzungsstruktur nehmen sehr stark Einfluss auf die Gestaltungsfaktoren. Wenn das architektonische und städtebauliche Konzept einer Immobilie im Missverhältnis zur Standortqualität steht, ergibt sich hieraus oft eine zu geringe Akzeptanz des Objektes im Markt. Die gestalterische Qualität einer Immobilie ergibt sich in erster Linie aus der

– Fernwirkung der Gebäudestruktur (Empfindung bei der Annäherung),
– Empfindung beim Betreten des Gebäudes,
– selbstverständlichen, Zweck bestimmten Orientierbarkeit innerhalb des Gebäudes (einfaches, klares Erschließungssystem),
– Art der verwendeten Materialien und Farben (hell oder düster, luftig oder bedrückend),
– Qualität der Raumzuschnitte und der Tages- bzw. Kunstlichtszenarien.

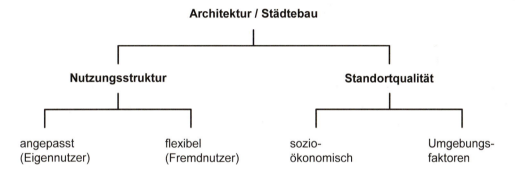

Abb. 5.9 Standortqualität und Nutzungsstruktur versus Architektur und Städtebau

Die Qualität der Bauausführung, insbesondere der sichtbaren Details, die einem durchgängigen Gestaltungskonzept folgen müssen, um Brüche in der architektonischen Aussage zu vermeiden, spielt bei der Bewertung einer Immobilie eine große Rolle.

CAD-Simulation 1984   Fertigstellung 1998

Abb. 5.10 Gegenüberstellung einer CAD – Visualisierung mit dem Foto des Ist-Zustands

So genannte Billigarchitektur entsteht sehr häufig aus schlechten Detaillösungen, die in der Herstellung häufig nicht einmal kostengünstig sind (schlecht und teuer).

Da die architektonische Qualität stark subjektiv empfunden und bewertet wird, empfiehlt es sich, bereits bei den ersten Planungsschritten die Hilfsmittel der Visualisierung einzusetzen, um einen konstruktiven Dialog mit den betroffenen Personengruppen führen zu können.

5.2.6 Bauqualität, Ökologie und nachhaltige Ökonomie

In der öffentlichen Diskussion – auch in Fachkreisen – werden sehr häufig ökologische Aspekte nur als Additiv zu einer wie auch immer gearteten Grundqualität der Gebäudestruktur angesehen und als zusätzliche Verkaufsargumente in den Vordergrund geschoben [38].

Diese Denkweise kann für die Wertentwicklung von Gebäuden fatale Folgen haben (siehe z. B. Asbestproblematik, Entsorgung von Verbundbaustoffen, Preisentwicklung im Bereich der Primärenergie etc.).

Von einer angemessenen Bauqualität kann immer nur dann gesprochen werden, wenn neben den kurzfristigen Faktoren des Marktes (Nachfrage, erzielbare Erträge) auch die mittel- und langfristigen ökologischen Aspekte in ausreichender Weise Berücksichtigung finden.

In der Praxis findet die Anwendung ökologischer Grundsätze zunehmend Beachtung, da anders als noch vor wenigen Jahren genügend preiswerte Produkte im Baustoffmarkt angeboten werden.

Das eigentliche Umdenken wurde jedoch durch die Erkenntnis ausgelöst, dass ökologisches Bauen zu allererst intelligente Konzepte erfordert, die fast immer, zumindest bei längerfristiger Betrachtung, zu Minderkosten führen.

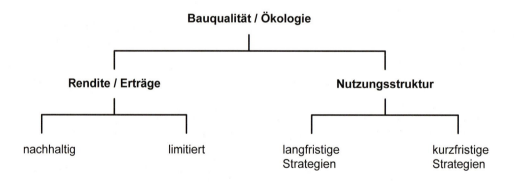

Abb. 5.11 Bauqualität und Ökologie als Funktion aus Nutzungsstruktur und Erträgen

Grundsätzlich sollten Gebäude über eine integrale Betrachtung aller Elemente so konzipiert werden, dass sie

– natürliche Ressourcen schonen und zu keiner Zeit eine Gefährdung der Umwelt auslösen können,

- so wenig wie möglich Primärenergie verbrauchen (Heizen, Lüften, Kühlen, Beleuchten) und über eine intelligente Konzeption der Gebäudestruktur ein Maximum an tagesbelichteten Flächen bieten,
- in ihren Primärstrukturen (Tragwerk, Fassade, Dach, Technische Ausrüstung etc.) wartungsarm ausgelegt sind und genügend Möglichkeiten zur Anpassung an geänderte Nutzeranforderungen bieten.

Darüber hinaus müssen die einzelnen Baustoffe so zusammengefügt werden, dass sie beim Rückbau sortenrein getrennt und recycelt werden können.

Gebäude sind immer dann nachhaltig ökonomisch, wenn ihr Substanzwert und Nutzwert in einem ausgewogenen Verhältnis zueinander stehen.

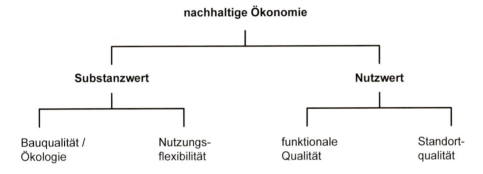

Abb. 5.12 Nachhaltige Ökonomie als Funktion aus Nutz- und Substanzwert

Neben den Faktoren der Bauqualität und Ökologie spielen die Flächenwirtschaftlichkeit und die Rahmenbedingungen zur Nutzungsstruktur eine maßgebliche Rolle bei der Beeinflussung der nachhaltigen Ökonomie von Gebäudekonzepten.

Hauptziel ist dabei die Vermeidung von entbehrlichen Aufwendungen, die in aller Regel sowohl die Investitions- als auch die Nutzungskosten unnötig belasten.

Diese an sich positive Tendenz kann sich allerdings auch kontraproduktiv auswirken, wenn die Erlebnis- und Aufenthaltsqualität eines Gebäudes über eine einseitige Optimierung der funktionalen Qualität zu sehr eingeschränkt wird.

Solche Gebäudekonzepte verlieren sehr schnell ihre Marktattraktivität und damit ihre Wettbewerbsfähigkeit. Nachhaltig ökonomisch konzipierte Gebäudestrukturen weisen eine den jeweiligen Projektanforderungen angemessene und ausgewogene Erfüllung aller Projekt bestimmenden Faktoren auf.

Von besonderer Bedeutung ist dabei die Drittverwertbarkeit, über die sich die Erfordernisse zu flexiblen Nutzungsstrukturen ableiten und die damit die Wertbeständigkeit der Investition maßgeblich beeinflussen.

Nahezu gleich wichtig sind die Gesamtkosten, die Folgekosten und die Kosten pro Arbeitsplatz (bei Dienstleistungsgebäuden), die die Wettbewerbsposition und damit zumindest die Anfangsrentabilität der Immobilie maßgeblich mit bestimmen.

124   5 Projekt bestimmende Faktoren

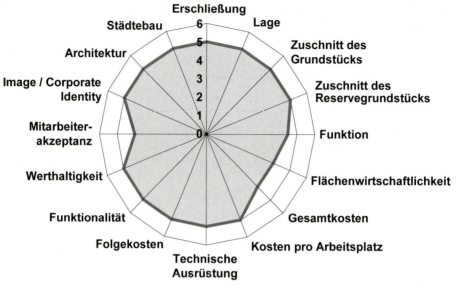

Abb. 5.13 Beispiel für eine Portfoliobewertung [39]

In Abhängigkeit von der Standortqualität müssen darüber hinaus die weichen Faktoren wie Architektur, Städtebau etc. angemessen berücksichtigt werden, um die Nachhaltigkeit der Investition zu sichern.

5.2.7 Kosten und Termine

Das aus den Standort- und Nutzungsfaktoren abgeleitete Gebäude- und Städtebaukonzept bestimmt in erster Linie die Kostenstruktur eines Gebäudes.

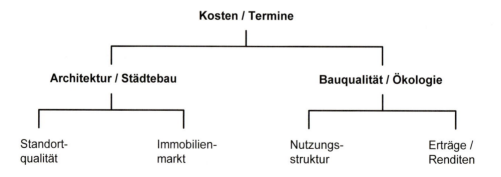

Abb. 5.14 Kosten und Termine als Funktion gestalterischer und wirtschaftlicher Vorgaben

Weitere wesentliche Faktoren ergeben sich aus der Bauqualität, die darüber hinaus auch starken Einfluss auf die Terminabläufe nimmt.

Kurze und damit in allen Teilen kontrollierbare Terminabläufe können nur erreicht werden, wenn die Bauvorbereitung und die Bauabläufe nach modernen Methoden der Prozesssteuerung überwacht und organisiert werden.

Hierzu bilden die Methoden und Werkzeuge des Projektmanagements eine ausgezeichnete Grundlage.

Generell gilt, dass die Kosten und die Qualität einer Immobilie sehr starke Wechselbeziehungen zum Faktor Zeit haben. Schnell und preiswert bauen ist in der Regel nur möglich, wenn es sich um Systembauten handelt. Bei individuell geplanten Gebäuden muss die Erfüllung dieser Ziele in der Regel mit einem reduzierten Qualitätsstandard bezahlt werden.

Analog zur Bauqualität gilt auch bei Kosten und Terminen, dass einfach aufgebaute Konstruktionen mit einem hohen Anteil seriell produzierter Bauelemente generell günstiger einzustufen sind als individuell komplex aufgebaute Unikatlösungen.

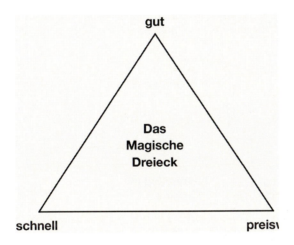

Abb. 5.15 Zusammenhang von Kosten, Terminen und Qualitäten

Darüber hinaus haben folgende Faktoren einen wesentlichen Einfluss auf die Kostenstruktur einer Immobilieninvestition:
- Flächenwirtschaftlichkeit (Nutzfläche zu Bruttogrundfläche bzw. bei Büros pro Arbeitsplatz),
- Wirtschaftlichkeit des Tragwerks,
- Verhältnis Hüllfläche zur Bruttogrundfläche,
- Angemessenheit der Technischen Ausrüstung,
- Art und Konstruktion der Fassaden und Dächer,
- Qualität und Standard des Innenausbaus.

In gleicher Weise hängen die Nutzungskosten eines Gebäudes im Wesentlichen ab von der

– Gebäudegeometrie
– Struktur der Baukörper
– Technischen Ausrüstung und der
– Ausstattung (Innenausbaukonzept).

Bestimmend für die jeweiligen Lösungsansätze ist die Funktion bzw. die funktionale Qualität, die ein Gebäude erreichen soll. Unter funktionaler Qualität ist dabei der organisatorische und funktionale Nutzwert sowie arbeitsphysiologische und soziale Faktoren als Zusatznutzen zu verstehen [40]. Häufig ist zu beobachten, dass Planungsvorgaben zur Funktion unvollständig sind oder für Teilbereiche sogar ganz fehlen. In der Regel wird das mit der irrigen Annahme begründet, die noch fehlenden Angaben könnten parallel zur Erarbeitung der Planungskonzepte aufgestellt werden.

Die Erfahrung zeigt, dass dies nur in sehr begrenztem Umfang möglich ist. Vor Beginn der Konzeptionsphase, an deren Ende die wesentlichen Aussagen zu den Kosten- und Terminfaktoren feststehen, sollte daher immer eine Optimierung der Vorgaben zu den Projekt bestimmenden Faktoren stehen. Dies gilt in besonderem Maße für die Vorgaben zur Wirtschaftlichkeit und den hieraus abzuleitenden Kostenobergrenzen.

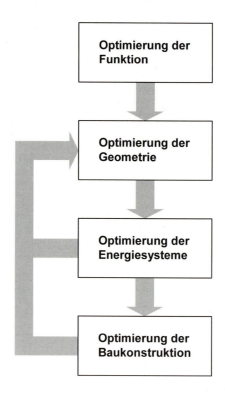

Abb. 5.16 Regelablauf bei der Gebäudeoptimierung

Da es sich bei Bauprojekten in den meisten Fällen um Unikate handelt, können Bau- und Gebäudepreisstatistiken hierzu lediglich grobe Trends angeben (z. B. BKI-Daten des Baukosteninformationszentrums Deutscher Architektenkammern).

Abschätzungen mit höherer Genauigkeit erfordern in der Regel den Einsatz von differenzierten Verfahren (vergleiche Abschnitt 7.4), wie z. B. die Kostenermittlung über das Volumenmodell, das auch ohne konkrete Entwurfsansätze ausreichend genaue Ergebnisse liefert. Die hierfür erforderliche Datengrundlage ist in Abhängigkeit von den spezifischen Qualitätsstandards und Projektbedingungen bei Projektentwicklern bzw. Projektmanagern vorhanden.

Über sie kann unter Zuhilfenahme von ersten Festlegungen zu den Gebäudeelementen und aus einem Flächenmodell, das über die Vorgaben zur Nutzungsstruktur abgeleitet wird, bereits in der frühen Phase der Projektentwicklung eine belastbare Aussage zu den Investitions- und Nutzungskosten einer Projektentwicklung gemacht werden, ohne, dass mit großem Aufwand Architekturkonzepte erstellt werden müssen.

In der täglichen Praxis wird von den Möglichkeiten differenzierter Kostenabschätzungen in den frühen Phasen der Projektentwicklung noch immer zu wenig Gebrauch gemacht. In der Regel entsteht zuerst ein Designkonzept, das dann in der Hoffnung, dass es sich wirtschaftlich umsetzen lässt, mit allen Mitteln und über alle Phasen der Projektentwicklung und schlimmstenfalls der Planung und Realisierung hinweg auch dann verteidigt wird, wenn sich seine Unwirtschaftlichkeit bereits erwiesen hat. Man ist dann bemüht, mit allen Mitteln das Projekt schön zu rechnen, um zu retten, was eigentlich nicht mehr zu retten ist.

Mit allen möglichen legalen und teilweise illegalen Tricks versucht man, Bauunternehmen zur Abgabe von Angeboten zu bewegen, die die eigenen Fehler überdecken sollen. Die Bauunternehmen selbst versuchen ihren unterkalkulierten Preis von der ersten Stunde an über Nachträge aufzubessern. Nicht selten kommt es in der Folge zu langwierigen und kostspieligen juristischen Auseinandersetzungen, die bei einer hinreichend soliden Projektentwicklung vermeidbar gewesen wären.

6 Prozess der Projektentwicklung

6.1 Allgemeines

Die Projektentwicklung umfasst alle technischen, wirtschaftlichen und rechtlichen Vorgänge, die bei der Realisierung eines Projektes von der Projektidee bis zum Ende der geplanten Nutzungszeit anfallen. Aufgrund ihrer generell mittel- und langfristigen Perspektiven zählt die Projektentwicklung zum Segment der strategischen Planung. Ihr Hauptziel ist es, Immobilien so zu konzipieren, dass sie Ertragsüberschüsse und Wertsteigerungsraten erwirtschaften.

Um dies zu erreichen, muss eine Vielzahl von variablen Größen (Projekteinflussfaktoren) berücksichtigt werden. Dazu gehören insbesondere

– die Flächenwirtschaftlichkeit

– die Funktionalität

– eine angemessene Kostenstruktur

– ausreichende Erträge

– hohe Wettbewerbsfähigkeit etc.

Bei der Projektentwicklung müssen mit zunehmender Komplexität der Aufgabenstellung eine steigende Anzahl von Architekten, Ingenieure und Sonderfachleuten, die in der Regel alle maßgeblich zum Projekterfolg beitragen, koordiniert werden. Dies ist nicht ganz leicht, weil alle Beteiligten davon ausgehen, dass ihre Ziele so wichtig sind, dass sie ohne Abstriche umgesetzt werden müssen.

Damit die Projektentwicklung reibungslos erfolgen kann, ist die Wahl der richtigen Prozesse von großer Bedeutung, wobei zunächst eine eindeutige Zuordnung der einzelnen Aufgabenstellungen, Kompetenzen und Verantwortungsbereiche im Vordergrund steht.

Der angelsächsische Begriff „Development" umschreibt die Aufgaben deutlich besser als der deutsche Begriff „Projektentwicklung".

Development ist weniger technisch zu interpretieren, da sich unter diesem Oberbegriff auch weiche Faktoren, wie z. B. zukünftige Entwicklungen etc. summieren. Nach dieser Lesart ist es Aufgabe des Developers, eine leitende visionäre Zielvorgabe unter Beachtung des Marktes für alle, die am Prozess der Projektentwicklung beteiligt sind, zu bilden, um den wirtschaftlichen Erfolg des jeweiligen Produkts im gesamten Lebenszyklus abzusichern. Dabei ist es völlig unwichtig, auf welche Phasen der Projektentwicklung sich die Tätigkeit des Developers erstreckt. Natürlich steht es außer Zweifel, dass die Projektentwicklung quasi im Handumdrehen erledigt werden kann, wenn folgende wichtige Indikatoren vorhanden bzw. positiv besetzt sind:

– Mietvertrag mit bankenfähigem Nutzer

– öffentliches Interesse und Mitwirkung positiv

- Grundstück gesichert
- ausreichende Rentabilität.

Die Praxis zeigt, dass das eher die Ausnahme ist, so dass grundsätzlich davon ausgegangen werden muss, dass eine Projektentwicklung, auch wenn sie auf persönlichen Kontakten basiert, drittverwertbar sein muss.

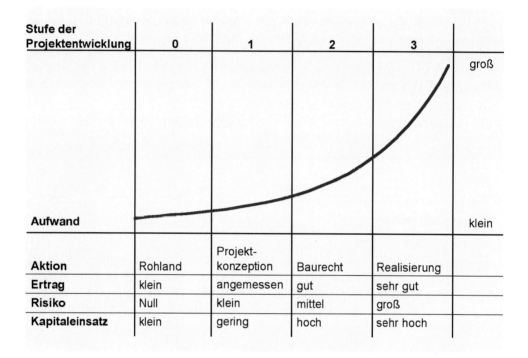

Abb. 6.1 Zusammenhang zwischen Aufwand und Wertschöpfung

6.2 Grundlagen

6.2.1 Projektorganisation

Durch „Ordnung schaffen" und das „Richtige zum richtigen Zeitpunkt tun" werden Reibungsverluste in der Projektentwicklung deutlich reduziert. Über die Projektorganisation werden klare Vorgaben definiert, Kompetenzen sauber abgegrenzt und sinnvolle Arbeitsabläufe festgelegt.

Obwohl in vielen Fällen bereits in den frühen Phasen der Projektentwicklung Externe eingebunden werden müssen, lässt sich in letzter Konsequenz die Verantwortung für den Erfolg oder Misserfolg einer Projektentwicklung nicht wegdelegieren.

Die wichtigsten, nicht delegierbaren Aufgaben lassen sich wie folgt zusammenfassen:
- Aufbau der Projektstruktur und der Zuständigkeiten (Verträge)
- Definition aller Projektziele und –vorgaben
- termingerechte Entscheidungen zu Inhalten und Zielen
- Überwachen der Zielerfüllung
- Umsetzen der finanzwirtschaftlichen Zielsetzungen.

Unabhängige Fachleute (Projektentwickler, Projektmanager etc.) können Teile der Aufgaben abdecken, da sie
- von internen Vorgängen nicht belastet sind,
- bedarfsorientiert eingesetzt werden können,
- als externe Berater unter starkem Erfolgsdruck stehen,
- den internen Projektleiter von Projektaufgaben weitgehend befreien,
- jederzeit zusätzliche Aufgaben übernehmen können, ohne dass auftraggeberseitig zusätzliches Personal aufgebaut werden muss.

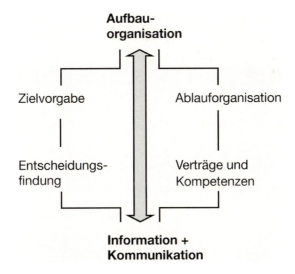

Abb. 6.2 Wichtige Elemente der Projektorganisation

Der Projektleiter eines Projektentwicklungsteams trägt eine außerordentlich hohe Verantwortung. Für seine Tätigkeit benötigt er neben einer ausgeprägten sozialen Kompetenz sehr viel eigenes Fachwissen, um das Team jederzeit sicher und Ziel führend zu leiten. Hierin unterscheidet sich die Entwicklung eines Projekts von Beratungsleistungen des Entwicklungsmanagements, die als reine Dienstleistung durchaus ihre Berechtigung haben.

Trotz der eigenen Kompetenz muss der Projektentwickler darauf achten, dass die für den Erfolg unbedingt notwendige Interaktion zwischen allen Beteiligten erhalten bleibt.

Hierzu eignet sich am besten ein kooperativer Führungsstil. Autoritäre Strukturen, die auf dem militärischen Prinzip von Befehl und Gehorsam beruhen, sind für die Steuerung von Projektentwicklungsprozessen ungeeignet, weil die Potenziale der Einzelnen nur zu geringen Teilen ausgenutzt werden.

Kooperativ führen heißt, Ziel- und Ergebnis orientiert führen. Ein weiterer Vorteil kooperativer Führungsmodelle ergibt sich aus der Aktivierung der latent vorhandenen Bereitschaft zur Eigensteuerung (Teamgeist), die jedoch nur dann reibungslos funktioniert, wenn innerhalb der Gruppe Einigkeit über die jeweilige Zielsetzung hergestellt wurde.

Ein weiteres sehr wichtiges Element ist die uneingeschränkte Bereitschaft aller Beteiligten (einschließlich Projektleitung) zur offenen Kommunikation. Fehlende Informationen führen nicht nur zu Reibungsverlusten, sondern im schlimmsten Fall zu Frustrationen, die letztendlich zur Leistungsverweigerung führen.

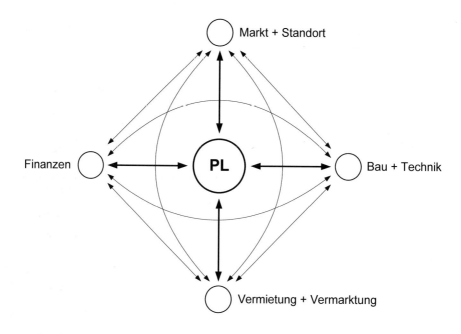

Abb. 6.3 Modell einer kooperativen Führungsstruktur

Trotz der Freiräume, die eine kooperative Führungsstruktur bietet und der weitgehenden Information aller Beteiligten muss eine klare und einfache Struktur geschaffen werden, die die Verantwortlichkeiten innerhalb des Teams regelt. Am besten kann dies über die Abgrenzung von Kompetenzfeldern erfolgen. Streng hierarchisch aufgebaute Strukturen sind allerdings ebenso ungeeignet wie gruppendynamische Ansätze (jeder redet mit jedem über alles), die sich allenfalls zur Erarbeitung von Projektgrundlagen eignen.

6.2.2 Projekteinflussfaktoren und Projektentwicklungsstrategie

Zur Beurteilung der Chancen einer Projektentwicklung müssen die Einflussgrößen des Marktes und des angedachten Produkts im Detail hinterfragt werden.

Dabei steht die qualitative Beurteilung der Analysedaten, die über eine kontinuierliche Beobachtung der Marktverhältnisse gewonnen wurden, im Vordergrund. Nicht selten verlieren Projektentwicklungen aufgrund von Marktveränderungen, die in immer kürzeren Zyklen ablaufen, ihre ursprüngliche Attraktivität.

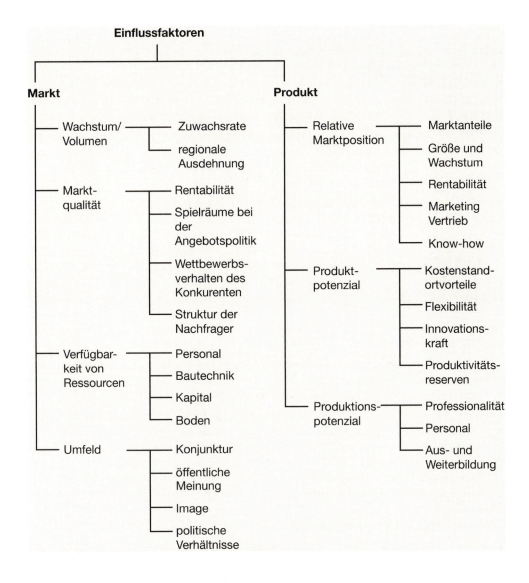

Abb. 6.4 Einflussfaktoren bei der Projektentwicklung

Hauptursachen liegen in der Veränderung der Konkurrenzsituation, aber auch in einem Wechsel der Nachfrage aufgrund veränderter wirtschaftlicher Rahmenbedingungen bzw. einer inzwischen erfolgten Sättigung in einzelnen Marktsegmenten.

Ein häufig zu beobachtender Fehler besteht darin, dass Projektentwickler zu spät und zu träge auf sich abzeichnende Veränderungen reagieren.

Verstärkt wird dieser Trend durch das Verhalten einiger Investorengruppen, die ihr Anlageprofil in vielen Fällen zu spät an geänderte Marktbedingungen anpassen und die damit Leerstand bedingte Probleme (Mietausfall, negative Wertentwicklung etc.) der Immobilienwirtschaft unnötig verstärken.

Die im Büromarkt von Frankfurt/Main aktuell zu beobachtende Entwicklung ist ein gutes Beispiel für solche Verhaltensmuster. Obwohl der Markt bereits 2002 einen bis dahin nicht gekannten Leerstand aufwies und Experten bereits ab 2001 zunehmend vor den Folgen der Strukturveränderungen im Bankenbereich gewarnt hatten, verhalten sich einige institutionelle Investoren immer noch so, als wenn die Boomphase der 90er Jahre weiter bestehen würde. Sie errichten weiter Neubauten und produzieren damit weitere Leerstände.

Eine deutliche Verbesserung der gegenwärtigen Verhältnisse ist nur zu erwarten wenn der deutsche Immobilienmarkt deutlich professionalisiert wird. Dies gilt für alle Bereiche, insbesondere aber auch für die Ausbildung und Forschung an den Hochschulen, die dem Vergleich mit unseren Nachbarländern nur noch bedingt standhalten.

Eine deutliche Verbesserung im Bereich der Bewertung und Beurteilung von Immobilieninvestitionen bzw. Anmietungen muss in den Sparten Portfolio-Management, Asset Management und Facility Management hinzukommen. Über die flächendeckende Einführung der Methoden der Due Diligence lässt sich so manche, aus welchen Gründen auch immer motivierte Fehlentscheidung verhindern. Aus ihren Analysen lassen sich unter anderem Zukunftsszenarien ableiten, die für die strategische Ausrichtung der geplanten Projektentwicklung maßgeblich sind.

6.2.3 Alternative Szenarien – Basis für mehr Planungssicherheit

Eine mittel- und langfristig erfolgreiche Immobilieninvestition setzt voraus, dass die bestimmenden Projekteinflussfaktoren aus bekannten Größen der Vergangenheit und Gegenwart und vermeintlich zukünftigen Anforderungen abgeleitet werden.

Aufgrund weitgehender Veränderungen in den sozioökonomischen Grundlagen, die in immer kürzer werdenden Zyklen ablaufen, reicht eine fragmentale Betrachtung einzelner Faktoren (Standort, Rendite, Architektur etc.) zur Festlegung zukünftiger Anforderungen in aller Regel nicht mehr aus. Ebenso wenig genügt hierzu die bloße Verlängerung von bekannten Entwicklungslinien in die Zukunft (Trajektorienverlängerung) mit den Methoden der in den 80er Jahren in Mode gekommenen Trendforschung. Euphorische Zukunftsdeuter malen die Perspektiven nach dem Motto „Wenn es so bleibt wie bisher, kann uns nichts passieren" rosarot, während die Apokalyptiker davon ausgehen, dass sich alles zum Nachteil verändern wird.

Die Berliner Entwicklung nach dem Fall der Mauer ist ein Beleg dafür, dass Trendprognosen häufig fehlerhaft sind [19]. Ursprünglich angedachte und in sich schlüssige Handlungsmuster wurden ab Mitte der 90er Jahre, ausgelöst durch das Nachdenken über Entscheidungen Dritter, massiven Veränderungen unterworfen. Ohne schwerwiegende Gründe verflachten bereits vorhandene positive Trends und die allgemeine Investitionsbereitschaft sank. In der Folge entwickelte sich der Wert bereits realisierter Projekte anders als berechnet. Aus der Verunsicherung der Märkte entstand eine Abwärtsbewegung, die bis heute, wenn auch verlangsamt, anhält.

Nach Eckhard Minx (Forschungsbereich Gesellschaft und Technik der DaimlerChrysler AG) ist die Vorhersage sozioökonomischer Gebilde Scharlatanerie (in „Der Spiegel", 14/2000). Die von ihm propagierte Szenariotechnik liefert deshalb auch keine Rezepturen für die Entwicklung in den nächsten Jahrzehnten. Stattdessen bereitet sie über mögliche Fragestellungen ein ganzes Bündel Antworten auf, aus denen alternative Entwicklungslinien abgeleitet werden können. Sie dienen als strategisches Managementinstrument, in dem sie Handlungsoptionen bereitstellen, auf die beim Eintreffen eines vorab untersuchten Zustands zurückgegriffen werden kann.

Über ihren ganzheitlichen Ansatz bietet die Szenariotechnik die Möglichkeit, Chancen und Risiken einer Projektentwicklung deutlich genauer abzuschätzen als das bisher möglich ist.

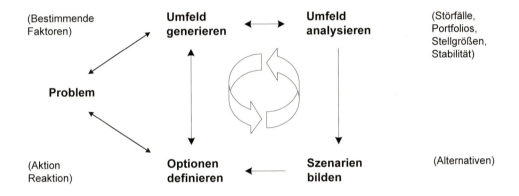

Abb. 6.5 Grundsätze zur Vorgehensweise bei der Szenariotechnik

Zeitlich gliedert sich die Bildung von Szenarien in 7 Schritte:
– Problemdefinition
– Definition der Einflussfaktoren
– zukünftige Entwicklung der Einflussfaktoren einschließlich ihrer Wechselwirkungen
– Bildung alternativer Szenarien
– Identifikation denkbarer Ereignisse, die zu völlig neuen Entwicklungen führen können
– Auswahl in Frage kommender Szenarien
– Bildung von Handlungsoptionen.

Entscheidend für die erfolgreiche Anwendung der Szenariotechnik ist eine möglichst breite Auslegung der Betrachtungsebenen. Aus alternativen Szenarien lässt sich ein Korridor abbilden, der eine Vielzahl möglicher Entwicklungen umfasst.

Das gilt im Prinzip auch für Entwicklungen, die undenkbar erscheinen und daher – wie z. B. die Wiedervereinigung Deutschlands – urplötzlich auftreten und zu massiven Veränderungen in den strukturellen Rahmenbedingungen führen. Aufgrund der sorgfältigen Analyse möglicher Entwicklungslinien (Szenarien) kann zu Beginn einer Projektentwicklung ein robustes Zielsystem erarbeitet werden, das die Grundlage für eine effiziente Steuerung des Projektes in allen Phasen des Lebenszyklus zulässt.

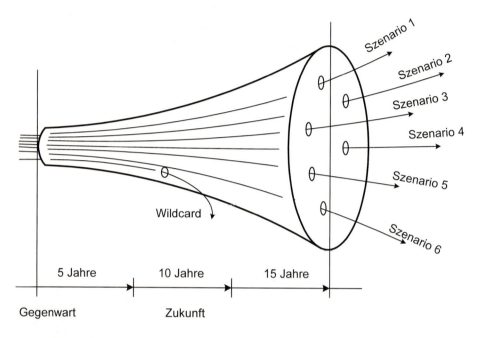

Abb. 6.6 Mögliche Szenarien in Abhängigkeit zum Zeitraum der Prognose

6.2.4 Problemlösung im Projektentwicklungsprozess

Bei der Projektentwicklung handelt es sich in der Hauptsache um komplexe Aufgabenstellungen, die mit linear ausgerichteten Lösungswegen nur selten bewältigt werden können (z. B. bei Serienbauten oder weitgehend vordefinierten Immobilienprodukten wie Hotels etc.).

Lineare Methoden engen den Spielraum für Alternativen über den frühzeitigen Ausschluss scheinbar ungeeigneter Lösungsansätze kontinuierlich ein. Am Ende der Entwicklung steht dann eine scheinbare Bestlösung, die über die Selektion möglicher Alternativen im Prinzip maßgeschneiderten Charakter hat. Sie sind insoweit zur Steuerung der Projektentwicklung nicht geeignet. Die Projektentwicklung muss sich permanent um den bestmöglichen Lösungsansatz bemühen. Dies kann nur gelingen, wenn die mittel- und langfristigen Zielsetzungen der Projektentwicklung in Übereinstimmung mit aktuellen Marktkriterien gebracht werden. Lösungsansätze müssen in der Projektentwicklung permanent auf den Prüfstand gestellt werden. Sie müssen verworfen und wieder hervorgeholt werden können, ohne dass hieraus ein Stigma des Fehlerhaften entsteht. Anders als in den klassischen Ingenieurdisziplinen lassen sich Zwischenergebnisse in der Projektentwicklung in aller Regel nicht nachprüfbar berechnen, da sie auf einer Vielzahl von variablen Randbedingungen aufgebaut sind, die darüber hinaus im Laufe des Projektentwicklungsprozesses in ihrer jeweiligen Bedeutung stark zu oder abnehmen können. Die Projektentwicklung folgt in der Hauptsache pragmatischen und keinesfalls verwissenschaftlichten Ansätzen.

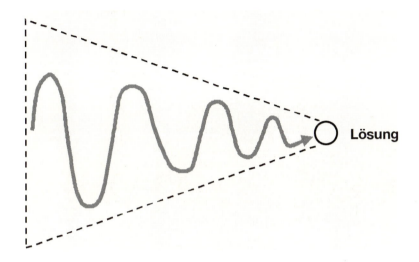

Abb. 6.7 Schema einer linearen Problemlösung

Da maßgeschneiderte Lösungen unter den heutigen Randbedingungen von sich sehr schnell ändernden Anforderungen als problematisch angesehen werden müssen, sind Methoden, bei denen die Probleme im Vordergrund stehen, sehr viel besser zur Abwicklung geeignet. Bei den komplexen Methoden bleiben auch nach einer periodisch zur Bewertung und Vorselektion durchzuführenden Verdichtung der Entwicklungslinien genügend Freiräume, um auf Änderungen in den Randbedingungen der Projektentwicklung kreativ reagieren zu können.

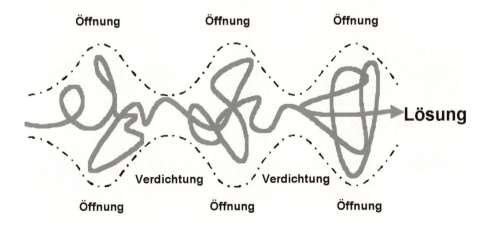

Abb. 6.8 Schema einer komplexen Problemlösung

Häufig wird bei der Anwendung komplexer Methoden übersehen, dass sie nur dann zum Erfolg führen, wenn sie mit einem hohen Maß an Disziplin betrieben werden.

Systeme mit einem zu geringen Konkretisierungsgrad innerhalb der einzelnen Systemebenen sind genauso wenig Ziel führend wie solche, bei denen die Konkretisierung zu weit getrieben wird. Insoweit erfordern ganzheitliche Lösungen einen erheblichen Organisationsaufwand.

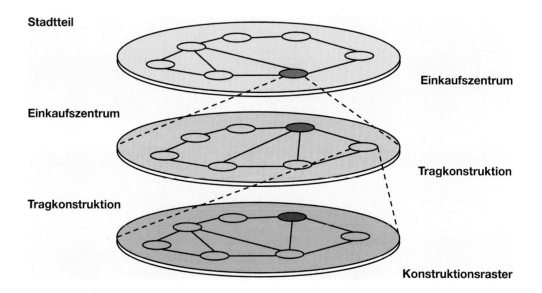

Abb. 6.9 Beispielhafter Aufbau von Systemebenen in der Projektentwicklung

6.2.5 Lebenszyklen von Immobilien

Bei der bedarfsorientierten Entwicklung einer Immobilie für eine auf lange Zeit überschaubare Eigennutzung spielten mögliche Veränderungen in der Nutzungsstruktur und die hieraus resultierenden Anforderungen an die Gebäudestruktur nur eine untergeordnete Rolle.

Im Lebenszyklus der Immobilie, der mit mindestens 50 Jahren kalkuliert wurde, fielen in aller Regel lediglich Schönheitsreparaturen an; in größeren Abständen darüber hinaus Instandsetzungsmaßnahmen an Dach und Fach oder an den Heizungs- bzw. Elektroanlagen. Im Grundsatz galt dies für alle Immobilien, unabhängig davon, ob es sich um Wohn-, Büro-, oder Schulgebäude handelte. Ihre Nutzungsstruktur war im Wesentlichen neutral ausgelegt, so dass ein Wechsel von Funktionen (z. B. vom Wohnzimmer zum Schlafraum) ohne große Umbauten möglich war. Selbst Fabrikanlagen wurden entsprechend der relativ langfristigen Zweckbestimmung so konzipiert, dass sie unterschiedlichen Produktionsanforderungen standhalten konnten. Mit der zunehmenden Spezialisierung in allen gewerblichen Bereichen ab Mitte des vergangenen Jahrhunderts, die Ende der 70er Jahre auch den Dienstleistungssektor erfasste, änderten sich die Verhältnisse grundlegend. Ähnliches galt für Wohnimmobilien, die für breite Schichten der Bevölkerung zum Statussymbol wurden und die damit nicht mehr nur dazu dienten, die Familie mehr oder weniger komfortabel unterzubringen. Dieser Trend setzt sich in Folge gesellschaftlicher Veränderungen fort. Wohnungen für Alleinstehende und life style orientiertes Wohnen (Lofts, Mischformen aus Arbeiten und Wohnen etc.) erfreuen sich zunehmender Nachfrage. Je spezieller die Anforderungen wurden, umso mehr traten Markt gesetzliche Kriterien in den Vordergrund. Beim Markt bestimmten Immobilienmanagement ist die Berücksichtigung mehrerer Nutzungsphasen mit unterschiedlichen Anforderungsprofilen, die von kurzfristigen Trends ausgelöst werden, ein absolutes Muss.

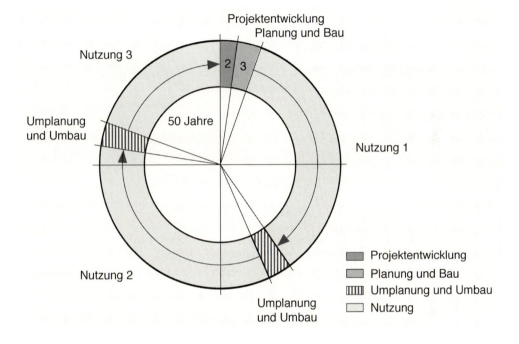

Abb. 6.10 Beispiel für einen Markt orientierten Lebenszyklus einer Immobilie

Anforderungen aus dem Markt können sich vor Ablauf der kalkulierten wirtschaftlichen Lebensdauer elementar ändern. Daher müssen mögliche Szenarien im Rahmen der Projektentwicklung vorgedacht werden, um den Hauptzielen des Investors – Entnahme- und Endwertmaximierung – entsprechen zu können. In Abhängigkeit zu der in der Regel mittel- und langfristig ausgelegten Kapitalbindung müssen die Wert sichernden Investitionsziele in allen Phasen des Lebenszyklus aktiv gesteuert und optimiert werden. Wenn diese Steuerung unterbleibt und erforderliche Anpassungen an geänderte Marktbedingungen unterbleiben, verlieren die betroffenen Immobilien sehr schnell an Wert.

6.2.6 Von der Idee zum Objekt

Ausgangspunkt für jede Projektentwicklung ist eine Nutzungsidee oder ein zu verwertendes Grundstück, das nicht oder nicht optimal genutzt wird. Dabei ist es zunächst unerheblich, wie die Projektentwicklung finanziert werden soll, vorausgesetzt, der Entwickler verfügt über ausreichende Finanzmittel, um die Vorlaufkosten (Grundstückssicherung, Planungskosten etc.) abzusichern. Er ist dann in der Lage, alle erforderlichen Voruntersuchungen ohne große Öffentlichkeit durchzuführen. Gleiches gilt für die Ausarbeitung alternativer Planungskonzepte und erster Schritte zur Vermietung und Vermarktung.

Ist dies nicht der Fall, müssen andere Finanzmittel z. B. über die frühzeitige Bindung an einen Bauträger, Generalübernehmer oder Endinvestor erschlossen werden.

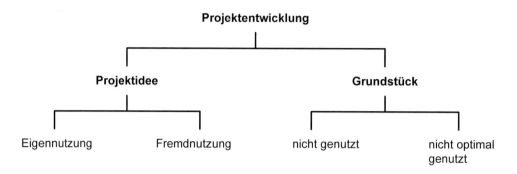

Abb. 6.11 Auslöser für eine Projektentwicklung

Da klassische Umsetzer bzw. Nachfrager in der Regel eine frühe finanzielle Bindung an eine Projektentwicklung wegen der nur schwer abschätzbaren Risiken ablehnen, scheitern nicht wenige Projektentwicklungen in der Vorphase. Zur Reduzierung der Vorlaufkosten (normalerweise ca. 2 – 4 % der Herstellkosten) versuchen Projektentwickler, ihren Aufwand auf das absolute Minimum zu senken.

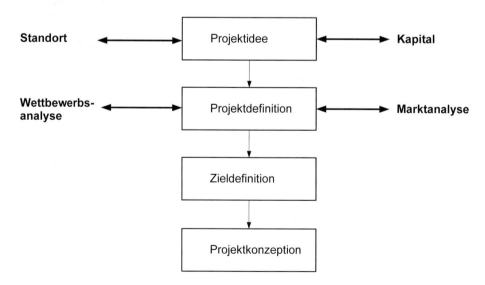

Abb. 6.12 Grundmodell der Projektentwicklung auf Basis einer Projektidee

Unterbleiben notwendige Entwicklungsschritte, wie z. B. eine sorgfältige Untersuchung der Grundstückseigenschaften (Altlasten etc.) oder seriöse Analysen der Marktbedingungen aus Kostengründen, muss dann allerdings in Kauf genommen werden, dass die Projektentwicklungsrisiken überproportional ansteigen.

Ein vorhandenes Grundstück ermöglicht in der Regel eine Verteilung von Aufwand und Risiken der Projektentwicklung auf den Grundstückseigentümer und den Projektentwickler. Über eine Entwicklungsgesellschaft kann der Grundstückseigentümer an der Wertschöpfung aus der Projektentwicklung partizipieren.

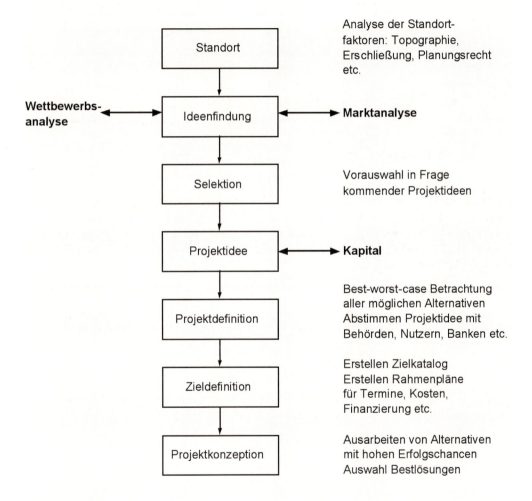

Abb. 6.13 Grundmodell der Projektentwicklung für ein vorhandenes Grundstück

Die Auswahl der richtigen Projektidee wird im Wesentlichen vom Markt und der vorhandenen bzw. zu erwartenden Wettbewerbssituation bestimmt.

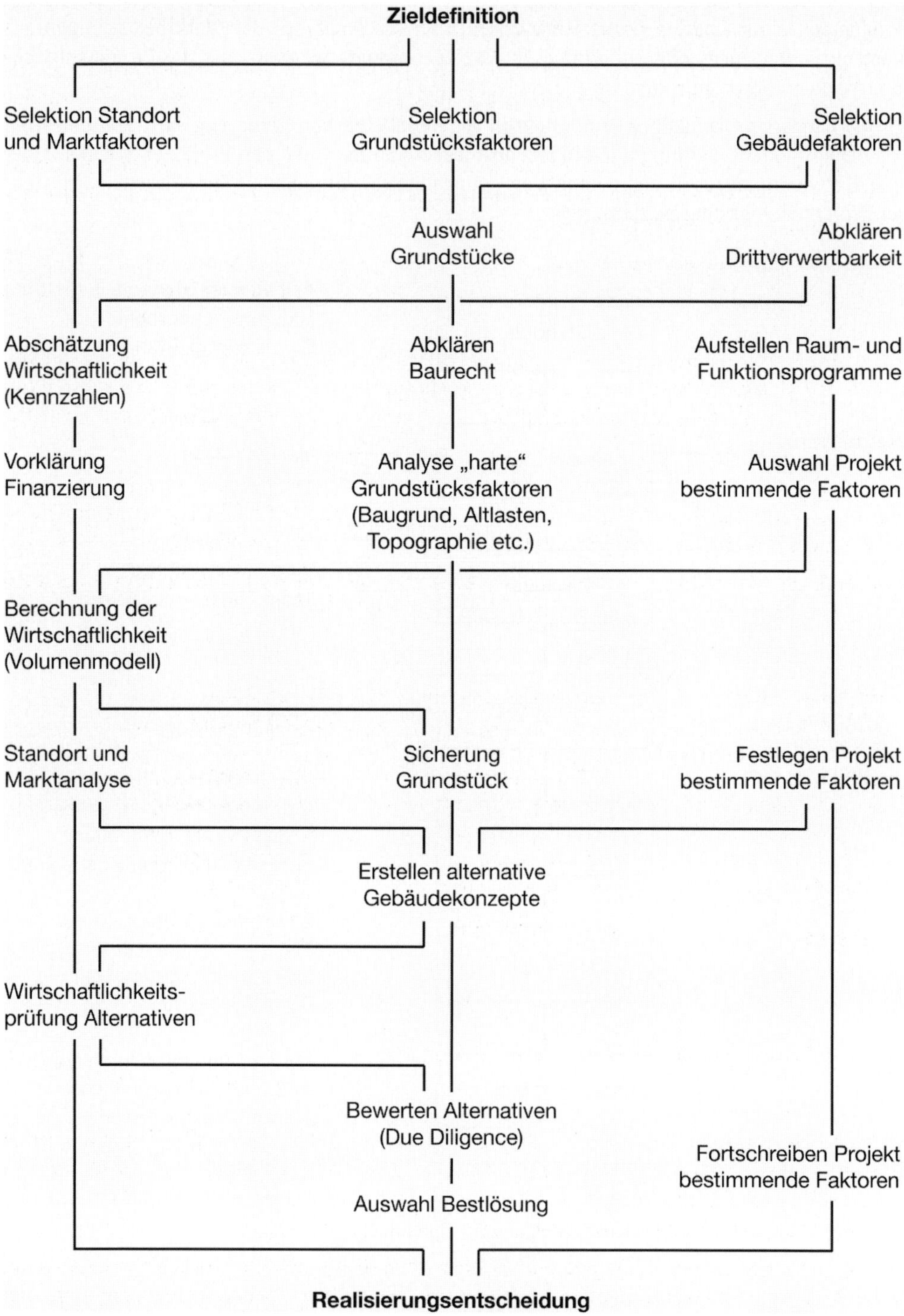

142 6 Prozess der Projektentwicklung

Zieldefinition

Selektion Standort und Marktfaktoren	Selektion Grundstücksfaktoren	Selektion Gebäudefaktoren
	Auswahl Grundstücke	Abklären Drittverwertbarkeit
Abschätzung Wirtschaftlichkeit (Kennzahlen)	Abklären Baurecht	Aufstellen Raum- und Funktionsprogramme
Vorklärung Finanzierung	Analyse „harte" Grundstücksfaktoren (Baugrund, Altlasten, Topographie etc.)	Auswahl Projekt bestimmende Faktoren
Berechnung der Wirtschaftlichkeit (Volumenmodell)		
Standort und Marktanalyse	Sicherung Grundstück	Festlegen Projekt bestimmende Faktoren
	Erstellen alternative Gebäudekonzepte	
Wirtschaftlichkeitsprüfung Alternativen		
	Bewerten Alternativen (Due Diligence)	Fortschreiben Projekt bestimmende Faktoren
	Auswahl Bestlösung	

Realisierungsentscheidung

Abb. 6.14 Prozess der Projektentwicklung bei vorgegebener Nutzung

Dies gilt unabhängig davon, ob zunächst nur eine Projektidee vorhanden ist oder ob für ein vorhandenes Grundstück eine passende Projektidee gesucht wird.

Entsprechend groß ist der Einfluss der finanzwirtschaftlichen Aspekte in den Phasen der Projekt- und Zieldefinition. Ohne konkrete Nutzer bzw. Endinvestoren bleibt jeder Projektentwicklungsansatz Stückwerk.

Wenn die finanzwirtschaftlichen Aspekte der Projektentwicklung geklärt worden sind, dominieren in den folgenden Phasen der Projektentwicklung (Konzeption und Vorplanung) überwiegend technisch-wirtschaftliche Aspekte.

Sie sind für den nachhaltigen Projekterfolg von ebenso großer Bedeutung wie die Auswahl des richtigen finanzwirtschaftlichen Abwicklungsmodells oder eine erfolgreiche Vermietung bzw. Vermarktung.

Fehler, die bei der Projektkonzeption gemacht werden, lassen sich in den folgenden Realisierungs- und Nutzungsphasen nur noch sehr schwer korrigieren, da sie sich in erster Linie mit der Umsetzung der Projektidee in einem dann bereits relativ fest gefügten Rahmen beschäftigen.

Unabhängig von der Zielsetzung, die für den Anfangserfolg der Projektentwicklung maßgeblich ist, müssen bei der Projektentwicklung die nachfolgenden Phasen der Umsetzung und Nutzung der Projektidee zumindest konzeptionell berücksichtigt werden.

Grundsätzlich lässt sich dabei der Handlungsbereich der Projektentwicklung in 3 Schwerpunkte gliedern:

Grundstücks-entwicklung	**Gebäude-entwicklung**	**Immobilien-management**
- Grundstück - Nutzungsstruktur - Städtebau - Planungsrecht - Gebäudetypologie	- Gebäudesysteme - Flächenstruktur - Kosten / Standards - Gebäudebetrieb (FM) - Wirtschaftlichkeit	- Rentabilität - Wertentwicklung - Nutzung / Betrieb - Finanzwirtschaft - Fungibilität
Stufe 1	**Stufe 2**	**Stufe 3**

Abb. 6.15 Schwerpunkte der Projektentwicklung

Während die Stufe 1 in der Phase der Projektkonzeption im Wesentlichen isoliert abgearbeitet wird, greifen die Stufen 2 + 3 weit in die Realisierungsphasen (Planung und Bau) hinein. In vielen Fällen ist ein Vorziehen einzelner Leistungen aus den Stufen 2 + 3 in die Phase der Grundstücksentwicklung sinnvoll bzw. notwendig.

Dies betrifft insbesondere Fragen zur Flächenstruktur, Rentabilität und Wertentwicklung, wobei sie in letzter Konsequenz nur beantwortet werden können, wenn wesentliche Aussagen zu Kosten und Standards und zum Gebäudebetrieb zumindest in ersten Annahmen getroffen werden können.

Zur Vermeidung von Reibungsverlusten an den Schnittstellen zwischen einer ganzheitlichen und Phasen übergreifenden Projektentwicklung und dem hiervon unbedingt zu trennenden Realisierungsmanagement ist eine Überlagerung der funktional mit unterschiedlichen Aufgaben versehenen Prozessschienen in Form eines Generalmanagements, das die Verantwortung von der Projektidee bis zum fertigen Objekt trägt, optimal.

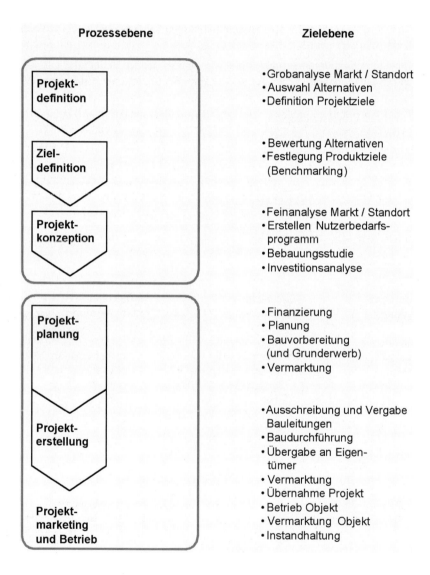

Abb. 6.16 work flow Projektentwicklung und Realisierungsmanagement

Über die Verknüpfung technisch-wirtschaftlicher und finanzwirtschaftlicher Ziele in einer übergeordneten Managementstruktur wird die Voraussetzung zur ganzheitlichen Optimierung eines Immobilienprojektes geschaffen. Insoweit ist die Projektentwicklung untrennbarer Bestandteil des Projekt- und Baumanagements.

Wichtig ist jedoch, dass die Verantwortlichkeiten in den einzelnen Handlungsbereichen klar getrennt werden, da sonnst die Gefahr besteht, dass sich zu spät problematisierte Fehler in ihren Auswirkungen potenzieren.

Eine der wichtigsten Aufgaben des Generalmanagements besteht darin, dass die Ziele aus der Projektentwicklungsphase in den folgenden Planungs- und Realisierungsphasen ohne wesentliche Abstriche und für die jeweilige Aufgabenstellung angemessen und ausgewogen umgesetzt werden.

Projekte mit einer unausgewogenen Struktur, die in Folge einseitig ausgerichteter Zielvorgaben (möglichst billig, keine Vorhaltungen für zukünftige Entwicklungen etc.) entstehen, sind in aller Regel bei langfristiger Betrachtung selbst dann nicht ausreichend werthaltig, wenn hohe Anfangsrenditen erzielt werden, die in erster Linie dem Projektentwickler, aber nicht dem Endinvestor dienen.

Für eine erfolgreiche Projektentwicklung ist das Zusammenspiel der Handlungsbereiche Projektentwicklung, Projektrealisierung und Facility Management von entscheidender Bedeutung. Optimale Ergebnisse können nur erzielt werden, wenn zwischen den Beteiligten in allen Projektphasen ein ungestörter und regelmäßiger Know-how – Transfer und ein Abgleich der jeweiligen Projektziele stattfindet.

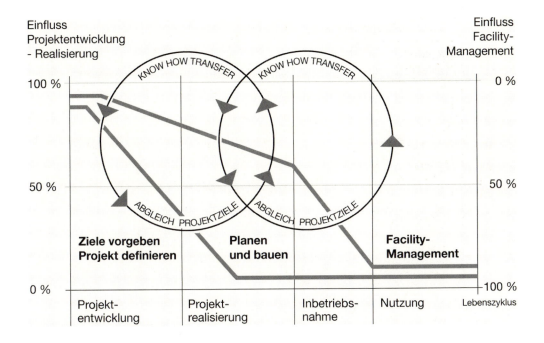

Abb. 6.17 Know-how – Transfer im Lebenszyklus von Immobilien

Über ein unabhängiges Projektmanagement, das die Einzelprozesse steuert und überwacht, kann dies am besten sichergestellt werden.

Im Rahmen des Projektmanagements müssen die Erfahrungen des Facility Managements bei der Identifikation der so genannten Werttreiber, die die Projektergebnisse überdurchschnittlich beeinflussen, nutzbar gemacht werden.

Ein Beispiel dafür sind die Nutzungskosten, die in Summe im normalen Lebenszyklus einer Immobilie die Anfangsinvestition um ein Vielfaches übersteigen. Analysiert man diese Kosten, zeigt sich, dass man sie nur positiv beeinflussen kann, wenn bei der Suche nach möglichen Stellgliedern mit großer Sorgfalt und fachlicher Erfahrung vorgegangen wird.

7 Werkzeuge und Methoden der Projektentwicklung

7.1 Projektstrukturpläne

Die Entwicklung von Immobilienprojekten ist nur beherrschbar, wenn der sehr komplexe Gesamtprozess in überschaubare Einheiten aufgeteilt wird.

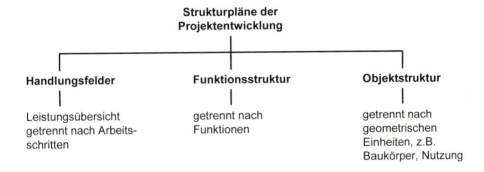

Abb. 7.1 Strukturpläne in der Projektentwicklung

Vor dem Beginn der Konzeptionsphase muss zur Definition der Projektziele eine Übersicht über die notwendigen Teilleistungen erstellt werden.

Häufig unterbleibt eine systematische Erfassung der erforderlichen Teilleistungen aufgrund der irrigen Auffassung, dass sich der Projektentwicklungsprozess von Anfang an an festen Zielen orientiert. Sehr oft wird dann viel zu spät erkannt, dass zur Beantwortung wesentlicher Fragen die Mitwirkung von Spezialisten erforderlich wird Verzüge in der Planung und schlimmstenfalls in den bereits begonnenen Bauarbeiten sind die Folgen. Besonders kritisch wirkt sich das aus, wenn auf der Grundlage unvollständiger Vorgaben bereits rechtverbindliche Verträge abgeschlossen worden sind.

Viele Entwicklungsprojekte bringen deshalb nicht den erhofften Erfolg und laufen aus dem Ruder, weil ein durchgängiges Ordnungsprinzip für ein effizientes Terminmanagement auf der Grundlage einer klaren Projektstruktur fehlt.

Aufbauend auf die Definition der Handlungsfelder und den erforderlichen Teilleistungen müssen alle wesentlichen funktionalen und inhaltlichen Elemente der Projektentwicklung analysiert und in Beziehung zueinander gesetzt werden. In der Praxis haben sich hierzu Projektstrukturpläne durchgesetzt.

Auf ihrer Grundlage lassen sich mit vertretbarem Aufwand unterschiedliche Szenarien durchspielen und bewerten, so dass bei Ablaufstörungen in jeder Phase der Projektentwicklung Handlungsoptionen zur Verfügung stehen, auf die unmittelbar zurückgegriffen werden kann.

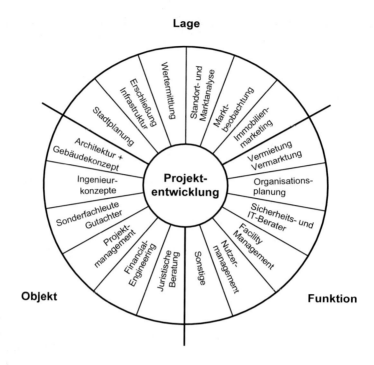

Abb. 7.2 Wichtige Handlungsfelder der Projektentwicklung (Beispiel Bürogebäude)

Objektstrukturpläne gliedern das Entwicklungsprojekt nach geometrischen Einheiten. Soweit die Übersichtlichkeit nicht zu sehr leidet, können im Objekt bezogenen Strukturplan funktionale Aspekte, wie z. B. Teilprojekt übergreifende Zuständigkeiten, mit aufgenommen werden.

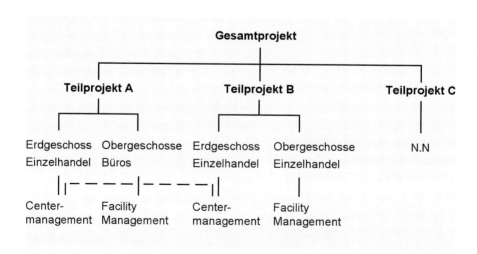

Abb. 7.3 Auszug aus einem Objekt bezogenen Projektstrukturplan

Der funktional gegliederte Projektstrukturplan bildet die Grundlage für eine sorgfältige Analyse aller Einflussgrößen der Projektentwicklung sowie für eine erste Risikoanalyse an Hand von alternativen Ablaufmodellen.

Durch seine Transparenz schafft er darüber hinaus klare Zuständigkeiten.

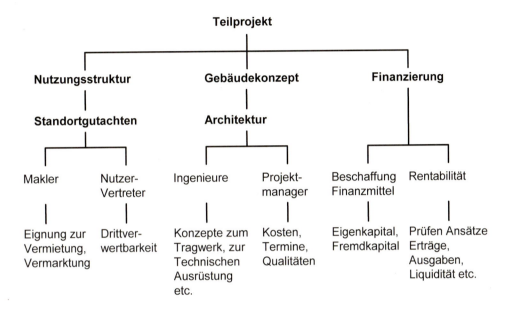

Abb. 7.4 Auszug aus einem funktional gegliederten Projektstrukturplan

Erfolge in der Projektentwicklung ergeben sich nur sehr selten allein aus genialen Ideen. Beharrlichkeit und eine systematische Abarbeitung der einzelnen Problemfelder muss zwingend dazu kommen.

7.2 Das Verfahren der Regelkreise

Ausschließlich linear und starr ausgelegte work flows eignen sich nicht zur Ablaufsteuerung von Projektentwicklungsprozessen, da weitgehend unkalkulierbare äußere Einflüsse Annahmen zur Ablaufstruktur massiv beeinflussen können (politische Einflüsse, Vermietung und Vermarktung, konjunkturelle Entwicklungen etc.). Es muss davon ausgegangen werden, dass bereits abgewickelte Arbeitsprogramme wieder aufgegriffen werden müssen und dass es zu Rückschritten im Entwicklungsprozess kommen kann.

Um trotzdem eine ausreichende Transparenz über Ursache und Wirkung solcher Ereignisse sicherstellen zu können, sollte der Gesamtablauf einer Projektentwicklung in Regelkreise aufgeteilt werden. Jeder Regelkreis umfasst eine in sich abgeschlossene Phase der Projektentwicklung, die in einem klar definierten Zwischenergebnis endet. Der Vorteil der Regelkreise besteht darin, dass Änderungen in ihren Auswirkungen auf die Gesamtstruktur sehr schnell erkannt werden können. Werden z. B. im dritten Regelkreis Änderungen erforderlich, die Auswirkungen im ersten oder zweiten Regelkreis auslösen, sind die unmittelbaren Folgen, wie z. B. Mehrkosten aus Planungsänderungen etc., direkt ablesbar.

Erforderliche Maßnahmen können aufgrund der systematisch, direkt abgeleiteten Abweichungsanalysen Ziel gerichtet umgesetzt werden.

Auch hier bilden die Methoden und Werkzeuge des Projektmanagements eine hervorragende Basis. Die Projektentwicklung kann bei Erfordernis in sehr kurzer Zeit an den aktuellen Stand angepasst werden, da die geordneten Strukturen eine schnelle Reaktion über – im Idealfall bereits vorbereitete – Crashprogramme zulassen [33].

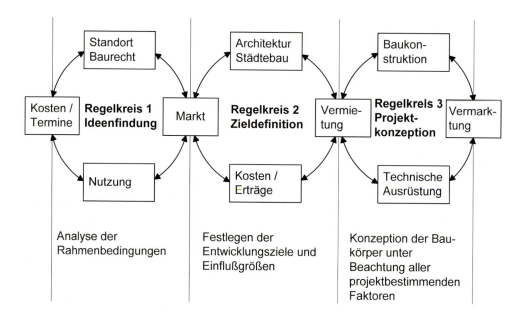

Abb. 7.5 Aufbau von Regelkreisen der Projektentwicklung

7.3 Ablaufsimulation über Terminpläne

Die in immer kürzeren Perioden verlaufenden Veränderungen im Markt wirken sich natürlich auch auf die Terminplanung und –steuerung in der Projektentwicklung aus. Um sich im Markt behaupten zu können, müssen Trends früh erkannt werden, um mit attraktiven Angeboten innerhalb kurzer Zeit reagieren zu können. Gleichzeitig steigen die Anforderungen an die Genauigkeit und Aussagetiefe der Projektentwicklung, damit der Übergang zwischen Projektentwicklung und Realisierung weitgehend reibungslos erfolgen kann.

Sie können nur eingegrenzt oder vermieden werden, wenn bereits bei den ersten Schritten der Projektentwicklung mit besonderer Sorgfalt auf der Grundlage von Terminplänen, die für alle

Beteiligten verbindlich sind, vorgegangen wird. Zur Steuerung von Entwicklungsprozessen haben sich besonders vernetzte Balkenpläne auf der Basis von etwas zu Unrecht aus der Mode gekommenen CPM-Netzplänen in Verbindung mit Terminlisten bewährt. Auf der Grundlage einer gründlichen Analyse der Potenziale aller Beteiligten, ihren Aufgaben und Zielen sowie den gegebenen Randbedingungen geben sie schnell und transparent Auskunft darüber

- **wer** welche Aufgaben erfüllen muss und **wann**
- **was** erledigt werden muss und **wo**
- **wie** das Ergebnis aussehen soll und **warum** die Erledigung wichtig ist

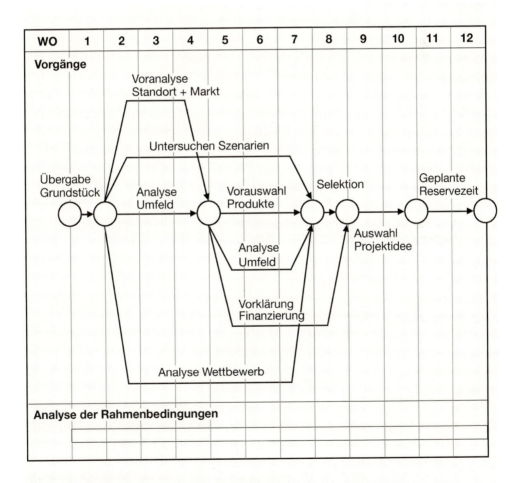

Abb. 7.6 Grobstrukur Terminplan Regelkreis 1, Ideenfindung

7.4 Frühwarnsysteme bei Prozessstörungen

Frühwarnsysteme haben die Aufgabe, anhand von Indikatoren bzw. Signalen, die aus dem Markt kommen, auf Gefahren und Risiken aufmerksam zu machen.

Da ihr Betrachtungshorizont eher langfristig ausgelegt ist, spricht sehr viel dafür, die Verantwortung der Projektentwicklung nicht mit dem Übergang zur Projektrealisierung abrupt enden zu lassen.

Stattdessen sollten die für die Projektentwicklung Verantwortlichen im Rahmen eines Monitorings am Umsetzungsprozess beteiligt bleiben, damit Hintergründe und Informationen aus den frühen Phasen des Projekts jederzeit abgerufen werden können.

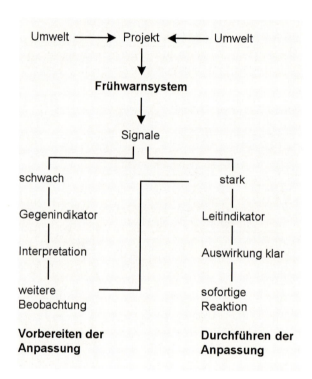

Abb. 7.7 Funktionsweise eines Frühwarnsystems

Ziel von Frühwarnsystemen ist es, aus bestimmten bzw. plötzlich auftretenden Ereignissen, deren Signal am Anfang durchaus relativ schwach sein kann, Tendenzen zu Fehlentwicklungen im Gesamtprozess abzuleiten.

Frühindikatoren lassen sich im zeitlichen Verlauf abbilden und mit vorgedachten Entwicklungslinien vergleichen.

Die Reaktion auf solche Veränderungen hängt dabei stark von der subjektiven Einschätzung der absehbaren Ereignisse ab, wobei je nach Sichtweise das Ausmaß und die strategischen Auswirkungen, die Wahrscheinlichkeit der Vorhersage und damit die Dringlichkeit variieren.

7.4 Frühwarnsysteme bei Prozessstörungen

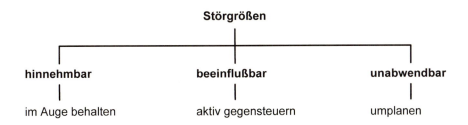

Abb. 7.8 Störgrößen im Terminmanagement

Der Auswahl geeigneter Indikatoren fällt eine besondere Bedeutung zu.

Eine wesentliche Grundvoraussetzung ist, dass für alle Beteiligten zumindest argumentativ eine angemessene win-win – Situation bei der Durchführung von Anpassungsmaßnahmen erhalten bleiben muss.

Traditionelle Verhaltensmuster sind dabei besonders zu beachten, da sie oft unterschiedlichen Projektrichtungen folgen.

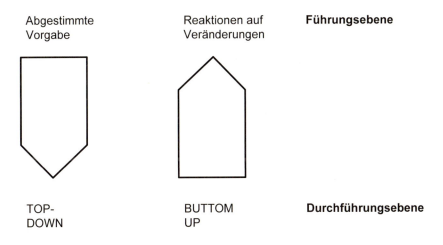

Abb. 7.9 Gegenläufige Reaktionen auf Änderungen im Projektentwicklungsprozess

Analog zum Risikomanagement muss beim Terminmanagement am Anfang der Prozesskette eine Priorisierung möglicher Störgrößen erfolgen.

Bei ihrer Selektion ist die seit langem bekannte, eher intuitiv erfolgreich angewandte ABC-Analyse besonders hilfreich, die in ihren Ansätzen davon ausgeht, dass der Wirkungsgrad aus einer Störung durch den Quotient aus Ursache und Wirkung bestimmt wird. Nach der Paretoregel (vital few, useful many) gilt, dass eine relativ kleine Anzahl von Ursachen die größten Auswirkungen auf das Projektergebnis hat.

Die besondere Schwierigkeit liegt bei dieser Methode darin, die Prozesse so zu analysieren, dass die A/B – Elemente tatsächlich identifiziert werden können. Indikatoren wie Herstellkosten, Bauzeit etc. helfen dabei in isolierter Betrachtung nicht entscheidend weiter, da zunächst schwache Signale aus dem Bereich der C-Elemente eine Dynamik entwickeln können, die sie zu Projekt bestimmenden Faktoren machen können.

So kann z. B. ein Umschwung in der öffentlichen Meinung, der über geschickte PR-Arbeit relativ schleichend ausgelöst werden kann, ein Projekt zum Scheitern bringen, obwohl es hierfür keine objektiven Gründe gibt.

Ähnliches gilt, wenn sich die Konkurrenzsituation über Indiskretionen im Vorfeld der Grundstückssicherung schlagartig ändert.

Solange keine Hilfsmittel existieren, mit denen der Gesamtprozess von der Projektentwicklung bis zur Inbetriebnahme in Varianten simuliert werden kann, bleibt die persönliche Erfahrung und damit das fachliche Können des Leiters eines Projektentwicklungsteam die ausschlaggebende Stellgröße. Dies um so mehr, als dass sich eine Reihe wichtiger Indikatoren sehr oft ohne deutliche Vorankündigung verändern können.

Zur Vermeidung von nicht mehr ausgleichbaren Fehlentwicklungen ist in solchen Fällen sofortiges Handeln erforderlich, das jedoch grundsätzlich eine ausreichende Erfahrung bei den Projektverantwortlichen voraussetzt.

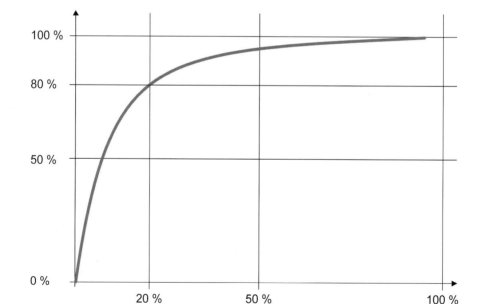

Abb. 7.10 Ursache und Wirkung nach Pareto

7.5 Risikomanagement

7.5.1 Risiken und Chancen

Bei der Projektentwicklung stehen großen Risiken auch große Chancen gegenüber. Hauptaufgabe der Projektentwicklung ist es, Risiken systematisch zu erfassen, zu bewerten und so weit wie möglich zu eliminieren. Die Risiken unterscheiden sich in

- direkte Risiken, die vom Projektentwickler unmittelbar erfasst und beeinflusst werden können,
- indirekte Risiken, die sich erst im Verlauf der Projektentwicklung konkretisieren.

Während bei den Frühwarnsystemen die ganzheitliche Beobachtung der Prozesse und ihrer maßgeblichen Randbedingungen im Vordergrund steht, liefert das Risikomanagement anhand permanenter Soll-Ist – Abgleiche aller zur Verfügung stehenden Daten die erforderlichen Fakten, die für die Einleitung von Steuerungsmaßnahmen erforderlich sind.

Entscheidend für die angestrebte Risikominimierung ist die objektive und fachgerechte Aufbereitung aller Projekt bestimmenden Faktoren (das Prinzip Hoffnung reicht alleine nicht). Risiken sind in der Entwicklung von Immobilienprojekten immer vorhanden. Sie sind um so größer, je mehr bei der Projektentwicklung zukünftige Entwicklungen im Immobilienmarkt vernachlässig werden.

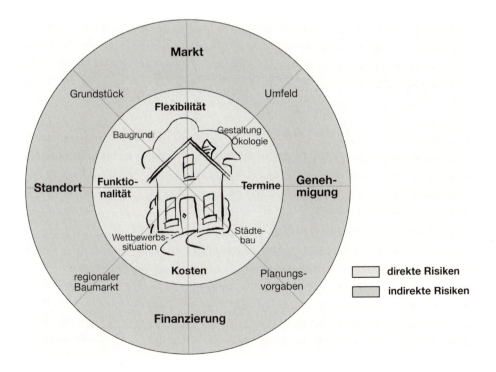

Abb. 7.11 Wesentliche Risiken der Projektentwicklung

Bisher gebräuchliche „Praktikermethoden", die sich rein auf den „Ist-Zustand" und damit auf die Investitionskalkulation und deren Aspekte wie die

- Verkürzung der geforderten Amortisierungszeit
- Herabsetzung des Vervielfältigers (Erhöhung der Kapitalverzinsung über den Normwert)
- kalkulatorisch überhöhte Leerstandsraten
- Kalkulation erhöhter Baukosten
- Berücksichtigung unspezifischer Risikozuschläge

stützen, sind unter den Bedingungen des Nutzermarktes (Käufer oder Mieter) zur Risikosteuerung alleine ungeeignet.

Aktives Risikomanagement setzt voraus, dass Veränderungen gegenüber wesentlichen Parametern der Projektentwicklungsidee, die z. B. insbesondere im Bereich

- Wertentwicklung und Inflation
- Zinsniveau
- Wirtschaftswachstum
- Angebot und Nachfrage

liegen, zusätzlich erfasst werden.

Risikominderung über ein aktives Risikomanagement ist nicht gleich zu setzen mit dem Ausschluss aller denkbaren Risiken.

Hierfür sind die Entwicklungsprozesse viel zu komplex. Trotz einer gründlichen Analyse aller Randbedingungen können vergleichbar geringe Veränderungen in den Randbedingungen ein Projekt zum Scheitern bringen.

7.5.2 Definition der Projektentwicklungsrisiken

Zu unterscheiden sind folgende Fälle:

- Standort- und Projektrisiken aus fehlenden bzw. fehlerhaften Prognosen,
- Gefahr, dass geplante Erträge im Markt nicht oder noch nicht realisiert werden können,
- Gefahr, dass die Kosten des Projektes höher ausfallen als geplant,
- Gefahr von Mehrkosten aus der Insolvenz des Generalunternehmers oder wichtiger Nachunternehmer
- Schwankungen in der Wertentwicklung von Immobilien aufgrund konjunktureller Einflüsse und Änderungen im Anlageverhalten potenzieller Investoren,
- falsche Gestaltung von Miet- und Finanzierungsverträgen,
- falsche Einschätzung von zukünftigen Marktbedingungen,
- unangemessene Reaktion in der Auslegung der Gebäudekonzeption im Verhältnis zur vorgesehenen Nutzungsstruktur und zu den Standortbedingungen,
- Elementarrisiken, wie das Marktrisiko, das sich in erster Linie aus einer nicht unmittelbar ablesbaren negativen Entwicklung der Teilmärkte bzw. aus gesamtwirtschaftlichen Entwicklungen ergibt.

a) Verschärfung der Konkurrenzsituation durch Überangebote,
b) Verschiebungen in der Nachfrage (Wechselarbeitsplätze versus Einzelräume).

In der unmittelbaren Folge entstehen zwangsläufig weitere Risiken:

- Marktrisiken in Verbindung mit Bonitätsrisiken, wie z. B.
    a) der allgemein wirtschaftlichen Situation der Nutzer (Investitionsklima, Marktentwicklung etc.),
    b) Änderung von Rahmenbedingungen zur Finanzierung (Zinsrisiko),
    c) Leerstandsquote (Probleme beim Flächenabsatz),
    d) Negative Interaktion zwischen Anbietern und Nachfragern aufgrund negativ eingeschätzter Veränderungen in den mittel- und unmittelbaren Rahmenbedingungen einer Projektentwicklung (Imagewert).

7.5.3 Grundlagen des Risikomanagements

Die Risiken einer Projektentwicklung lassen sich bei einer sorgfältig vorbereiteten Projektentwicklung entscheidend mindern.

Grundvoraussetzung ist die sorgfältige Beobachtung aller Projekt bestimmenden Faktoren. Die Störgrößen, die dabei identifiziert werden, können entweder als normale Risiken hingenommen werden oder aber als Elementarrisiko wichtiger Bestandteil des Entwicklungsprozesses werden.

Entsprechend der Aufteilung der Projekt bestimmenden Faktoren in weiche und harte Faktoren muss der Projektentwicklungsprozess organisiert und gesteuert werden.

Dabei ist nach qualitativen und quantitativen Aspekten zu unterscheiden.

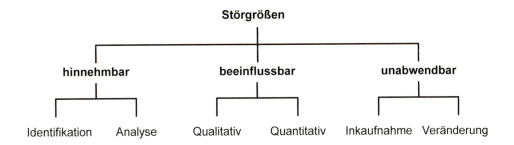

Abb. 7.12 Struktur des Risikomanagements

7.5.4 Bewertung von Risiken

Die qualitative Einordnung von Risiken erfolgt über den direkten Vergleich von Referenzprojekten und den Zielvorgaben aus der Phase der Zieldefinition der Projektentwicklung.

Über die Bildung von Modellen mit wechselnden Szenarien kann mit dem Hilfsmittel der Simulation die Konstanz von Projekt bestimmenden Faktoren hinterfragt werden. Zusammen mit Szenarioanalysen (Bildung von Zielkorridoren) und Frühwarnsystemen lassen sich Korridore festlegen, in denen Chancen und Risiken einer Projektentwicklung dargestellt werden können.

7.5.5 Steuerung von Risiken

Grundlage für ein effizientes Risikomanagement ist die Festlegung der Projekt bestimmenden Faktoren in einem ganzheitlichen Zielsystem. Dabei werden u. a. die Einflussgrößen aus

- der Flächenwirtschaftlichkeit
- der Nutzungsflexibilität
- der Architektur und dem Städtebau
- der Kosten- und Terminsicherheit
- der Qualitätssicherung und
- der Bauökologie

auf der Basis von Elementen der Nutzwertanalysen (Wichtung) in ein angemessenes Verhältnis zur jeweils spezifischen Aufgabenstellung der Projektentwicklung gebracht. Bei der Beeinflussung von Risikopotenzialen ergibt sich das scheinbare Paradoxon, dass sich weiche Risikofaktoren (Umfeld etc.) sehr viel weniger gestalten lassen als harte Faktoren (Wirtschaftlichkeit, Termine etc.).

7.6 Programming

Unter dem Oberbegriff Programming werden alle Funktionen der Projektentwicklung zusammengefasst, die sich aus der strategischen Ausrichtung des Nutzungsprogramms ableiten. Unabhängig davon, ob das Projekt selbst genutzt werden soll (Organisationsprojekt) oder als reines Renditeobjekt (Investitionsprojekt) konzipiert wird, stehen dabei unter Marktgesichtspunkten die Nutzerinteressen eindeutig im Vordergrund.

Dies verstärkt die Forderungen nach einem Umdenken in der Immobilienwirtschaft, die bisher einseitig den Mietpreis pro m^2 in den Vordergrund stellt, wobei häufig nicht einmal die Bezugsebene (Bruttogrundfläche, Nutzfläche, Hauptnutzfläche, Mietfläche nach gif etc.) geklärt ist. Besonders deutlich wird die Entwicklung am Beispiel von Büroimmobilien, bei denen der Arbeitsplatz zunehmend als Produktivitätsfaktor erkannt wird, der sich über einen Vergleich der Kosten pro m^2 Mietfläche nur teilweise erfassen lässt.

Unterstellt man, dass die Raumkosten lediglich 8 – 10 % der Gesamtkosten pro Arbeitsplatz ausmachen, wirkt sich eine um 10 % höhere Miete mit einem rechnerischen Kostennachteil von insgesamt ca. 1 % aus.

Häufig wird eine Gegenrechnung der wirtschaftlichen Effekte unterlassen, die sich aus der Steigerung der Arbeitseffizienz ergeben, und die leicht eine Größenordnung von 10 – 20 % erreichen können. Auf mögliche Veränderungen in den Nutzeranforderungen muss daher sehr viel stärker als bisher geachtet werden, da sie auf alle Bereiche des Programmings Einfluss nehmen.

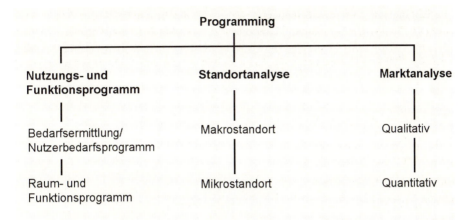

Abb. 7.13 Wesentliche Handlungsfelder des Programmings

Im Rahmen einer Studie zu Veränderungen in der Arbeitswelt kam das Fraunhofer IAO Institut zu den Ergebnissen, dass

- die Nutzung der Informations- und Kommunikationstechnologie große Flexibilisierungseffekte schafft. Sie gehört inzwischen zum Grundstandard.
- die e-commerce – Anwendungen durch die flächendeckende Nutzung mobiler Informations- und Kommunikationstechnologien (UMTS, WLAN etc.) massiv an Bedeutung gewinnen werden.
- die Arbeitswelt sich stärker als bisher an Ergebnissen orientiert organisieren wird. In der Folge entstehen flexible Einheiten, die als virtuelle Kleinunternehmen auf Zeit Projektpartnerschaften eingehen.

Es liegt auf der Hand, dass die bisher gebräuchlichen Arbeitsplatzkonzepte auf die Veränderungen in den Randbedingungen reagieren müssen. Analog zu Beispielen aus der Automobilindustrie, wo sich Zulieferer unmittelbar an den Fertigungsstätten ansiedeln, ist zumindest eine organisatorische Verflechtung der ausgelagerten Funktionsbereiche im Dienstleistungssektor denkbar.

Abb. 7.14 Grundmodell der Ergebnis orientierten Arbeitsorganisation

Die Entwicklung zur Ergebnis orientierten Arbeit ist gekennzeichnet von klar definierten Zielvorgaben, flachen Hierarchien und temporär, nach Erfordernis zusammengesetzten Teams (Selbstverantwortung und –steuerung,) sowie der Arbeit an verschiedenen Standorten (ausgelagerte Kompetenz und Dienstleistungen, Zusammenwachsen von Arbeit und Freizeit).

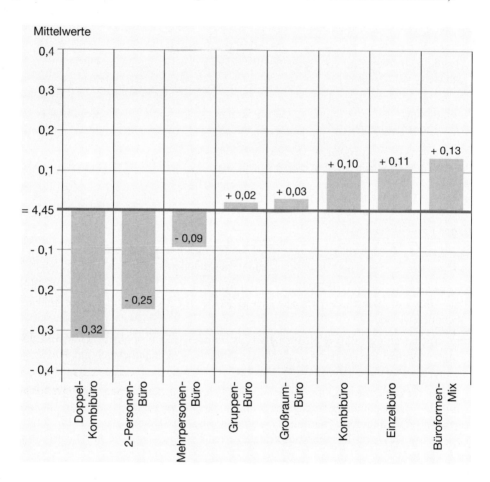

Abb. 7.15 Index zur Akzeptanz unterschiedlicher Büroformen

Zwangsläufig nimmt, ausgelöst durch die Veränderungen in den Organisationsstrukturen, die Bedeutung des statischen Arbeitsplatzes ab.

Die Arbeit wird da erledigt, wo es zweckmäßig ist: beim Kunden, in der Zentrale (Anker), in der Niederlassung (drop-in) oder zu Hause.

Wie stark der oben skizzierte Trend bereits wirksam geworden ist, zeigt eine empirische Studie der Forschungsgemeinschaft Office21 [13], die belegt, dass in der Effizienz und Beliebtheit gemischt nutzbare Büroformen bei den Mitarbeitern einen Spitzenplatz einnehmen.

Neue Bürokonzepte (Future Office) greifen die geänderten Anforderungen auf und setzen sie in neuartigen Gebäudekonzepten um.

Ähnliches gilt auch für andere Immobilienprodukte, wie z. B. Handelsimmobilien, Seniorenzentren etc., die in ihrer baulichen Ausformung von sich ändernden Nutzungs- und Funktionsanforderungen bestimmt sind.

Fehlentscheidungen aus der Programmingphase können allenfalls noch in der Planungsphase korrigiert werden, dies jedoch in der Regel nur mit einem hohen Kostenaufwand und unter Inkaufnahme von Zeitverlusten.

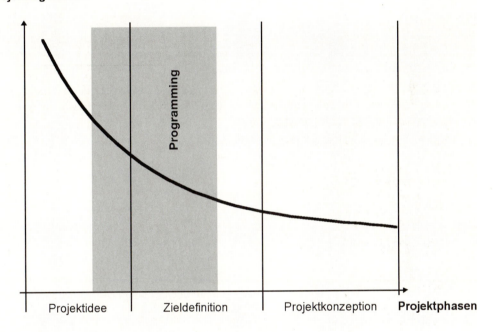

Abb. 7.16 Einfluss des Programmings auf die Projektergebnisse

7.7 Nutzungs- und Funktionsprogramm

Wenn der grundsätzliche Bedarf für eine Immobilieninvestition feststeht und alle wesentlichen Anforderungen über eine umfassende Analyse der gegenwärtigen und zukünftigen Randbedingungen geklärt sind (z. B. über die Szenariotechnik), muss zunächst ein detailliertes Nutzerbedarfsprogramm erstellt werden, das alle Projekt bestimmenden Faktoren umfasst. Sie bilden die Grundlage einer eindeutigen Sollvorgabe, die für alle folgenden Projektphasen gilt.

Die Aufstellung des Nutzerbedarfsprogramms gehört zu den nicht delegierbaren Bauherrenaufgaben und ist in Folge dessen nicht über die Leistungen der HOAI § 15, Phase 1 Grundlagenermittlung abgedeckt.

Wegen der besonderen Bedeutung des Nutzerbedarfsprogramms für den Projekterfolg arbeiten Investoren in der Regel bei der Aufstellung mit externen Fachleuten zusammen, die insbesondere verbindliche Aussagen zu

- Art und Menge der benötigten Flächen
- Qualitäts- und Ausstattungsmerkmalen
- organisatorischen und betrieblichen Randbedingungen
- technischen und gesetzlichen Randbedingungen
- finanziellen und terminlichen Randbedingungen

machen.

Bei Realisierungsmodellen ist die Erstellung eines in sich schlüssigen Nutzungs- und Funktionsprogramms mit einer frühzeitigen Ergebnis gebundenen Vergabe der Planungs- und Bauleistungen (Baupartner-, Maximalpreis-, 3P – Modelle etc.) von besonderer Bedeutung.

In der DIN 18205 „Bedarfsplanung im Bauwesen" sind deshalb Checklisten erarbeitet worden, die sicherstellen sollen, dass alle Aspekte entsprechend der jeweiligen Aufgabenstellung vollständig und stimmig berücksichtigt werden.

Die Prüflisten gliedern sich wie folgt:

Prüfliste A (Projektgrundlagen)

A1 – Das Projekt	Name, Bezeichnung, Gebäudeart, Nutzungsart
A2 – Zweck des Projektes	Hauptziele (Eigennutzung, Fremdnutzung etc.)
A3 – Projektumfang	Größe, Qualität, Finanzrahmen, Zeitrahmen, Planungs- / Konzeptionsstand
A4 – Beteiligte	Bauherr, Nutzer, Projektmanager, Planer, Gutachter, Baufirmen
A5 – Einflussgruppen	Regierung, örtliche Verwaltung, Stadtplanung, Baubehörden, Nachbarn, Medien, Versicherungen, Finanzinstitute etc.

Prüfliste B (Rahmenbedingungen)

B1 – Projektorganisation	Beteiligte, Verfahren der Bewertung, Qualitätssicherung
B2 – Gesetze, Normen, Vorschriften	übergeordnete Planung, Einschränkungen, Subventionen bzw. Zuwendungen,
B3 – Finanzieller und zeitlicher Rahmen	Finanzierung, Risiken, Budgets, Kosten, Nutzungskosten (Lebenszykluskosten), Terminvorgaben, kalkulierte Lebensdauer

B4 – Projekthintergrund und historische Einflüsse	Projektgeschichte, gegenwärtige Lage, Gründe für die gegenwärtige Aktion, bestehende Verpflichtungen
B5 – Einflüsse von Grundstück und Umgebung	Verfügbarkeit des Grundstücks, kommerzielle und soziale Einflüsse, Umweltdaten, Infrastruktur, geophysische Daten, bestehende Gebäude
B6 – Zukünftige Position des Bauherrn	Organisationsform, Image, Anzahl der Beschäftigten, neue Tätigkeitsbereiche
B7 – Beabsichtigte Nutzung	Liste der Aktivitäten und Abläufe, Nutzer, Abhängigkeiten, Liste der zu berücksichtigenden Einrichtungen, Versorgung, Nutzenprodukte, Sicherheits- und Gesundheitsrisiken
B8 – Beabsichtigte Wirkung	auf das Unternehmen bzw. die Nutzer, auf die Öffentlichkeit und die Umwelt

Prüfliste C (Gebäudeeigenschaften)

C1 – Grundstück und Umgebung	räumliche Beziehung, Schutz vor Witterungseinflüssen (z. B. Hochwasser), Zugang und Straßenplanung, Sicherheit
C2 – Gebäude	Eigenschaften des Baukörpers, Verkehr, Zugang, Sicherheit, Kommunikation, Erscheinung (Architektur, Material, Farben, Oberflächen etc), Kunstwerke, Betrieb
C3 – Gebäudestruktur	statisches System, äußere Hülle, räumliche Gliederung, Ver- und Entsorgung
C4 – Raumgruppen	Zonierung, räumliche Beziehungen
C5 – Einzelräume	Eigenschaften, verwandte Aktivitäten
C6 – Einrichtung, Ausstattung, Möbel	Liste von Gegenständen, Zuordnung der Nutzung, Materialien, Farben, Lebensdauern

Das Raum- und Funktionsprogramm wird auf der Grundlage des Nutzungs- und Funktionsprogramms erstellt. Dabei werden verschiedene Lösungsmöglichkeiten hinsichtlich der optimalen Abdeckung der Anforderungen untersucht, ohne dass bereits konkrete Entwurfsansätze vorliegen, da sie erst in der nachfolgenden Konzeptionsphase erarbeitet werden.

Optimierungsansätze können sich bereits in dieser Phase aus der Überlagerung von Nutzungen ergeben, wie z. B. bei Bürogebäuden:
- Eingangshalle ersetzt Veranstaltungs- oder Präsentationsflächen

- Konferenzzonen ermöglichen eine angemessene Gästebewirtung
- Nutzung von Besprechungszonen zur Teamarbeit.

Zunächst wird der erforderliche Flächenbedarf für die einzelnen Organisationseinheiten ermittelt. Danach erfolgt deren funktionale Zuordnung und Verteilung auf bestimmte Zonen einer fiktiven Gebäudestruktur (z. B. Eingangshalle zentral im Erdgeschoss in Nachbarschaft zum Mitarbeitercasino, zur Poststelle etc.).

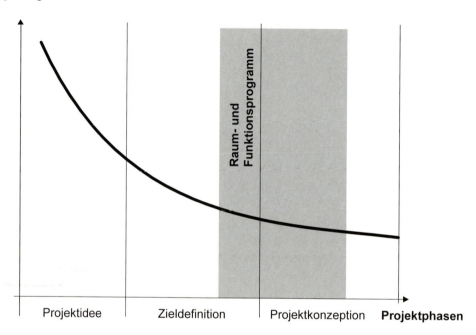

Abb. 7.17 Einfluss des Raum- und Funktionsprogramms auf die Projektergebnisse

Die Optimierung der Raumstrukturen und der zugehörigen Verbindungswege erfolgt unabhängig davon, ob die Projektentwicklung für einen Eigennutzer oder für eine Fremdnutzung erfolgt. Für beide Fälle müssen die Kriterien einer möglichen Drittverwertung erfüllt werden, um die nachhaltige Wirtschaftlichkeit der Immobilieninvestition sicherzustellen.

Zusätzlich müssen die Anforderungen an die Raumausstattung und die Baukonstruktion einschließlich der Technischen Ausrüstung festgelegt werden. In der Regel erfolgt dies über eine detaillierte Bau- und Ausstattungsbeschreibung als Teil des Raumbuches.

Raumbücher sind nicht Bestandteil der Projektentwicklung. Sie sind aufgrund des geforderten Detaillierungsgrades Teil der Vorplanung und der Entwurfsplanung.

Über die zunehmende Bedeutung der ganzheitlichen Betrachtung von Immobilienprojekten gewinnt das Facility Management stark an Bedeutung. Über detaillierte Vorgaben zum Raum- und Funktionsprogramm, die sich wiederum aus detaillierten Raum- und Ausstattungsbeschreibungen ableiten, versuchen Auftraggeber, die Grundlage zum Abschluss rechtssicherer Verträge zu legen.

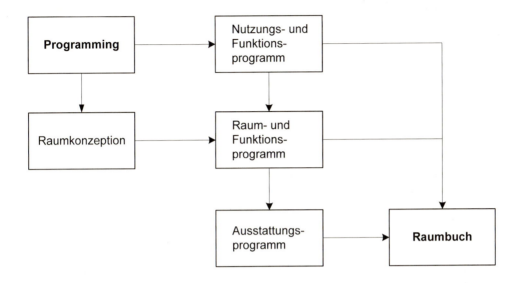

Abb. 7.18 Struktur der Nutzungs- und Funktionsplanung

Sie eignen sich aufgrund ihrer vielfältigen Informationen ideal als Schnittstelle zwischen der Projektentwicklung, Projektplanung und –realisierung sowie dem anschließenden Gebäudebetrieb, sofern die Struktur des Raumprogramms (Messeinheiten, Codierung, Klassifizierung von Standards etc.) über alle Phasen hinweg unverändert bleibt. Aus diesem Grund empfiehlt es sich, das Facility Management bereits bei der Projektentwicklung zu beteiligen.

7.8 Standortanalyse

Standortanalysen haben für die Projektentwicklung eine grundlegende Bedeutung. Sie umfassen die spezifischen Eigenschaften, Potenziale und Probleme von Bestandsimmobilien und Entwicklungsprojekten. Ergänzt durch Spezialanalysen wie

– Machbarkeitsstudien zur Auslotung der bau- und planungsrechtlichen Aspekte
– Investitionsanalysen
– Finanzierungsanalysen
– Wertermittlungen

begleiten sie den gesamten Lebenszyklus einer Immobilie von der Projektidee über die Realisierung bis zur Nutzung bzw. bei der Umnutzung und dem Rückbau als Startpunkt für eine neue Nutzungsperiode der Liegenschaft. Die Analysen umfassen die Parzelle und damit den Mikrostandort und die übergeordneten Einflüsse (Makrostandort).

Die Parzelle bestimmt die Lagequalität der geplanten Maßnahme, die Gebäudestruktur die Potenziale alternativer Nutzungsmöglichkeiten.

Von entscheidender Bedeutung sind mögliche Entwicklungslinien, die in die Zukunft gerichtet sind, da sie für die kommende Wertentwicklung maßgeblich sind

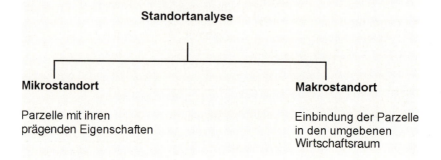

Abb. 7.19 Handlungsfelder der Standortanalyse

Der Makrostandort umfasst die Einbindung der geplanten Investition in den übergeordneten Wirtschaftraum. Seine Ausdehnung wird durch das Nutzungspotenzial der geplanten Immobilieninvestition bestimmt. Da sich die einzelnen Untersuchungsgebiete gegenseitig stark beeinflussen, ist eine isolierte Betrachtung einzelner Aspekte – z. B. der Lagequalität – eher die Ausnahme. Dies trifft insbesondere dann zu, wenn Standorte neu geschaffen oder revitalisiert werden sollen. Die Ergebnisse der Analysen zum Mikrostandort (Parzelle) haben immer einen direkten Einfluss auf die Gebäude- und Nutzungsstruktur. Schwerpunkte der Analyse des Mikrostandortes sind

- Grundstücksgröße und -zuschnitt,
- Beschaffenheit des Grundstücks (Topografie, Bodenformation, Altlasten, Natur- und Umweltschutz),
- planungsrechtliche Bedingungen,
- Infrastruktur und Erschließung,
- Einbindung in die Stadt- und Wirtschaftsstruktur,
- Entwicklungstendenzen.

Besondere Beachtung müssen rechtliche Standortbedingungen finden, wie z. B.

- Belastung des Grundstücks wie Eigentumsverhältnisse, Grunddienstbarkeiten, Reallasten,
- Nachbarschaftsrechte,
- städtische Verordnungen und Satzungen (Festlegungen zu Sanierungs- und Entwicklungsgebieten, Erschließungsgebühren etc.).

Standortanalysen werden in der Regel über Nutzwertanalysen ausgewertet.

Dabei werden relevante Prüfkriterien zusammengestellt, gewichtet und gewertet. Die so errechneten Teilnutzwerte werden addiert und in Relation zu einem Idealprofil bzw. vergleichbaren Alternativen gesetzt.

Tabelle 7.1 Beispiel für den Aufbau eines Kriteriengerüsts für eine Nutzwertanalyse

Hauptkriterium	Verkehrsanbindung
Oberkriterium	Anbindung an den ÖPNV
Unterkriterium	Anbindung an schienengebundene Verkehrsmittel
Messgröße	Gemessene Entfernung zu Haltestellen

Im Idealfall ergänzen sich Lage, Konzept und Nutzung einer Immobilie zu einem Optimum.

Die entsprechenden Anforderungen lassen sich vereinfacht aus den gewollten Emotionen, die der spätere Benutzer bei der Annäherung, beim Betreten und bei der der Orientierung innerhalb des Gebäudes haben soll, ableiten.

Standortanalysen sind immer subjektiv geprägt. Da sie eine entscheidende Grundlage für die Art und den Umfang der geplanten Investition bilden, sollten sie nur im Team erstellt werden, um trotzdem ein Höchstmaß an Objektivität sicherzustellen.

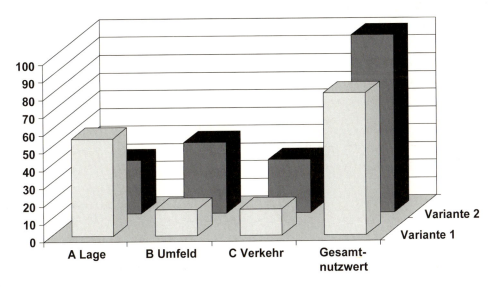

Abb. 7.20 Grafische Darstellung der Ergebnisse einer Nutzwertanalyse

Tabelle 7.2 Auszug aus einer Nutzwertanalyse

Kriterien		Erfüllungs-grad (0 - 100)	Variante 1		Variante 2	
			Wich-tung	Teil-nutzen	Wich-tung	Teil-nutzen
A	Liegenschaften					
	Summe A		49 %	23,50	20 %	9,60
B	Umfeld					
	Summe B		20 %	18,20	49 %	44,60
C	Verkehr					
C1	Fußläufige Anbindung	40	2 %	0,80	2 %	0,80
C2	Anbindung an Radwege	60	2 %	1,20	2 %	1,20
C3	Anbindung ÖPNV	50	10 %	5,00	2 %	1,00
C4	Tram / Bus	50	2 %	1,00	2 %	1,00
C5	ÖPNV-Frequenz	70	2 %	1,40	2 %	1,40
C6	Erreichbarkeit	100	7 %	7,00	7 %	7,00
C7	PKW-Anbindung	90	3 %	2,70	6 %	5,40
C8	Ruhender Verkehr	90	2 %	1,80	4 %	3,60
C9	PKW-Frequenz	90	1 %	0,90	4 %	3,60
	Summe C		31 %	21,80	31 %	25,00
			100 %	63,50	100 %	79,00

Aufgrund der dezentralen Orientierung des deutschen Immobilienmarktes, der anders als in Großbritannien oder Frankreich nur eine relativ geringe Konzentration von politischen und öffentlichen Einrichtungen sowie Wirtschaftsunternehmen an einem Standort (Metropole) aufweist, ergibt sich zwischen den großen Städten der Bundesrepublik ein ausgeprägter Wettbewerb unter Ausnutzung der jeweiligen Standortvorteile (z. B. München = Freizeit, Frankfurt = Internationalität, Köln = Kultur, Düsseldorf = Telekommunikation etc.).

Da die einzelnen Standorte unterschiedliche Entwicklungstendenzen aufweisen, diversifizieren Besitzer großer Immobilienportfolios (z. B. institutionelle Investoren) ihre Anlagen und investieren zur Risikoabgrenzung in verschiedenen Regionen (Makrostandorte). Die Analyse des Makrostandorts umfasst in der Hauptsache

- die räumliche Ausdehnung und die Struktur in Abhängigkeit vom vorgesehenen Nutzungskonzept. Für unterschiedliche Nutzungsstrukturen können sich dabei unterschiedliche Standortstrukturen ergeben.
- die Bevölkerungsstruktur (Alters- und Haushaltsstruktur, Migrationstrends),
- die Kaufkraft (Verteilung, Erwerbs- und Arbeitslosenquote),
- die Wirtschaftsstruktur (Branchen, Beschäftigungszweige, Binnenkonjunktur etc.),
- die Zentralität der Beschäftigung (öffentliche Einrichtungen, Handel, Medien, Universitäten, Forschungsanstalten etc.),
- die Zentralität der Infrastruktur (Anbindung an übergeordnete Verkehrssysteme),
- die Veränderungstendenzen in allen Bereichen.

Nicht zu unterschätzen sind bei der Beurteilung des Makrostandorts auch die Auswirkungen der weichen Standortfaktoren wie

- das Standortimage
- das politische und gesellschaftliche Kleinklima und
- die Grundhaltung gegenüber Investoren.

7.9 Marktanalyse

Die Marktanalyse beinhaltet die Analysen des Mikro- und des Markostandortes, wobei die Abschätzung des Marktpotenzials im Vordergrund steht, das sich unmittelbar aus dem Marktvolumen und dem Marktgebiet ergibt.

Abb. 7.21 Grundstruktur einer Marktanalyse

In einem ersten Schritt wird das zu erwartende Einzugsgebiet festgelegt. Anhand weiterer Kriterien, wie z. B. der Jahreseinkommen, der Altersstruktur und der Zentralität wird das Marktpotenzial bestimmt, aus dem sich das Marktvolumen ableitet.

Die quantitative Marktanalyse ermittelt den Bedarf als Funktion aus Angebot und Nachfrage.

Die qualitative Marktanalyse differenziert die Nachfrage in bestimmten Sektoren, wie z. B. Wohnungsbau mit direkten Randbedingungen (z. B. erzielbare Miethöhe, Standortfaktoren, Servicefunktionen etc.). Leerstandsquoten spielen eine besondere Rolle bei der Marktanalyse, da sich hohe Leerstandsraten unmittelbar auf die Mieten, die im jeweiligen Marktsegment erzielt werden können, auswirken. Sie sind ein wichtiger Indikator bei der Abschätzung von Projektentwicklungsrisiken, wobei zu beachten ist, dass der erkennbare Trend nur bedingt aussagefähig ist. Es besteht das Problem, dass im Leerstand auch Flächen enthalten sind, die für den Markt praktisch nicht verfügbar sind. Im Bau befindliche oder genehmigte Flächen fehlen in der Leerstandsquote völlig.

Anhaltspunkte zur Nachfrage liefern die Marktberichte großer Makler- bzw. Immobilienunternehmen, die für die einzelnen Segmente die

– aktuelle und zukünftige Verfügbarkeit von Flächen abschätzen,

– regionale Strukturveränderungen (konjunkturelle Einflüsse etc.) in ihren Auswirkungen auf die Nachfrage abschätzen,

– Angaben zur Absorbtion freigewordener Flächen beinhalten.

Je nach ihrem Verwendungszweck wird bei Marktberichten der Immobilienwirtschaft nach City-Reports und Produkt-Reports unterschieden. Neben der Nachfragesituation geben sie Anhaltspunkte zu den erzielbaren Mieten, Kaufpreisen und möglichen Renditen. Zur Verbesserung der Markttransparenz, die insbesondere von ausländischen Marktteilnehmern gefordert wird, wurde 1998 unter der Federführung der ebs Immobilienakademie GmbH als neutraler Marktbeobachter die Deutsche Immobiliendatenbank GmbH (DID) mit Sitz in Wiesbaden gegründet. Etwa 20 institutionelle Investoren, wie z. B. die Allianz Grundbesitz, die AXA Real Estate, die DEKA Immobilien Invest etc., lieferten Daten aus über 2.000 deutschen Liegenschaften, nach denen sich der Deutsche Immobilien Index (DIX) errechnet, der erste Anhaltspunkte zur Verfassung des Immobilienmarktes und des Investitionsklimas liefert.

Tabelle 7.3 Auszug aus dem Ergebnisbericht des DIX 2003 [41]

Immobilien und andere Kapitalanlagen - Total Return %

	1999	2000	2001	2002	2003	3 J.	5 J.	8 J
Alle Bestandsgrundstücke	5,0	5,6	5,9	4,3	2,5	4,2	4,7	4,4
Aktien (DAX)	39,1	-7,5	-19,8	-43,9	37,1	-14,9	-4,5	7,3
Immobilien-AGs (E&G-DIMAX)	56,5	-25,4	-2,3	-19,9	-3,2	-8,8	-2,4	4,4
Festverzinsliche Wertpapiere (REXP)	-1,9	6,9	5,6	9,0	4,1	6,2	4,7	6,1
Inflationsrate	0,6	1,4	2,0	1,4	1,1	1,5	1,3	1,3
Inflationsbereinigter Total Return	4,4	4,2	3,8	2,8	1,4	2,7	3,3	3,0

Aus Renditedaten (total return, netto-cash flow-Rendite, Wertveränderungsrendite, Bruttoanfangsrendite) und der Veränderung der Bruttoroherträge, die getrennt nach den Nutzungsarten Handel, Büros, Wohnimmobilien, Misch- und anderen Nutzungen erhoben werden, errechnen sich die entsprechenden Indizes für den deutschen Immobilienmarkt, wobei sich der Gesamtindex aus der Rendite (total return) aller Bestandsgrundstücke errechnet.

Für 2003 erreichte der DIX mit 2,5 nach 4,3 in 2002 den schlechtesten Wert seit 1999 (5,0).

Neben den Marktberichten der Makler und dem Deutschen Immobilienindex stehen weitere Informationsquellen aus privaten Forschungseinrichtungen, wie z. B. dem Institut für Gewerbezentren, Starnberg, das GEWOS Institut für Stadt-, Regional- und Wohnforschung, Hamburg oder GFK Prisma-Institut für Handels-, Stadt- und Regionalforschung, Hamburg zur Verfügung.

In den meisten Fällen wird man jedoch, insbesondere in der Phase der Projektdefinition und -konzeption, zumindest ergänzend auf eigene Erhebungen bei Genehmigungsbehörden, Projektentwicklern und Bauträgern zurückgreifen müssen, um zu einer möglichst vollständigen Beurteilung der Marktverhältnisse zu kommen.

7.10 Steuerung über Zielsysteme

7.10.1 Grundsätze

Auf der Grundlage von sorgfältig erarbeiteten Zielsystemen, die gleichzeitig als Messlatten für die Bestimmung der jeweiligen Ergebnisse dienen, kann bereits in der Phase der Projektentwicklung ein Maximum an Investitionssicherheit geschaffen werden.

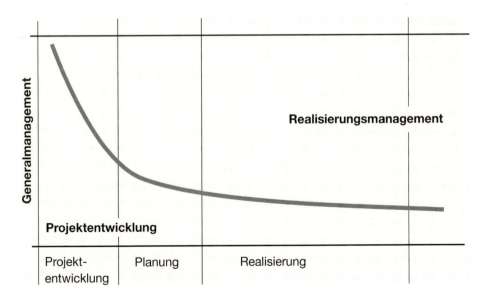

Abb. 7.22 Zusammenspiel Projektentwicklung / Projektmanagement

Gleichzeitig bilden sie eine weitgehend objektive Grundlage für den Interessensausgleich zwischen allen Beteiligten (private und öffentliche Akteure).

Über die konsequente Umsetzung der Projektziele im Rahmen eines konsequenten Projektmanagements gelingt es darüber hinaus nicht nur, die mittel- und langfristige ökonomische Ausrichtung des Projektes im Griff zu behalten, sondern auch die kurzfristigen, Wert sichernden Ziele wie Rendite, Kapitalwachstum, Fungibilität etc.

Bei der Umsetzung der Zielsysteme spielen die modernen Methoden des Projekt- und Baumanagements eine wichtige Rolle, da sich beide Leistungsbereiche über alle Phasen der Bauvorbereitung und –realisierung hinweg überlagern.

7.10.2 Zielkostenplanung und -steuerung

Allen Zielkostensystemen liegt ein kombinierter Ideen- und Preiswettbewerb zugrunde. Damit dieser überhaupt funktionieren kann, müssen sich alle Beteiligten auf gemeinsame Spielregeln einigen, die nur auf den ersten Blick ein Umdenken erfordern.

Die hierin enthaltenen Grundsätze zur Fairness im Umgang miteinander sollten eigentlich auch bei reinen Preiswettbewerben selbstverständlich sein.

Das renommierte „Consortium for advanced manufactoring International" (CAM-I in Bedfort, Texas) hat hierzu die folgenden – frei übersetzten – Regeln aufgestellt, die beispielgebend sind:

– Legalitätsprinzip

   Diskussionen mit Anbietern über einzelne Preiselemente sollten dann unterlassen werden, wenn die Informationen von einem Wettbewerber stammen.

– Chancengleichheit

   Informationen, die die Preisbildung beeinflussen, müssen allen Wettbewerbern zugänglich gemacht werden.

– Vertraulichkeit

   Lösungsansätze einzelner Wettbewerber, die Wettbewerbsvorteile versprechen, dürfen nur mit ihm als Partner der Gesamtabwicklung besprochen und weiterverfolgt werden.

– Kontakt mit Dritten

   Beim Kontakt mit Dritten, bei denen der Beitrag eines Partners Verwendung findet, müssen dessen Rechte gewahrt werden.

Im Kern geht der Ansatz der Zielkostenplanung und -steuerung davon aus, dass alle verfügbaren Ressourcen unabhängig davon, ob sie von der Anbieter- oder Umsetzerseite zur Verfügung gestellt werden können, so gebündelt werden, dass ein optimaler Kundennutzen bei einer auskömmlichen Preisstruktur entsteht. Oder anders ausgedrückt:

$$I_{GW} > I_P > I_K$$

wobei I_{GW} für den Gebrauchswert, I_P für den Index des Preises im Verhältnis zu Konkurrenzprodukten und I_K für die Entwicklung der Herstellkosten steht [42].

Bei der Betrachtung wird davon ausgegangen, dass das zu entwickelnde Produkt ein Konkurrenzprodukt oder ein Zielsystem hat, an dem sich die Entwicklung messen lässt.

7.10.3 Bewertung von Alternativen

Im Projektentwicklungsprozess werden unterschiedliche Lösungsansätze erarbeitet, die hinsichtlich ihrer relativen Vor- und Nachteile zu bewerten sind. Dabei geht es nicht nur um unmittelbar berechenbare Größen, sondern auch um nicht direkt ableitbare weiche Projektfaktoren, die für den Gesamterfolg der Investition trotzdem von größter Bedeutung sein können. Bisher gebräuchliche Verfahren wie die

– Kosten-Nutzen – Analyse (KNA)

– Nutzwertanalyse (NWA)

– Kosten-Wirksamkeitsanalyse (KWA)

berücksichtigen monetäre und nicht monetäre Einflussgrößen beim Aufbau ihrer Prüfraster, ohne aber die Chancen und Risiken einer Projektentwicklung ausreichend abzudecken, da die jeweiligen Ergebnisse stark subjektiv geprägt sein können.

Das von Akao [43] 1966 entwickelte Verfahren des Quality Function Deployments (QFD) entspricht in seinen Grundzügen dem Prinzip der Regelkreise, indem es mehrere, ineinander greifende Planungsphasen definiert, in deren Verlauf die Kundenwünsche immer genauer spezifiziert werden (house of quality).

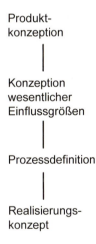

Abb. 7.23 Phasen des Quality Function Deployments (QFD) in der Projektentwicklung (vgl. DIN EN ISO 8402)

In der Phase 1 „Produktkonzeption" werden die wesentlichen Einflussgrößen des Marktes aus den Projekt bestimmenden Faktoren

– Standort

– Marktentwicklung / Nutzung

– Erträge / Renditen

– nachhaltige Ökonomie

- Kosten / Termine
- Bauqualität / Ökologie
- Architektur / Städtebau

analysiert und weitgehend subjektiv gewichtet.

Bei der Konzeption wesentlicher Einflussgrößen in Phase 2 steht die Konkretisierung der Kundenwünsche im Vordergrund, die sich aus einer Mischung von direkt messbaren und nur unmittelbar ableitbaren (subjektiven) Größen ergeben. Dabei ist nach Basisanforderungen, Leistungsanforderungen und Begeisterungsanforderungen [44] zu unterscheiden.

Basis- und Leistungsanforderungen sind in jedem Fall zu erfüllen und decken in aller Regel den Bereich der harten Projekt bestimmenden Faktoren ab.

Mit den Begeisterungsanforderungen schafft sich der Anbieter Alleinstellungsmerkmale im Markt, die vom Kunden sehr oft so nicht erwartet werden.

Ein Problem besteht jedoch darin, dass die Begeisterungsmerkmale zum richtigen Zeitpunkt angeboten werden müssen. Kommen sie zu früh, werden sie als solche nicht angenommen; kommen sie zu spät, werden sie in einem angepassten Markt bereits als Leistungsanforderung angesehen und nicht besonders honoricrt.

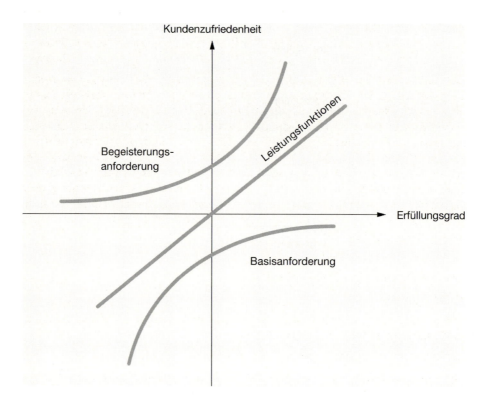

Abb. 7.24 Klassifizierung von Kundenwünschen (nach KANO)

7.10.4 Projektorganisation bei Systemen der Zielkostenplanung

In der stationären Industrie liegt dem Zielkostenmanagement eine geschlossene Prozesskette von der Zieldefinition bis zur Kundenbetreuung zugrunde. Hierdurch ergibt sich, dass alle Beteiligten in Form von Partnerschaftsmodellen auf das wirtschaftliche Ergebnis und damit auf die Wettbewerbsfähigkeit des Produkts Einfluss nehmen können.

In der Bauwirtschaft steht die Einführung ähnlicher Modelle (Partnering, Bauteam etc.) erst am Anfang, obwohl das Interesse an kooperativen Formen der Zusammenarbeit groß ist.

Voraussetzung für ein funktionierendes Zielkostenmanagement im Bauwesen ist die Aufgabe der klassischen Trennung zwischen der Planungs- und Realisierungskompetenz. Die Bauunternehmung muss durch die Übernahme von vertiefenden Planungsleistungen die Möglichkeit erhalten, die Wettbewerbsfähigkeit eines Produkts, das gemeinsam mit Projektentwicklern konzipiert wird, zu steigern.

Das wesentliche Problem liegt in der Auswahl des geeigneten Bauunternehmers, die am besten über einen kombinierten Preis- und Ideenwettbewerb erfolgen sollte, um von vorn herein auszuschließen, dass die angebotenen Kosten erheblich von den kalkulierten Zielkosten abweichen.

Als Grundlage für den Wettbewerb eignen sich Leistungsbeschreibungen mit einem Leistungsprogramm (Funktionalausschreibung) mit Vorgabe eines Kostenlimits. Da die Leistungsbeschreibung die geforderten Funktionen einschließlich der mutmaßlichen Kundenwünsche vollständig abbilden muss, empfiehlt sich bereits in der Angebotsphase eine Zielkostenspaltung, um die Angebote im Verhältnis zur eigenen Kalkulation besser bewerten zu können.

Die Belastbarkeit der Wettbewerbsergebnisse hängt in den nachfolgenden Projektphasen ganz entscheidend von der Qualität der Funktionalausschreibung ab, die ihrerseits maßgeblich von der Stabilität der Vorgaben aus der ausgewählten Gebäudekonzeption abhängt. Um zeit- und kostenaufwändige Verfahrensschritte zu vermeiden, sollten die Vorgaben zur Funktionalausschreibung im Wesentlichen den Ergebnissen einer integrierten Vorprojektplanung entsprechen (vergleiche Kapitel 3.4.5). Den größtmöglichen Nutzen bringt das Zielkostenmanagement, wenn die Grundlage durch ein fiktives Kundenanforderungsprofil gebildet wird. Um den Optimierungsprozess, der im Wesentlichen durch die Interaktion zwischen Auftraggeber und Auftragnehmer bestimmt wird, von vorn herein in geordneten Bahnen ablaufen zu lassen, ist eine Trennung der Zielvorgaben nach Basis- und Leistungsanforderungen unerlässlich. Zu den Basisanforderungen [8] zählen:

— gestalterische Mindestanforderungen
— Raumanzahl / Raumgröße / Raumvolumen
— natürliche Belichtung
— technische Mindestanforderungen an die Baukonstruktion wie Schall- und Wärmeschutz, Brandschutz, Tragfähigkeit der Konstruktion etc.
— Mindestanforderungen an die Technische Gebäudeausrüstung (TGA).

Die Ableitung der Leistungsanforderungen ergibt sich über die top-down – Betrachtung aus der Differenz zwischen den Zielkosten und den Kostenansätzen, die sich aus der Umsetzung der Basisfunktionen ergeben.

Bei der Anwendung der Prinzipien der Zielkostenplanung ergibt sich gegenüber den klassischen Verfahren der Projektabwicklung, die auf dem Prinzip der strikten Trennung von Vorgabe und Umsetzung basieren, die Schwierigkeit, dass die Standards, die den Basisanforderungen zugrunde liegen, im weitesten Sinn je nach den Anforderungen des Marktes frei definiert werden müssen. Leistungsmerkmale, die zum Zeitpunkt der Gebäudekonzeption einem hohen Standard entsprechen (z. B. erhöhter Wärmeschutz etc.), müssen z. B. aufgrund von Veränderungen in den gesetzlichen Rahmenbedingungen möglicherweise noch während der Projektlaufzeit den Basisanforderungen zugerechnet werden. Gleiches gilt für add ons, die vom Wettbewerb zugestanden werden, wie z. B. ein zusätzlicher Carport bei Wohngebäuden, der als Alleinstellungsmerkmal bei der Vermarktung eingesetzt wird.

Stellt sich im Rahmen des kombinierten Preis- und Ideenwettbewerbs heraus, dass die zu stellenden Anforderungen nicht vollständig abgedeckt werden können, muss die geplante Gebäudekonzeption grundsätzlich überdacht und ggf. geändert werden.

Eine Rückführung der ursprünglich angedachten Standards, die auf einer gründlichen Analyse der Marktanforderungen beruhen, ist nur soweit möglich, wie es die Basisanforderungen zulassen, wobei die kundenseitige Akzeptanz von Einsparmöglichkeiten stark unterschiedlich ist.

Untersuchungen im Wohnungsbau belegen, dass die Nutzer beim Vergleich von Objekten den Ausbaustandard zu den Leistungsanforderungen zählen. Zu den Basisanforderungen gehören der Standort und die Qualität der Raumstrukturen. Die Anwendung der Zielkostenplanung ist immer dann unproblematisch, wenn die geplanten Gebäudekosten oberhalb der Kosten zur Abdeckung der Basisanforderungen liegen.

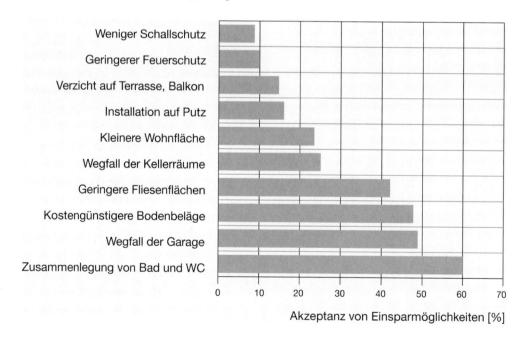

Abb. 7.25 Akzeptanz von Einsparungsmöglichkeiten beim Kauf von Wohnungseigentum [45]

Das Modell stößt jedoch an seine Grenzen, wenn die geplanten Kosten gerade ausreichen, um die Angebotspreise für die Basisanforderungen abzudecken. Um beurteilen zu können, ob und in welchem Umfang noch Reserven in den Angebotspreisen vorhanden sind, bedarf es grundsätzlich vor Auftragsvergabe einer eingehenden Überprüfung der Kalkulationsansätze. Hilfsmittel sind die gängigen Verfahren der Kostenplanung soweit sie auf aktuelle Marktpreise aufbauen. Prinzipiell eignet sich die Zielkostenplanung für alle Projektarten, wobei ihr bei Projekten der öffentlichen Hand aufgrund der immer noch engen Vorgaben aus dem Haushaltsrecht und der VOB/VOL (Vergabe- und Vertragsordnung für Bauleistungen / Verdingungsordnung für Leistungen) Grenzen gesetzt sind.

7.11 Strategische Planung über Balanced Scorecards

Für den Erfolg einer Projektentwicklung ist die Steigerung der Komplexität aller wichtigen und unwichtigen Faktoren relativ unerheblich. Sie kann sogar kontraproduktiv wirken, wenn die daraus entstehenden Modelle nur noch von wenigen Experten verstanden werden.

Das System der balanced scorecards (BSC) [46] eignet sich aufgrund seiner Übersichtlichkeit und seiner strategischen, d. h. vorausschauenden Ausrichtung sehr gut, um komplexe Strukturen so zu vereinfachen

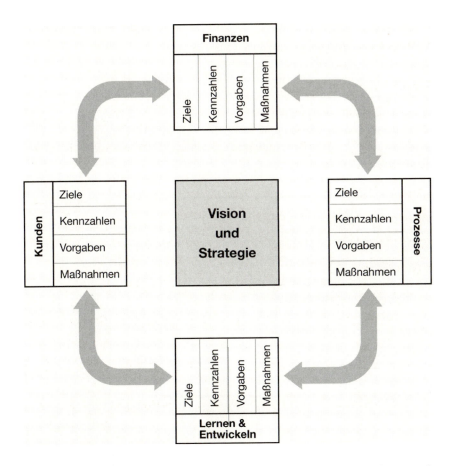

Abb. 7.26 Struktur der strategischen Planung nach dem Modell der balanced scorecard

In übersichtlicher Form kombiniert sie den Einfluss der Projekt bestimmenden Faktoren einschließlich ihrer jeweiligen Wechselwirkungen.

In der Praxis haben sich in Abhängigkeit von der jeweiligen Aufgabenstellung vielfältige Grundmuster der balanced scorecard entwickelt. Aus der Abbildung 7.26 wird deutlich, dass die Methode wesentlich mehr als ein Kennzahlensystem ist. Balanced scorecards spiegeln die gesamte Strategie einer Organisation oder eines Einzelprozesses (z. B. Projektentwicklung) wider. Mit Kennzahlen kann man nur dann Strategien verdeutlichen, wenn sie vorhanden sind, und wenn man in der Lage ist, hieraus Ziele zu formulieren, die sich ergänzen und nicht widersprechen.

Die Erarbeitung einer balanced scorecard erfolgt in 7 Schritten:

1. Formulieren der Vision (Leitziel)
2. Konkretisierung der Vision über die Erarbeitung von Teilzielen, die sich ergeben aus
   a) der strategischen Ausrichtung (Markt, Gewinnerwartung, Risiko etc.),
   b) den vorhandenen Potenzialen (Know-how, Finanzen, Kunden, Wettbewerber etc.).
3. Festlegen von Kennzahlen als Messgrößen für den Soll-Ist – Abgleich in der Erfüllung des Leit- und Teilziele
4. Ableitung der erforderlichen Maßnahmen, die zur Erreichung der Ziele erforderlich sind
5. Festlegen von Kennzahlen für die erforderlichen Maßnahmen
6. Organisation der Arbeitsprozesse, Umsetzung der Strategie
7. Aufbau des Berichtswesens, Dokumentation der einzelnen Arbeitsschritte.

Der Aufbau eines umfassenden Berichtswesens ist für die erfolgreiche Umsetzung der Projektziele von besonderer Bedeutung, da hierdurch die Grundlage für ein selbst lernendes System geschaffen wird.

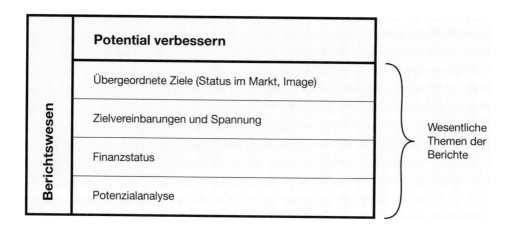

Abb. 7.27 Schema eines balanced scorecard-Berichts

Aus der gründlichen Analyse der Abweichungen zur Sollvorgabe ergeben sich nicht nur die unmittelbar einzuleitenden Entscheidungen, sondern darüber hinaus Ansätze zu Veränderungen in der strategischen Ausrichtung bzw. zu Verbesserungen der zur Verfügung stehenden Potenziale (Personal, Finanzausstattung etc.). Der ganzheitliche Ansatz der balanced scorecard greift Elemente auf, die sich bei der Entwicklung großer Projekte bewährt haben:

- Projektstrukturpläne
- Szenariotechnik
- Verfahren zur Planung und Steuerung von Kosten, Terminen und Qualitäten

und fasst sie in einem strategisch orientierten, hierarchisch aufgebauten Zielsystem zusammen, das periodisch überprüft und fortgeschrieben werden muss. Dies ist sicher keine leichte Aufgabe, da das bereits zitierte Prinzip von Befehl und Gehorsam hierbei nicht Ziel führend angewendet werden kann. Es kommt vielmehr darauf an, dass Ziele gemeinsam formuliert und umgesetzt werden.

Vision / Leitziel	**Werthaltige Immobilien zukunftssicher, wettbewerbsfähig**		
Teilziele / **Strategie** / **Potentiale**	**Lage / Städtebau** Baurecht schaffen (Termin)	**Kosten / Erträge** Ausgaben reduzieren (-10% Baukosten)	**Gebäudestruktur** Nutzungsflexibilität erhöhen (mehr Mietbereiche)
Bonität Eigenkapital sichern			
Know - How Projektleitung besetzen			
Image Agentur einschalten			
Leitziel Wettbewerbsvorteile schaffen Marktanteil von 10 auf 25 % steigern			

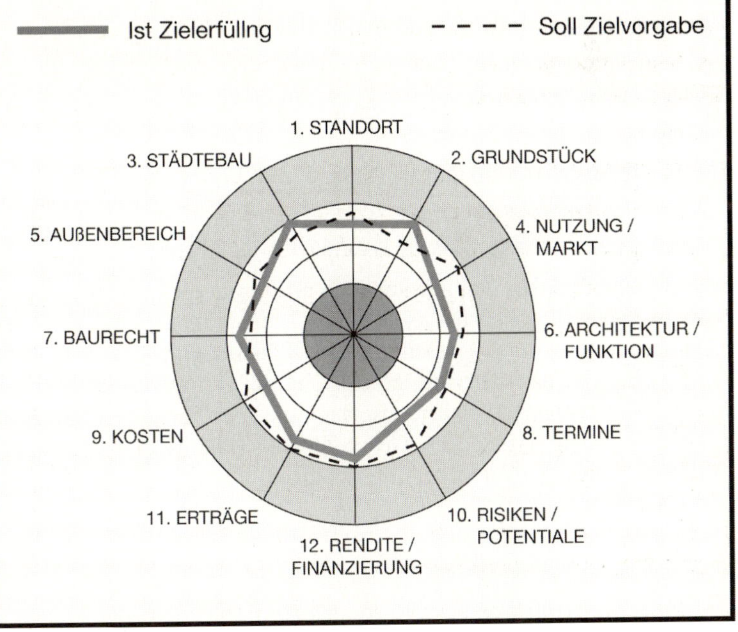

Abb. 7.28 Prinzipieller Aufbau einer balanced scorecard

Die besondere Stärke der balanced scorecard liegt in der Integration bekannter Verfahren zur Prozessplanung und –steuerung zu einem für alle verbindlichen übergeordneten Managementsystem.

7.12 Kostenermittlung für alternative Nutzungsstrukturen

7.12.1 Grundsätze

In Abhängigkeit von den vorgesehenen Nutzungsstrukturen lassen sich bereits in den frühen Phasen der Projektentwicklung relativ robuste Aussagen zu den voraussichtlichen Investitions- und Nutzungskosten machen.

Über das Raum- und Funktionsprogramm und die planungsrechtlichen Randbedingungen (mögliche Gebäudehöhen in Abhängigkeit von den Ausnutzungsziffern des Grundstücks):

- GRZ = Grundflächenzahl (Quotient aus überbauter Fläche zur Grundstücksfläche)
- GFZ = Geschossflächenzahl (Quotient aus der gesamten Bruttogrundfläche zur Grundstücksfläche)

lassen sich Volumenmodelle möglicher Gebäudestrukturen alternativ herleiten und abbilden. In Abhängigkeit von der Nutzung können über sie bereits genaue Annahmen zu

- den idealen Abmessungen der Geschossplatten und der Anzahl der erforderlichen vertikalen Erschließungskerne,
- der Anordnung von Verkehrsflächen und der Flucht- und Rettungswege,
- der technischen Ausrüstung in den einzelnen Nutzungsbereichen (Großraumbüro = z. B. Klimaanlage),
- den Anforderungen an das Tragwerk (Geschosshöhen, Lastannahmen, statisches System etc.),
- Sonderfragen der Bauphysik (Schall- und Wärmeschutz),
- grundlegende Aspekte der Hüllflächen des Gebäudes (z. B. Verhältnis Außenwandfläche AWF zur Bruttogrundfläche BGF nach DIN 277)

getroffen werden. Die Volumenmodelle müssen in ihrem Aufbau zwar bereits grundsätzliche städtebauliche Vorgaben berücksichtigen, stellen aber ansonsten lediglich Möglichkeiten zu einer groben Verteilung der Baumassen auf dem Grundstück ohne weiter gehenden gestalterische Ansprüche dar. Über sie gelingt es sehr viel stärker als bei reinen Flächenmodellen, welche von abstrakten Größen ausgehen, die spezifischen Einflussgrößen aus der jeweiligen Aufgabenstellung abzudecken. Generell wird bei der Kostenermittlung in der Projektentwicklung nach folgenden Verfahren unterschieden.

7.12.2 Einzelwertverfahren

Das Einzelwertverfahren beschränkt sich zur Berechnung der Kosten auf die Bruttogrundfläche (BGF) bzw. Hauptnutzfläche (HNF) oder auf den umbauten Raum (Gebäudevolumen, BRI). Die Gesamtkosten werden über die Multiplikation mit Kostenkennwerten ermittelt, die als Mischwert alle Kostenbestandteile der Baukonstruktion (KG 300, DIN 276) und der Technischen Ausrüstung (KG 400, DIN 276) beinhalten.

Volumen bzw. Fläche   x   **Kennwert**   =   **Schätzkosten**
(BRI / BGF / HNF)   *(Euro / m³ bzw. m²)*

Abb. 7.29 Schema des Einzelwertverfahrens

Die schematische Anwendung des Einzelwertverfahrens kann zu großen Fehlern führen, da die Einflüsse aus

– Besonderen Nutzungsanforderungen
– Standortbedingungen
– Bauwerksgeometrie
– Bauwerksqualität
– Entwicklungen der Baupreise

nur über die Einführung von variablen Stellgrößen und damit relativ ungenau berücksichtigt werden können.

7.12.3 Spezifische Flächenmethoden

Bei dieser Methode wird der unverzichtbare Zusammenhang zwischen den spezifischen Raum- und Gebäudeanforderungen und den Investitionskosten hergestellt.

Basis ist die Aufteilung der Kennzahl pro m² Bezugsfläche (BGF oder HNF) auf die wesentlichen Projekt bestimmenden Faktoren

– Baukonstruktion (ohne Innenausbau)
– Technische Ausrüstung
– Innenausbau.

Tabelle 7.4 Beispiel für eine Kostenermittlung nach der spezifischen Flächenmethode

Flächenart	Kennwert / m² in €						
	Baukonstruktion	Techn. Ausrüstung	Innenausbau	Gesamt	Fläche [m²]	Kosten pro Flächenart	Kosten Gesamt
Büro	300	700	400	1400	5.000	7.000.000	
Wohnen	400	200	600	1200	3.000	3.600.000	
Einzelhandel	350	370	300	1020	10.000	10.200.000	20.800.000

Ein erheblicher Nachteil der spezifischen Flächenmethode ergibt sich daraus, dass lediglich elementare Unterschiede, die sich aus der Nutzungsstruktur ergeben, berücksichtigt werden.

17.12.4 Volumenmodelle

Bei diesem Verfahren werden die Nachteile der Flächenmethode ausgeglichen. Zusätzlich zu den Einflussgrößen aus dem Raumprogramm werden funktionale und grundstücksbedingte Einflüsse über ein Volumenmodell berücksichtigt.

Anhand von Erfahrungswerten lassen sich in Abhängigkeit von den vorgesehenen Nutzungsstrukturen grobe Gebäudestrukturen konzipieren, aus denen Mengenansätze herleitet werden können. Über die Zuordnung von Grobelementen für die Baukonstruktion und die Technische Ausrüstung können dann Kostenansätze gebildet werden, die sehr viel genauer sind als spezifische Flächen- oder Volumenkennwerte.

Der Vorteil des Verfahrens besteht darin, dass für eine seriöse Kostenaussage keine ausgearbeitete Gebäudekonzeption erforderlich ist.

Tabelle 7.5 Auszug Grobelemente nach DIN 276

KG	Leistung	Einheit
300	**Bauwerk**	
310	Baugrube	m^3 BGI (Baugrubeninhalt)
320	Gründung	m^2 GRF (Gründungsfläche)
330	Außenwände	m^2 AWF (Außenwandfläche)
340	Innenwände	m^2 IWF (Innenwandfläche)
350	Decken	m^2 DEF (Deckenfläche)
360	Dächer	m^2 DAF (Dachflächen)
370	Baukonstruktion Einbauten	m^2 BGF (Zuschläge)
390	sonstige Baukonstruktion	m^2 BGF (Zuschläge)
400	**Technische Ausrüstung**	
410	Abwasser, Wasser, Gas	m^2 BGF
420	Wärmeversorgungsanlagen	m^2 BGF
440	Starkstromanlagen	m^2 BGF
450	Fernmeldeanlagen	m^2 BGF
460	Förderanlagen	m^2 BGF (Aufzüge etc.)
470	Nutzungsspezifische Anlagen	m^2 BGF (Sicherheitstechnik etc.)
480	Gebäudeautomation	m^2 BGF
490	sonstige technische Anlagen	m^2 BGF (Zuschläge)

Basis für die Kostenermittlung sind Massenansätze (z. B. Außenwandflächen, Decken- und Dachflächen etc.), die aus den Projektstudien (grobe Verteilung der Baumassen) abgeleitet werden können.

Die Anwendung des Volumenmodells erfordert sehr viel Erfahrung in der Erarbeitung belastbarer Planungskonzeptionen, da alle wesentlichen Projekt bestimmenden Faktoren zu einem sehr frühen Zeitpunkt, wenn auch zunächst noch als Variablen, bestimmt werden müssen.

Die Ermittlungstiefe richtet sich dabei nach der zweiten Stelle der DIN 276.

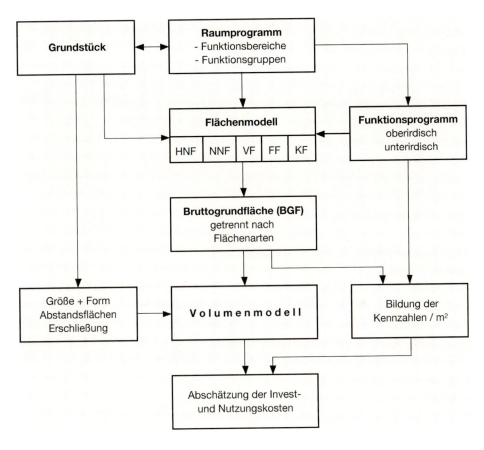

Abb. 7.30 Struktur der Kostenermittlung über spezifische Volumenmodelle

Danach werden die Kalkulationsansätze für die Einheitspreise der Grobelemente anhand der bis dahin bekannten Anforderungen aus dem Raum- und Funktionsprogramm und den grundsätzlichen Qualitätsanforderungen an die Gebäudestruktur gebildet. Häufig werden hierzu Kostenkennwerte aus abgewickelten Projekten herangezogen.

Diese Praxis ist nicht ungefährlich, da sprunghaft auftretende Entwicklungen im Angebotsverhalten der Bauunternehmer statistisch nur ungenügend erfasst werden können.

Es empfiehlt sich daher immer, eine eigene Kalkulation, die auf aktuellen Marktpreisen basieren muss, auf der Basis von Grobelementen durchzuführen, um die erforderliche Kostensicherheit sicherzustellen.

7.12.5 Vergleich Einzelwertverfahren / Volumenmodelle

Wie stark die Ergebnisse nach den beiden Verfahren bei ansonsten gleichen Rahmenbedingungen abweichen können, zeigt das folgende, stark vereinfachte Beispiel:

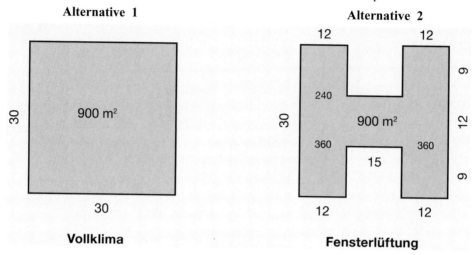

Abb. 7.31 Vergleich Einzelwertverfahren / Volumenmodelle [31]

Einzelwertverfahren (über BRI)

Alternative 1 + 2

900 m² x 17,5 m x 300 €/m³ = **4,73 Mio. €**

Volumenmodell (über Grobelemente)

Tabelle 7.6 Kostenvergleich zu Alternativen der Be- und Entlüftung von Büroflächen

	Alternative 1 (Vollklima)			Alternative 2 (Fensterlüftung)		
KGR	Menge	EP	GP	Menge	EP	GP
320	900	219	197.100	900	219	197.100
330	2100	404	848.400	3.000	404	1.212.000
340	2.300	226	519.800	2.300	226	519.800
350	4.500	273	1.228.500	4.500	273	1.228.500
360	900	283	254.700	900	283	254.700
370	4.500	20	90.000	4.500	20	90.000
390	4.500	39	175.500	4.500	39	175.500
400	4.500	475	2.137.500	4.500	300	1.350.000
Gesamt			5.451.500			5.027.600

Die Berechnung über das Einzelwertverfahren berücksichtigt die konzeptionellen Unterschiede der Gebäudestrukturen wie z. B. einen höheren Fassadenanteil bei der Alternative 2 nicht. Das Ergebnis ist somit zur Beurteilung der Vorteilhaftigkeit nicht geeignet. Im Gegensatz dazu geht bei der Berechnung über das Volumenmodell die Gebäudetiefe mit ein, die eine Klimaanlage erforderlich macht.

Ohne die ausreichende Berücksichtigung aller Einflussfaktoren ist die Ermittlung der voraussichtlichen Investitionskosten in der Projektentwicklungsphase außerordentlich schwierig.

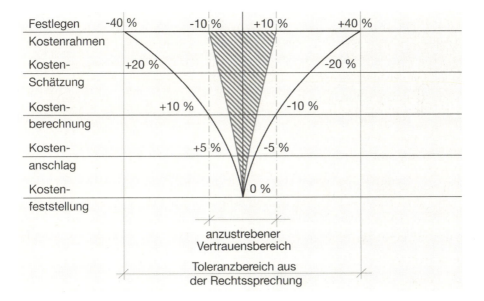

Abb. 7.32 Toleranzgrenzen zur Festlegung von Kostenzielen [47]

Entsprechend groß ist die Toleranzbreite, die heute noch in der Rechtsprechung für Architekten und Ingenieure eingeräumt wird. Sie folgt damit der Systematik der HOAI (Honorarordnung für Leistungen von Architekten und Ingenieure), die unbeeinflusst von gegenteiligen Beweisen bis heute daran festhält, dass die Kosten eines Bauwerks erst nach der Abrechnung aller Leistungen festgestellt werden können. Damit wären sie nach dieser Auffassung praktisch nicht planbar.

Dies trifft nur dann zu, wenn davon ausgegangen werden muss, dass Budgetüberschreitungen bei einzelnen Gewerken über Leistungsänderungen in anderen Leistungsbereichen nicht kompensiert werden können, so dass auch dann erhebliche Sicherheitszuschläge gemacht werden müssen, da die modernen Methoden des Kostenmanagements entsprechende Spielräume benötigen, um die Prognoseziele erreichen zu können. Sie leben hauptsächlich von der Qualität einer aktiven Steuerung und nicht von der jeweiligen Prognosegenauigkeit.

7.13 Einfluss der Gebäudegeometrie auf die Investitionskosten

Die Gebäudegeometrie nimmt massiv Einfluss auf die Gebäudeeffizienz, die sich aus den Hauptfaktoren

- Flächeneffizienz
- Nutzungseffizienz
- Gebäudesubstanz

bestimmt.

Bei kurzfristiger Betrachtung (hohe Anfangsrendite) hat die Flächeneffizienz, die sich aus dem Quotient von vermietbarer Fläche und Bruttogrundfläche ergibt, die höchste Priorität.

Voraussetzung ist natürlich, dass die Vorgaben zu den einzelnen Flächenarten (nach DIN 277) aus dem Raum- und Funktionsprogramm

- HNF   Hauptnutzflächen
- NNF   Nebennutzflächen
- VF   Verkehrsflächen
- FF   Funktionsflächen
- KF   Konstruktionsflächen

möglichst genau erfüllt werden. Ein weiterer sehr wichtiger Faktor ist die Qualität der nutzbaren Flächen (in der Regel Mietfläche), die sich z. B. bei Bürogebäuden aus dem spezifischen Flächenbedarf pro Arbeitsplatz (m^2 MF / AP) und den jeweiligen funktionalen Eigenschaften ergibt.

Abb. 7.33 Faktoren der Flächeneffizienz

Wie stark sich die Flächeneffizienz bei einem klaren Nutzerbedarfsprogramm optimieren lässt, zeigt die Entwicklung des Flächenbedarfs pro Arbeitsplatz bei IBM Deutschland, der sich über effiziente Flächenstrukturen und die Einführung von desk sharing in den letzten 30 Jahren praktisch halbiert hat Bei mittel- und langfristiger Betrachtung (Werthaltigkeit der Investition) steigt die Bedeutung der Nutzungseffizienz, die sich hauptsächlich aus einer flexibel nutzbaren Gebäudestruktur ergibt, die wiederum geänderten Anforderungen standhalten muss.

Bei Bürogebäuden wird der Einfluss auf die Kosten in Abhängigkeit von der Gebäudestruktur besonders deutlich.

7.13 Einfluss der Gebäudegeometrie auf die Investitionskosten

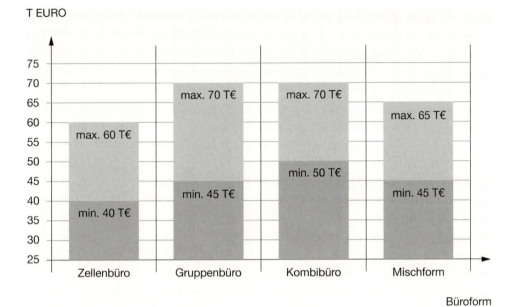

Abb. 7.34 Herstellkosten je Arbeitsplatz in Abhängigkeit zur Büroform

Reversible Gebäudestrukturen erfordern bei der Herstellung zunächst einen deutlich höheren Aufwand als monofunktional ausgelegte Nutzungsprofile (Standard-Zellentyp).

Dieser scheinbare Nachteil wird unter Anrechnung von Effizienzgewinnen aus der Einführung flexibler Bürokonzepte und Arbeitsformen bis hin zum desk sharing sehr schnell ausgeglichen.

Die jährlichen Gesamtkosten eines Arbeitsplatzes werden mit maximal 10 % aus den Vorhaltekosten der Immobilie belastet. Alle anderen Kostenanteile wie Löhne und Gehälter, allgemeine Geschäftskosten etc. werden in großem Umfang durch die Eignung der Immobilie für das jeweilige Tätigkeitsprofil bestimmt. Dies führt im Endeffekt dazu, dass um 20 % höhere Immobilienkosten mit max. 2 % der Gesamtkosten zu Buche schlagen. Andererseits können die Gesamtkosten – wie Untersuchungen in der Automobilindustrie haben ergeben – durch die Einführung kommunikationsoffener Bürostrukturen um bis zu 30 % der sonst üblichen Kosten gesenkt werden.

Neben der Flächen- und Nutzungseffizienz ergibt sich die voraussichtliche wirtschaftliche Lebensdauer einer Immobilieninvestition aus der Gebäudesubstanz. Sie ist entscheidend für die technische Lebensdauer und damit Grundvoraussetzung für mehrere Lebensabschnitte (Umnutzung) einer Immobilie. Von entscheidender Bedeutung ist allerdings darüber hinaus die Drittverwendungsmöglichkeit der Immobilie. Wenn sie, wie z. B. bei Spezialimmobilien wie Multiplex-Kinos fehlt, muss von einer wirtschaftlichen Lebensdauer ausgegangen werden, die deutlich unter der technischen Lebensdauer liegt.

Zu den Hauptzielen der Projektentwicklung gehört es, ausgewogene Lösungsansätze für alle Einflussgrößen, die sich aus der Gebäudegeometrie ergeben, zu finden, um eine optimale Ausnutzung des Kapitals sicherzustellen.

Besondere Beachtung müssen dabei sowohl die Investitions- als auch die Nutzungskosten aus der Technischen Ausrüstung der Gebäude finden, die mit steigenden Anforderungen überproportional anwachsen.

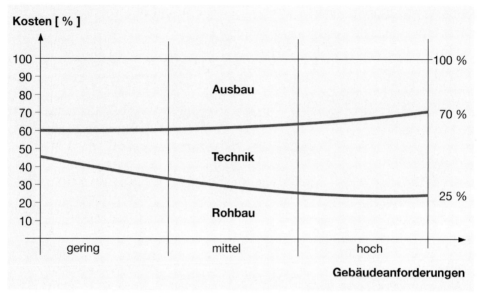

Abb. 7.35 Verteilung der Investitionskosten in Abhängigkeit vom Anforderungsprofil der Nutzung

7.14 Rentabilität und Projektentwicklung

7.14.1 Grundsätze

Die Rentabilität ist neben der Liquidität und den spezifischen Projektrisiken das wesentlichste betriebswirtschaftliche Element der Projektentwicklung. Erst danach rangiert der Sachwert der Investition, da er innerhalb bestimmter Grenzen vom Ertragswert, der sich aus der Rentabilität ableitet, übertroffen oder unterschritten werden kann.

Die Rentabilität errechnet sich aus dem Ergebnis einer Investition oder einer Geschäftstätigkeit.

Maßgeblicher Faktor bei der Projektentwicklung ist das Verhältnis des Ertrages zum eingesetzten Kapital. Unternehmerisches Ziel ist die Maximierung der Rentabilität unter Wahrung einer ausreichenden Liquidität und angemessener Grenzen für die Risiken.

Die Hauptgrößen stehen in enger Wechselwirkung. Eine Erhöhung der Liquidität reduziert die Rentabilität und die Risiken, da die Kassenmittel nicht für Investitionen zur Verfügung stehen. Umgekehrt ist eine hohe Rentabilität oft mit entsprechend hohen Risiken verbunden.

Projektentwicklungen sind wie Investitionen zu behandeln, da bis zur Entscheidung über die Realisierung des Projektes erhebliche Finanzmittel aufgewendet werden müssen.

Über die Methoden der Investitionsrechnung kann die Rentabilität einer geplanten Investition und ihre Vorteilhaftigkeit im Vergleich zu alternativen Konzepten und Anlageformen errechnet werden.

In der Investitionstheorie wurden hierzu verschiedene Ansätze entwickelt [48].

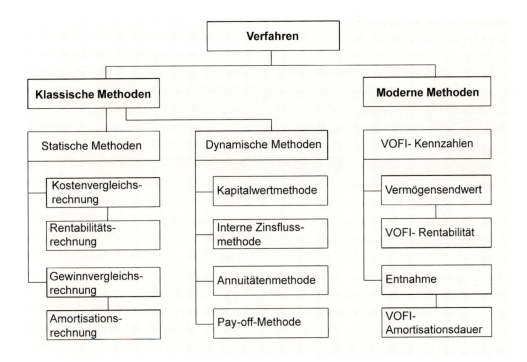

Abb. 7.36 Verfahren der Investitionsrechnung

Innerhalb der unterschiedlichen Ansätze zur Investitionsrechnung muss zwischen Methoden, die primär rentabilitätsbezogen sind und Methoden, die andere Zielgrößen (z. B. Kosten- und Gewinnvergleich) verfolgen, unterschieden werden.

Die rein statischen Verfahren und die traditionellen dynamischen Methoden der Investitionsrechnung eignen sich zur Beurteilung von geplanten Immobilieninvestitionen nur sehr eingeschränkt, da sie in der Regel zu wenig transparent sind und häufig auf unrealistischen Annahmen aufbauen. Moderne Methoden erlauben im Gegensatz dazu die vollständige und transparente Abbildung aller Zahlungsströme und ihre kontinuierliche Anpassung an wechselnde Bedingungen.

In der Projektentwicklungsphase müssen in vielen Bereichen Annahmen getroffen werden (z. B. Investitionskosten, Nutzungskosten, Mieteinnahmen etc.), die so gewählt werden müssen, dass die Mindestrendite mit größter Wahrscheinlichkeit nicht unterschritten wird. Gleichzeitig ist ein oberer Grenzwert zu bestimmen, ab dem der Rückfluss des eingesetzten Kapitals beginnt.

Investitionsrechnungen liefern einen Teil der Entscheidungsgründe für oder gegen eine bestimmte Immobilieninvestition.

Da sie unabhängig von der gewählten Berechnungsmethode zukünftige Einflüsse nur unvollkommen abbilden können (z. B. Entwicklung der Mieten), sollten sie jedoch nie das allein bestimmende Kriterium sein. Sie müssen in jedem Fall übersichtlich und einfach anwendbar sein und die Vorteilhaftigkeit relevanter Rahmenbedingungen (z. B. Finanzierungsformen) einfach und klar abbilden.

7.14.2 Zahlungsströme bei Immobilieninvestitionen

Die Genauigkeit moderner Methoden der Investitionsrechnung wie die vollständigen Finanzpläne hängen von einer seriösen Abbildung aller relevanten Zahlungsströme ab.

Abb. 7.37 Zahlungen bei Immobilieninvestitionen

Hauptsächlich geht es dabei um die Verwendung von Einnahmeüberschüssen (z. B. zur außerplanmäßigen Tilgung) oder die Abdeckung von Ausgabeüberschüssen (z. B. durch eine Aufstockung des Kredits) sowie um die steuerlichen Auswirkungen der Investition. Bei der mittel- und langfristigen Simulation von Zahlungsströmen ist die Bildung unterschiedlicher Szenarien auf der Basis vereinfachter Modelle unerlässlich. Das trifft insbesondere auf die steuerlichen Auswirkungen zu, für die es keine hinreichende Planungssicherheit gibt.

Investitionsausgaben (a_0)

- Grund und Boden einschließlich Aufbauten einschließlich Erwerbsnebenkosten
- Erstellungskosten des Projektes einschließlich Nebenkosten (Architekten-, Ingenieurhonorare, Gutachterkosten etc.)

laufende Ausgaben (a_t)

- periodische Kosten wie Versicherungsprämien, Verwaltungskosten, Instandhaltungskosten, Betriebskosten etc.
- aperiodische Ausgaben wie Reparaturkosten, Modernisierungskosten etc.
- Abbruchkosten

laufende Einnahmen (l_t)

- Mieten
- Grundmiete, Nebenkostenanteile, zusätzliche Einnahmen aus der Ausgestaltung des Mietvertrages (Naturalien)
- sonstige Mieten aus besonderen Mietverhältnissen (Stellplatzflächen, Werbeflächen etc.)

laufende Einnahmen- / Ausgabeüberschüsse ($ü_t$)

Einnahmen (e_t) − Ausgaben (a_t) = Überschuss ($ü_t$)

Veräußerungserlös am Ende der Nutzungsdauer (R_n)

- Da die Wertsteigerung des Grundstücks und der aufstehenden Gebäude unterschiedlich verläuft, ist eine getrennte Betrachtung erforderlich.

Verwendung von Einnahmeüberschüssen

- Reinvestition in das betrachtete Objekt (z. B. Verbesserung des Substanz) oder in andere Objekte bzw. Finanzanlagen (Wertpapiere etc.)
- Kredittilgung zur Verringerung der Zinsbelastung

Ausgleich von Ausgabeüberschüssen

- Kreditaufnahme oder Desinvestition z. B. Verkauf einer anderen Kapitalanlage

Steuern

- Investitionsphase (Grunderwerb, Steuern etc.)
- Nutzungsphase (Grundsteuern, Ertragssteuern etc.)
- Desinvestitionsphase (Ertragssteuern)

7.14.3 Ermittlung der Verkaufspreise

Bei der Projektentwicklung stehen Marktkriterien im Vordergrund. Dies führt dazu, dass der Projektentwickler die Position des Käufers berücksichtigen muss, aus der sich der maximal erzielbare Verkaufspreis ergibt.

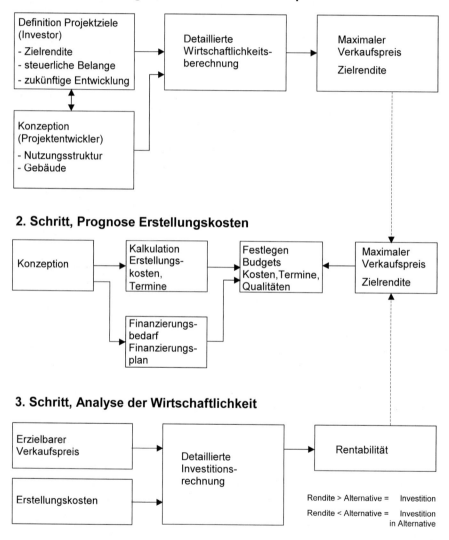

Abb. 7.38 Ermittlung des erzielbaren Verkaufspreises

Er muss also anhand der Renditevorstellungen des imaginären Käufers und der speziellen Randbedingungen des Projektes bestimmen, welchen Preis er für sein Produkt verlangen kann. In der Rückwärtsbetrachtung entwickelt sich hieraus unter Berücksichtigung des Grunderwerbs und des Erschließungsgewinns der maximal mögliche Aufwand für die Gebäudeinvestition.

7.14.4 Einfache Projektentwicklerrechnung

Zur Beurteilung von Chancen und Risiken einer Immobilieninvestition genügt dem Projektentwickler in der Regel die Ermittlung der statischen Anfangsrendite, da er die Immobilie in der Regel nicht langfristig im eigenen Bestand halten will

Einnahmen						
Stockwerk	Mietflächen		Nutzung	E.-Preis		Verkaufspreis
Stellplätze oberirdisch	12,00	Stück	Stellplätze	5.000,00	Euro/Stück	60.000,00 Euro
Keller, Lager e.t.c.	300,00	m² MF	Lager	600,00	Euro/m²	180.000,00 Euro
2 Zimmer- Wohnungen	315,00	m² MF	Souterrain	2.000,00	Euro/m²	630.000,00 Euro
4 Zimmer- Wohnungen	522,00	m² MF	EG	2.100,00	Euro/m²	1.096.200,00 Euro
7 Zimmer- Wohnungen	960,00	m² MF	Maisonette	2.000,00	Euro/m²	1.920.000,00 Euro
8 Einfamilienhäuser inkl. Garagen	8,00	Stück		270.000,00		2.160.000,00 Euro
10 Doppelhäuser inkl. Garagen	10,00	Stück		245.000,00		2.450.000,00 Euro
Verkaufsvolumen						**8.496.200,00 Euro**
Ausgaben						
Grundstück						
Grundstückspreis unverhandelt	8.600,00	m²		160,00	Euro/m_	1.376.000,00 Euro
NK Grundstück			0,06 des Grundstückspreises			82.560,00 Euro
Projektentwicklungs Fee						50.000,00 Euro
Finanzierung Grundstück	15,00	Zinssatz		0,05		82.044,00 Euro
Makler Grundstück						41.280,00 Euro
Grundstück gesamt						**1.631.884,00 Euro**
Baukosten und Baunebenkosten						
Riegel						
Keller, Lager e.t.c.	300,00	m_ MF	Lager	280,00	Euro/m_ BGF	84.000,00 Euro
2 Zimmer- Wohnungen	360,00	m_ MF	Souterrain	1.000,00	Euro/m_ BGF	360.000,00 Euro
4 Zimmer- Wohnungen	600,00	m_ MF	EG	950,00	Euro/m_ BGF	570.000,00 Euro
7 Zimmer- Wohnungen	1.100,00	m_ MF	Maisonette	975,00	Euro/m_ BGF	1.072.500,00 Euro
BGF gesamt	2.360,00	m_ BGF				
Stellplätze	12,00	Stück	Stellplätze	1.500,00	Euro/Stück	18.000,00 Euro
Gesamtkosten Finanzierung Grundstück	(exkl.)					120.513,40 Euro
Sonstiges						
Mietausfallwagnis	0,0%					0,00 Euro
Geschäftskosten			1,5% des Verkaufsvolumen			127.443,00 Euro
Baubetreuung Objektüberwachung			1,5% des Verkaufsvolumen			127.443,00 Euro
Kosten Sonstiges						254.886,00 Euro
Ausgaben gesamt						**7.108.548,40 Euro**
Wagnis & Gewinn						**1.387.651,60 Euro**
Umsatzrentabilität			Ertrag / Einnahmen			16,33%
Kapitalrentabilität			Ertrag / Ausgaben			19,52%

Abb. 7.39 Auszug aus einer einfachen Projektentwicklerrechnung

Aus den Einzelergebnissen Mietertrag (Roh- bzw. Reinertrag) und Verkaufsvolumen ermittelt sich die Anfangsrendite wie folgt:

$$\frac{\text{Mietertrag}}{\text{Verkaufsvolumen}} \times 100 = \text{Rendite (in \%)}$$

In die Berechnung fließen ausschließlich Objekt bezogene Daten ein. Mittel- und langfristig wirkende Wertfaktoren werden über den Vervielfältiger (siehe auch Punkt. 8.2.2) berücksichtigt, der sich aus dem Liegenschaftszins und der wirtschaftlichen Lebensdauer ergibt. Subjektive Vorteile des Investors aus seiner jeweiligen steuerlichen Situation oder Investitionsstrategie bleiben unberücksichtigt.

7.14.5 Renditeberechnung aus Sicht des Investors

Um die Rentabilität einer Immobilie während der gesamten Investitionsdauer bestimmen zu können, ist die Anwendung verfeinerter Verfahren erforderlich. Bei ihnen werden alle Zahlungen über die gesamte Investitionsdauer mit ihren periodischen Zu- und Abflüssen berücksichtigt. Im Gegensatz zum statischen Verfahren erfolgt dies unter Berücksichtigung von Zinseffekten (Zins und Zinseszins). Wichtige Verfahren der dynamischen Investitionsrechnung sind

– die Kapitalwertmethode
– die interne Zinsfuß-Methode.

Aufgrund ihrer systembedingten Mängel, die im Wesentlichen darin liegen, dass die abzuzinsenden Ein- und Auszahlungen hinsichtlich Höhe und Zeitpunkt geschätzt werden müssen, finden sie in der Praxis nur noch selten Anwendung.

Moderne Verfahren – wie die discounted cash flow – Methode (DCF) und das Verfahren der vollständigen Finanzpläne (VOFI) – bilden die Zahlungsströme (vergleiche 7.14.2) über die Laufzeit des Projekts vollständig ab.
Im Gegensatz zu den dynamischen Verfahren werden die frei wählbaren Prämissen transparent, differenziert und realitätsnah dargestellt. Hieraus ergibt sich bei einer laufenden Aktualisierung über die erzielten Ist-Werte im Vergleich zu den Sollzahlen ein hochwirksames Frühwarnsystem, das negative Trends in der Entwicklung von Rentabilität und Liquidität unmittelbar anzeigt
Das discounted cash flow – Verfahren, das in der Praxis wohl am häufigsten eingesetzt wird, beschränkt sich im Kern – ebenso wie die vollständigen Finanzpläne – auf eine liquiditätsorientierte Darstellung des geplanten Projektes über die geplante Nutzungsdauer.

Da sie alle Zahlungsströme transparent macht, wird sie auch als Kapitalfußrechnung bezeichnet. Sie gliedert sich prinzipiell in die drei Bereiche Einnahmen, Entwicklung der Nutzungskosten und Analyse der Zahlungsströme (Risiko- und Ertragsprognose).

Mit dem cash flow vor Steuern wird die Gesamtkapital- und Eigenkapitalrendite berechnet. Durch die Abbildung einer längeren Nutzungsperiode kann die Entwicklung der Wirtschaftlichkeit in jeder Periode verfolgt werden. Hieraus ergeben sich wesentliche Kennzahlen zur Beurteilung der Vorteilhaftigkeit geplanter Investitionen und zur Finanzplanung des Projektes. Voraussetzung ist allerdings, dass

– der Beginn der Fremdfinanzierung richtig festgelegt wird
– die Zahlungsströme realistisch abgebildet und verfolgt werden
– die Kapitalstruktur belastbar ausgewählt wurde
– Zinserträge (abzüglich Zinslasten)

realistisch angesetzt werden.

7.14 Rentabilität und Projektentwicklung

Wirtschaftsjahr	Indexierung	2005	2006	2007	2022	2023	2024	2027	2028	2029	Verkauf
IMMOBILIENINVESTITION											
Allgemeine Daten											
m² BGF		4.370,00	4.370,00	4.370,00	4.370,00	4.370,00	4.370,00	4.370,00	4.370,00	4.370,00	
Einzelzimmer		56	56	56	56	56	56	56	56	56	
Doppelzimmer		18	18	18	18	18	18	18	18	18	
Betten gesamt		92	92	92	92	92	92	92	92	92	
Vollzeitpflegeplätze		92	92	92	92	92	92	92	92	92	
Kurzzeitpflegeplätze		0	0	0	0	0	0	0	0	0	
Belegung											
Auslastung		95,00%	95,00%	95,00%	95,00%	95,00%	95,00%	95,00%	95,00%	95,00%	
Anteil Selbstzahler		0%	0%	0%	0%	0%	0%	0%	0%	0%	
Erlöse	Inflationsrate										
Investitionskostensatz ungefördert	Ansatz 2% p.a.	17,00 €	17,00 €	17,00 €	20,83 €	20,83 €	20,83 €	22,28 €	22,28 €	22,28 €	
- Anzahl IK ungefördert	alle 5 Jahre 70/100	92	92	92	92	92	92	92	92	92	
Investitionskostensatz gefördert		0,00 €	0,00 €	0,00 €	0,00 €	0,00 €	0,00 €	0,00 €	0,00 €	0,00 €	
- Anzahl IK gefördert		0	0	0	0	0	0	0	0	0	
Zusatzerlös Wohnen je Selbstzahler/Tag	0,0%	0,00 €	0,00 €	0,00 €	0,00 €	0,00 €	0,00 €	0,00 €	0,00 €	0,00 €	
Summe je Tag		1.486 €	1.486 €	1.486 €	1.820 €	1.820 €	1.820 €	1.948 €	1.948 €	1.948 €	
Einnahmen Gewerbe	alle 5 Jahre 63/100	0,00 €	0,00 €	0,00 €	0,00 €	0,00 €	0,00 €	0,00 €	0,00 €	0,00 €	
Einnahmen Stellplätze		3.000 €	3.000 €	3.000 €	3.000 €	3.000 €	3.000 €	3.000 €	3.000 €	3.000 €	
Rohertrag p.a.		518.573 €	518.573 €	518.573 €	634.599 €	634.599 €	634.599 €	678.811 €	678.811 €	678.811 €	
Kosten											
Bewirtschaftungskosten in % Rohertrag	2,5%	2,5%	2,5%	2,5%	2,5%	2,5%	2,5%	2,5%	2,5%	2,5%	
Bewirtschaftungskosten (Verwaltung)		12.964 €	12.964 €	12.964 €	15.865 €	15.865 €	15.865 €	16.970 €	16.970 €	16.970 €	
laufende Instandhaltung in €/m² BGF		0,00 €	0,00 €	0,00 €	0,00 €	0,00 €	0,00 €	0,00 €	0,00 €	0,00 €	
Instandhaltungskosten in % vom Rohertrag	3,0%										
Portfoliomanagement 0% p.a.	0,0%	0 €	0 €	0 €	19.038 €	19.038 €	19.038 €	20.364 €	20.364 €	20.364 €	
Instandhaltungsrückstellungen in % vom Rohertrag p.a.	2,0%	10.371 €	10.371 €	10.371 €	0 €	0 €	0 €	0 €	0 €	0 €	
Restrukturierungsaufwendungen		0 €	0 €	0 €	0 €	0 €	0 €	0 €	0 €	0 €	
Pacht für Grundstück		0 €	0 €	0 €	0 €	0 €	0 €	0 €	0 €	0 €	
Gesamtkosten		23.336 €	23.336 €	23.336 €	34.903 €	34.903 €	34.903 €	37.335 €	37.335 €	37.335 €	
Cash-Flow vor Finanzierung		495.237 €	495.237 €	495.237 €	599.696 €	599.696 €	599.696 €	641.476 €	641.476 €	641.476 €	5.430.484 €
Barwert	Kapitalwert										
Zins	7.199.852 €	495.237 €	459.403 €	426.163 €	167.268 €	155.165 €	143.938 €	122.904 €	114.012 €	105.762 €	895.341 €
Vervielfältiger Verkauf	7,8% / 8,0										
Finanzierung											
EK Anteil	20%	1.439.970 €	1.439.970 €	1.439.970 €	1.439.970 €	1.439.970 €	1.439.970 €	1.439.970 €	1.439.970 €	1.439.970 €	
FK Anteil	80%	5.759.882 €	5.644.684 €	5.529.486 €	3.801.522 €	3.686.324 €	3.571.127 €	3.225.534 €	3.110.336 €	2.995.138 €	2.879.941 €
Zinsen	6,0%	345.593 €	338.681 €	331.769 €	228.091 €	221.179 €	214.268 €	193.532 €	186.620 €	179.708 €	2.879.941 €
Tilgung	2,0%	115.198 €	115.198 €	115.198 €	115.198 €	115.198 €	115.198 €	115.198 €	115.198 €	115.198 €	2.550.543 €
Interest Coverage Ratio		143%	146%	149%	263%	271%	280%	331%	344%	357%	
Jahresreinertrag = CF vor Steuern		34.446 €	41.358 €	48.270 €	256.407 €	263.319 €	270.230 €	332.746 €	339.658 €	346.570 €	
Barwert	Kapitalwert Investment										
	6.170 € / -1.439.970 €	34.446 €	37.513 €	39.712 €	48.808 €	45.464 €	42.320 €	38.885 €	36.003 €	33.320 €	245.215 €
EK-Verzinsung nach Tilgung	10,25% IRR										

Abb. 7.40 Schema einer cash flow – Betrachtung für ein Seniorenpflegeheim

7.15 Baunutzungskosten

7.15.1 Grundsätze

Grundsätzlich hängen die Kosten einer Immobilie maßgeblich davon ab, wie viel Gebäudefläche zur Umsetzung der Vorgaben aus dem Raum- und Funktionsprogramm in Anspruch genommen wird.

Im Allgemeinen ist ein kompaktes Gebäude mit einem hohen Anteil an nutzbaren Flächen (Mietfläche, MF) bezogen auf die Bruttogrundfläche (BGF) wirtschaftlicher als eine differenzierte Gebäudestruktur mit einem hohen Anteil an nur eingeschränkt nutzbaren Flächen (z. B. überbreite Flurzonen, Verschnittflächen etc.).

Dies gilt auch für die Baunutzungskosten (vgl. DIN 18960), die im Verlauf einer normalen wirtschaftlichen Lebensdauer einer Immobilie (ca. 40 bis 50 Jahre) sehr leicht das 2 bis 3-fache der Anfangsinvestition ausmachen können. Aufgrund des unmittelbaren Zusammenhangs zwischen der Gebäudestruktur und der in den letzten Jahren stark in den Vordergrund gerückten 2. Miete (Nebenkosten) finden die Nutzungskosten sehr viel stärker Beachtung als noch vor wenigen Jahren.

Investoren erwarten zunehmend seriöse Vorausschätzungen (bzw. in besonderen Fällen Garantien) der zu erwartenden Folgekosten, um eine eindeutige Positionierung ihrer Immobilie im Markt durchführen zu können. Dies gilt insbesondere für Partnerschaftsmodelle der öffentlichen Hand, zunehmend aber auch für Leasing- oder Mietverträge, die ein entsprechendes Servicepaket mit Übernahme einer Nutzungskostengarantie beinhalten. Die Nutzungskosten lassen sich – abweichend zur DIN 18960 – wie folgt differenzieren:

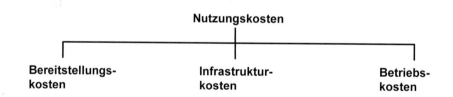

Abb. 7.41 Struktur der Nutzungskosten [49]

Die Bereitstellungskosten umfassen alle Kostenanteile, die unabhängig davon anfallen, ob das Objekt genutzt wird (z. B. Kapitalkosten, Steuern, Versicherungen, Betriebskosten bei Leerstand etc.).

Infrastrukturkosten ergeben sich in erster Linie aus nutzungsbedingten Zusatzeinrichtungen (Datennetz, spezifische Einrichtungen etc.).

Betriebskosten sind Kosten, die sich unmittelbar aus der Nutzung ergeben. Sie umfassen insbesondere die Energiekosten, die Kosten für die Wartung und Instandhaltung, die Sicherheit und Verwaltung. Die Gliederung der DIN 18960 verbindet die Kosten aus der Bereitstellung (jedoch ohne Sondereffekte wie z. B. Steuerersparnisse, erhöhte Abschreibung etc.) und der Bewirtschaftung einer Immobilie (Betriebskosten).

Die aktuelle Fassung der DIN 18960 unterscheidet folgende Kostengruppen:
- 100   Kapitalkosten
- 200   Verwaltungskosten
- 300   Betriebskosten
- 400   Instandsetzungskosten

Analog zur Ermittlung der Investitionskosten wird bei den Nutzungskosten in Abhängigkeit zur Planungs- und Realisierungstiefe nach der Nutzungskostenabschätzung und -berechnung, dem Nutzungskostenanschlag und der Nutzungskostenfeststellung unterschieden.

Für die Projektentwicklungsphase ist zunächst nur die Nutzungskostenschätzung von Interesse. Allerdings gelten dabei analog zu den Investitionskosten die Anforderungen an die Vollständigkeit und Genauigkeit.

7.15.2 Vergleichsberechnungen

Relativ stabile Größen in der Struktur der Nutzungskosten sind die Kapital- und Betriebskosten (KG 100 + 300 nach DIN 18960).

In Summe machen sie bis zu 80 % der Nutzungskosten einer Immobilie aus (Folgekosten). Varianten lassen sich in ihren Auswirkungen daher relativ zutreffend in der Konzeptionsphase der Projektentwicklung bewerten. Hierzu dienen im Wesentlichen folgende Verfahren [50].

Vereinfachte Berechnung

Zukünftige Preisentwicklungen bleiben unberücksichtigt. Die Kosten für die Annuität (Zinsen und Abschreibung) werden über die nachstehende Formel berechnet. Bei den Ausgaben wird ein linearer Verlauf unterstellt, der im Ansatz zu einer Halbierung des anzurechnenden Kapitals führt.

$$A+V = K/n + K \times p/2$$

A   =   Abschreibung

V   =   Verzinsung

K   =   investiertes Kapital

n   =   Nutzungsdauer

p   =   Zinssatz in Prozent

Beispiel:

Alternative 1 = NK 1

Gesamtkosten	60,0 Mio. €
Folgekosten	0,5 Mio. €
Nutzungsdauer	40 Jahre
Zins + Tilgung	8 %

$$\text{NK 1} = \frac{60 \text{ Mio. €}}{40} + \frac{60 \text{ Mio. €} \times 0{,}08}{2} + 0{,}5 \text{ Mio. €} = \mathbf{4{,}40} \text{ Mio. €}$$

Alternative 2 = NK 2

Gesamtkosten	50,0 Mio. €
Folgekosten	1,3 Mio. €
Nutzungsdauer	40 Jahre
Zins + Tilgung	8 %

$$\text{NK 2} = \frac{50 \text{ Mio. €}}{40} + \frac{50 \text{ Mio. €} \times 0{,}08}{2} + 1{,}3 \text{ Mio. €} = \mathbf{4{,}55} \text{ Mio. €}$$

Alternative 1 günstiger als Alternative 2

Berechnung über Annuitäten

Bei diesem Verfahren werden die Kostenanteile für die Abschreibung und Verzinsung des noch nicht getilgten Kapitals einschließlich der Tilgung analog zu Hypothekenkrediten berechnet.

$$\text{Annuität} = K \times q^n \times q / p^{n-1}$$

q = Zinsfaktor = 1 + p

Der Anteil der investitionsabhängigen Kosten wirkt sich bei diesem Verfahren deutlich stärker aus als beim vereinfachten Verfahren, wobei allerdings zukünftige Preisentwicklungen ebenfalls ohne Berücksichtigung bleiben.

Beispiel:

NK 1 = 0,08386 × 60 Mio. € + 0,5 Mio. € = 5,532 Mio. €
NK 2 = 0,08386 × 50 Mio. € + 1,3 Mio. € = 5,193 Mio. €

Alternative 2 günstiger als Alternative 1

Dynamische Berechnung

Die dynamische Berechnung berücksichtigt die Tilgung auf das Anfangskapital bei der Berechnung der Zinsen. Zahlungen vor dem Betrachtungszeitpunkt werden aufgezinst, nach dem Betrachtungszeitraum abgezinst, wobei die Investition mit ihrem vollen Wert als Ausgabe zum Betrachtungszeitpunkt angesetzt wird.

$$S = G \times q^{n-1} / q^n \times p$$

S = reziproker Wert der Annuität   G = jährlich gleiche Zahlungen

Beispiel:

$$NK\ 1 = \frac{60\ \text{Mio. €}}{40} + \frac{1{,}925 \times 0{,}5\ \text{Mio. €}}{40} = 1{,}699\ \text{Mio. €}$$

$$NK\ 2 = \frac{50\ \text{Mio. €}}{40} + \frac{1{,}925 \times 1{,}3\ \text{Mio. €}}{40} = 1{,}638\ \text{Mio. €}$$

Alternative 2 günstiger als 1

Zusammengefasst lässt sich feststellen:

- Das Verfahren der vereinfachten Berechnung reduziert den Einfluss des investierten Kapitals auf die Wirtschaftlichkeit, da ein linearer Ausgabenverlauf unterstellt wird, der in der Praxis selten vorkommt.
- Der Einsatz dynamischer Verfahren ist nur dann sinnvoll, wenn z. B. über vollständige Finanzpläne (VOFI) alle Variablen (z. B. zukünftige Preissteigerungen bei Energiekosten etc.) berücksichtigt werden.

7.15.3 Optimierung der Nutzungskosten

Die Nutzungskosten stehen im direkten Zusammenhang zur gewählten Gebäudestruktur, die wiederum in Abhängigkeit zur Funktion steht. Ihre Optimierung beginnt mit der Formulierung der Projektziele, die im Wesentlichen mit der Ausarbeitung der Gebäudekonzeption abgeschlossen ist. Übergreifend wird unter Funktion der funktionale Nutzwert und die soziostrukturellen Auswirkungen (Architektur, Städtebau, nachhaltige Ökonomie etc.) verstanden.

Häufig ist zu beobachten, dass die entsprechende Zieldefinition unvollständig erfolgt. Dies wird oft damit begründet, dass noch fehlende Angaben problemlos parallel zur laufenden Planung eingeflochten werden können. Erfahrungsgemäß ist dies nur begrenzt möglich, da eine Veränderung der Aufgabenstellung aufgrund der komplexen Lösungsstrukturen im allgemeinen zu mehr oder weniger stark veränderten Lösungsansätzen führt.

Sehr häufig entstehen aus unvollständigen Planungsvorgaben unzureichende Lösungsansätze, die das Gesamtprojekt während des gesamten Lebenszyklus belasten; schlimmstenfalls soweit, dass z. B. eine zu geringe Nutzungsflexibilität, ein konzeptionell bedingt zu hoher Energieverbrauch oder Schäden an der Baukonstruktion (Sichtbeton etc.) dazu zwingen, das Gebäude vorzeitig aus der Nutzung zu nehmen oder umfangreich umzubauen.

Die Betriebskosten machen den wesentlichen Anteil der Nutzungskosten aus. Ihnen muss daher besondere Aufmerksamkeit geschenkt werden. Vermeidung steht hier vor Optimierung.

Um dies zu erreichen, muss die Gebäudekonzeption in seinen wesentlichen Einflussgrößen im Rahmen einer integrierten Betrachtung über Simulationsrechnungen, die die Interaktion zwischen den „äußeren" und „inneren" Teilsystemen in ihren Auswirkungen sichtbar machen, auf den Prüfstand gestellt werden. Nur so können sich scheinbar widersprechende Anforderungen wie eine möglichst hohe Tageslichtausbeute über große Fensterflächen und ein möglichst geringer Energieaufwand über geringe Fensteranteile berücksichtigt werden.

Ergebnisse der Simulationen sind z. B. der Zeitgang von Raumtemperaturen und die für bestimmte Raumkonditionen in Abhängigkeit von der Jahreszeit notwendigen Heiz- und Kühllasten.

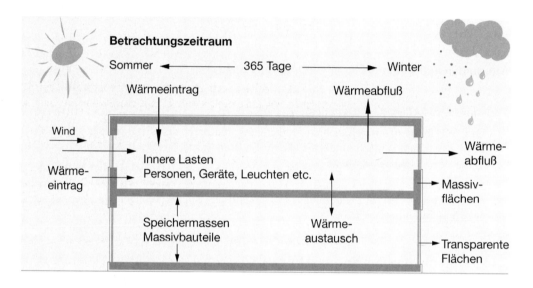

Abb. 7.42 Einflussgrößen auf das Raumklima

Die Einflussgrößen lassen sich wie folgt zusammenfassen:
- gebäudespezifische Einflüsse (Räume, Gebäudeelemente, Verschattung etc.)
- äußere Einflüsse (Witterung, Immissionen)
- innere Einflüsse (Nutzungsverhalten, Geräteabstrahlung, Art der Be- und Entlüftung).

Die Durchführung von vereinfachten Simulationsberechnungen ist bereits auf der Grundlage von spezifischen Volumenmodellen möglich und sinnvoll, da mit ihrer Hilfe die Wechselbeziehungen zwischen der Technischen Ausrüstung eines Gebäudes und seiner Geometrie erfasst werden können.

Aus den gewonnenen Daten lässt sich unmittelbar ableiten, ob und in welchem Umfang z. B. raumlufttechnische Anlagen zur Be- und Entlüftung und Kühlung erforderlich sind oder ob eine Fensterlüftung in Kombination mit einer Kühldecke oder einer Betonkernaktivierung behagliche Raumkonditionen über weite Strecken eines Betriebsjahres sicherstellt.

Bei offenen Bürokonzepten empfiehlt sich der Einsatz der Fensterlüftung allerdings nur bei Außentemperaturen zwischen 0 und 22 °C. In diesem Temperaturbereich, der etwa 90 % der jährlichen Betriebszeiten ausmacht, kann auf die Zuschaltung einer mechanischen Be- und Entlüftung verzichtet werden.

Vereinfacht lassen sich die Auswirkungen der Wahl des Konzepts für die technische Ausrüstung wie folgt darstellen:

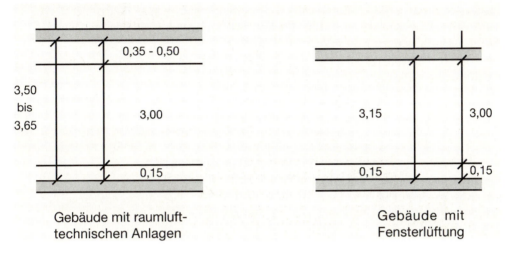

Abb. 7.43 Auswirkungen der Technischen Ausrüstung auf die Gebäudegeometrie

Der erste ganz wesentliche Schritt zur Optimierung von Gebäudestrukturen besteht darin, eine Strategie zur Vermeidung unnötiger Investitionen aufzubauen. Dies steht allerdings im krassen Missverhältnis zum Regelwerk der HOAI, da der Wegfall von Investitionsanteilen, der nur über außerordentliche Ingenieurleistungen möglich wird, über die Reduzierung der anrechenbaren Herstellkosten zu einer Minderung des Honorars führt. Zu verhindern ist dies nur, wenn von der Möglichkeit zur Bildung von Honorarpauschalen Gebrauch gemacht wird.

7.16 Marketing

7.16.1 Grundsätze

Unter dem Begriff „Marketing" versteht man die Verknüpfung aller Aspekte, die mit dem Absatz einer Marke (Ware) verbunden sind.

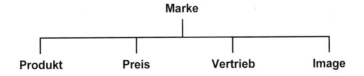

Abb. 7.44 Klassische Marketingfaktoren

Im modernen Marketingansatz genügt die traditionelle Darstellung der Vorteilhaftigkeit eines Produktes z. B. über den Preis nicht mehr.

Stattdessen wird der Markt aktiv beeinflusst, um Wettbewerbsvorteile für das eigene Produkt zu gewinnen. Ansatzpunkte sind dabei die Kundenanforderungen (Grundnutzen plus Zusatznutzen versus Überredungskunst).

Über die enge Verknüpfung mit dem Kundennutzen ist Immobilienmarketing ein Prozess, der die Immobilie im gesamten Lebenszyklus begleiten muss. Kundenwünsche, auch solche, die in der Zukunft liegen, müssen analysiert und gegenüber Konkurrenzprodukten mit einem erhöhten Nutzwert umgesetzt werden.

Bis zum Ende des letzten Jahrhunderts bestand kein großer Anspruch an strategisch ausgerichteten Marketingkonzepten. Reklame für Einzelaspekte, wie z. B. für Steuervorteile, reichte völlig aus, um die Produkte im Markt gewinnbringend zu platzieren.

Mittlerweile ist aus dem Nachfragermarkt ein Anbietermarkt geworden, der von einem starken Kosten- und Konkurrenzdruck gekennzeichnet ist. Die Aufgabenstellung für den Projektentwickler ist dadurch sehr viel komplexer geworden.

Neben den traditionellen Entscheidungsgrößen wie Lage, Preis und Termine müssen soft skills wie Anmutung, Kommunikation, Flexibilität und Service berücksichtigt werden. Ein professionelles Immobilienmarketing muss daher Zielgruppen orientiert aufgebaut sein. Hierzu muss es alle Möglichkeiten der Marktforschung, der Berechnung von Preis- / Nutzenrelationen und der Qualitätssicherung ausschöpfen, um den Kundennutzen nachvollziehbar darstellen zu können. Dies ist ohne ein strategisches Immobilienmarketing nicht möglich, dessen wesentliche Merkmale sich ergeben aus

- der Orientierung an belastbaren Zukunftsszenarien (Kundenwünsche),
- der Konzentration auf das eigene Know-how – Schwerpunkte (Glaubwürdigkeit) etc.,
- einer Ausrichtung auf Kundengruppen, für die Wettbewerbsvorteile erzielt werden können.

7.16.2 Instrumente des Immobilienmarketings

Grundlage für den Einsatz der Marketinginstrumente ist der Abgleich mit übergeordneten Unternehmenszielen.

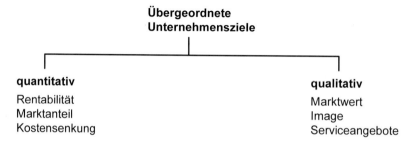

Abb. 7.45 Übergeordnete Unternehmensziele

Vor dem Einsatz der Marketinginstrumente ist zu klären, in welcher Marktposition sich das eigene Unternehmen aus Sicht Außenstehender befindet.

Hieraus bestimmt sich ganz maßgeblich das erreichbare Marktpotenzial. Dabei ist jedoch zwingend zwischen strategischen (langfristigen) und taktischen (kurzfristigen) Handlungsbereichen zu unterscheiden. Neben der Produktpolitik gewinnt im Nutzer orientierten Immobilienmarkt die Distributionspolitik über die Hilfsmittel der Kommunikation entscheidend an Bedeutung. Dazu gehört insbesondere die zielgruppenspezifische Ansprache potenzieller Käufer über die Instrumente der Öffentlichkeitsarbeit, Werbung, Verkaufsförderung und Verkaufsstrategie

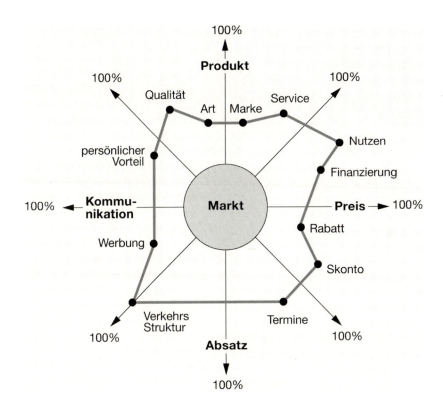

Abb. 7.46 Beispiel für die Analyse der eigenen Marktposition

Zur Produktpolitik, die alle Elemente umfasst, die unmittelbar mit dem geplanten Objekt im Zusammenhang stehen, gehören insbesondere folgende Eigenschaften (Beispiel Bürogebäude):

– Standortidentität im architektonischen und städtebaulichen Ansatz,
– Bildung einer Marke durch eine eindeutige Zuordnung des Produkts an vorhandene und zukünftige Entwicklungskorridore (z. B. Future Office – Konzept oder traditionelle Nutzungsstrukturen),

- Modernität (z. B. arbeitsplatznahe Erholungszonen etc.),
- Nutzungsflexibilität,
- Angebot von add on – Leistungen (z. B. plan and move Service-Leistungen), die zu mehr Flexibilität im geplanten Nutzungszeitraum führen.

Zur Kommunikationspolitik gehört die umfassende Darstellung der Projektentwicklung über klassische Hilfsmittel der Werbung (Prospekte, Folder, Bauschilder etc.) und moderne Tools der Kommunikation, wie z. B. interaktive Internetplattformen, die die probeweise Besiedlung von Flächen unter Berücksichtigung gewünschter Ausstattungsmerkmale (IT-Konzept, Wandstellung und –art etc.) ermöglichen, ohne dass bereits ein unmittelbarer Kontakt zum Vermieter entsteht.

Darüber hinaus ist selbstverständlich die klassische Öffentlichkeitsarbeit (Public Relation) über die gezielte Ausnutzung von Fakten (Weiterführung bekannter Tendenzen, wie z. B. des genius locis am Potsdamer Platz, Berlin oder reale Ereignisse wie z. B Grundsteinlegung, Richtfeste) von großer Bedeutung. Durch die starke Nähe zum Produkt muss die Vermarktung eines Immobilienprojektes – anders als früher – authentisch und Projekt begleitend erfolgen, um erfolgreich zu sein. Über den Einsatz moderner Instrumente des Immobilienmarketings, die sowohl die harten als auch die weichen Projekt bestimmenden Faktoren berücksichtigen, gelingt es, die Produkte auf spezifische Kundensegmente auszurichten. Hierdurch wird eine weitgehende Übereinstimmung zwischen dem Projektentwicklungsansatz des Anbieters erreicht, was im Endeffekt zu mehr Qualität in unserem gebauten Umfeld führt. Im modernen Marketingansatz durchdringt das Immobilienmarketing alle unternehmerischen Prozesse der Projektentwicklung. Der Kundennutzen steht im Vordergrund aller Überlegungen. Ziel der gesamtheitlichen Maßnahmen ist die Realisierung eines hochwertigen Investitionsgutes zum Verkauf oder zum Verbleib im eigenen Portfolio.

7.16.3 Prozess des Immobilienmarketings

Immobilienmarketing ist ein permanenter Prozess während der Projektentwicklungsphase, da sich die wirtschaftlichen Randbedingungen sehr schnell ändern und die Nachfragesituation entsprechend den gewünschten Grundanforderungen der Nachfrager wandelt. Entsprechend ändern sich die Vertriebsformen von Immobilienprojekten.

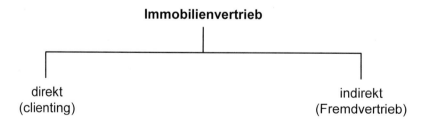

Abb. 7.47 Vertriebsformen von Immobilienprodukten

Beim Direktvertrieb erfolgt die Akquisition durch eine direkte Ansprache der Zielkunden, deren Vorstellungen dadurch sehr früh in die Projektkonzeption einfließen können. Über die gemeinsame Suche nach der idealen Projektstruktur entsteht ein tiefgehendes Vertrauensverhältnis zwischen Projektentwickler und dem zukünftigen Nutzer, das allerdings nur dann hält, wenn die Beziehung über eine ebenso weitgehende Partnerschaft auf dem win-win – Prinzip beruht. Wesentliche Meilensteine des Direktvertriebes sind:

– Aufnahme der Kundenanforderungen
– Umsetzung in Alternativen im Rahmen der Projektkonzeption
– Prüfen der Alternativen über ganzheitliche Ansätze (Due Diligence)
– Prüfung der Drittverwertbarkeit
– Nachweis der erzielbaren Renditen.

Beim indirekten Immobilienvertrieb, der in der Regel über Makler erfolgt, steht der Flächenumsatz im Vordergrund. Vertriebspartner werden daher in diesem Segment in erster Linie für die

– Vermietung von Teilflächen
– Vermarktung von Grundstücken und Teileigentum

eingesetzt, da der Vertriebspartner in diesem Marktsegment in der Regel über das bessere lokale Know-how und die größere Marktdurchdringung verfügt.

Die Begriffsbestimmung des Verkehrswertes ergibt sich aus § 194 Baugesetzbuch (BauGB): „Der Verkehrswert wird durch den Preis bestimmt, der zum Zeitpunkt, auf den sich die Ermittlung bezieht, im gewöhnlichen Geschäftsverkehr nach den

– rechtlichen Gegebenheiten
– tatsächlichen Eigenschaften
– der sonstigen Beschaffenheit
– der Lage des Grundstücks

und des sonstigen Gegenstands der Wertermittlung ohne Rücksicht auf ungewöhnliche oder persönliche Verhältnisse zu erzielen wäre." Da die klassischen Verfahren eine im Wesentlichen rückblickende Betrachtungsweise haben und die für die zukünftige Wertentwicklung besonders wichtigen Aspekte aus der Nutzungsstruktur (Nutzwert) der Immobilie im Wesentlichen unberücksichtigt lassen, genügen sie den gestiegenen Anforderungen des Immobilienmanagements nicht mehr. Entsprechend den Anforderungen internationaler Investoren haben daher verstärkt betriebswirtschaftliche Ansätze in die Bewertungspraxis Eingang gefunden. Bei der Projektkalkulation und beim Abschluss langfristiger Mietverträge erfolgt zunehmend eine Differenzierung des Ertragswertverfahrens über

– das Residualverfahren (Bauträgerverfahren)
– das Barwertverfahren (cash flow-Methode)
– die Immobilienbewertung mit vollständigen Finanzplänen (VOFI).

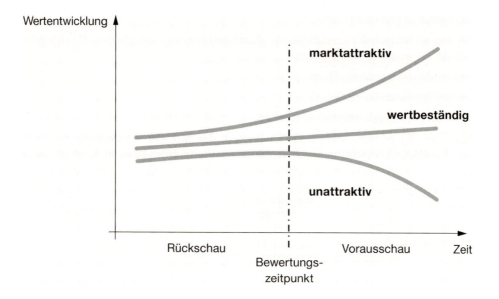

Abb. 8.2 Mögliche Trends in der Wertentwicklung von Immobilien

Das im Markt für freihändige An- und Verkäufe von Immobilien am weitesten verbreitete Verfahren der Wertermittlung für Gewerbeimmobilien ist ein vereinfachtes Ertragswertverfahren, welches für die jeweilige Grundstücksnutzung einen Vervielfältiger auf die Jahresnettokaltmiete festsetzt.

Dieses Verfahren ist bei finanzmathematischer Betrachtungsweise höchst zweifelhaft, da es die Auf- bzw. Abzinsung des Kapitals nicht berücksichtigt und keine Aussagen zu möglichen Wertentwicklungen in der Zukunft macht.

Bei der Bewertung eine Immobilie reicht daher die alleinige Anwendung eines für den jeweiligen Zweck geeigneten Bewertungsverfahrens nicht aus, um den richtigen Verkehrswert oder Marktwert zu bestimmen. Ergänzend müssen Kriterien untersucht werden wie

– die Lagequalität
– die Verkehrserschließung
– das soziostrukturelle Umfeld
– Architektur und Städtebau
– die Fungibilität
– die Nutzungsstruktur und –flexibilität etc.

Die Berücksichtigung dieser zusätzlichen Beurteilungskriterien erfolgt im internationalen Rahmen über eine Due Diligence – Prüfung, deren Ergebnis ein Hauptkriterium für oder gegen eine Investitionsentscheidung ist. Über die Due Diligence (mit besonderer Sorgfalt) wird der Wert der Immobilie nicht über die Rückwärtsbetrachtung, sondern im Wesentlichen über die Vorausschau bestimmt.

8.2 Gesetzliche Verfahren

8.2.1 Vergleichswertverfahren

Der Verkehrswert einer Liegenschaft wird bei diesem Verfahren durch den zeitnahen Vergleich mit realisierten und unter Marktbedingungen erzielten Kaufpreisen ermittelt. Es eignet sich besonders für die Bewertung unbebauter Grundstücke; bei bebauten Grundstücken nur dann, wenn genügend Vergleichsobjekte vorhanden sind (z. B. im Fall von Reihenhäusern oder Eigentumswohnungen). In der Wertermittlungsverordnung (WertV) ist das Vergleichsverfahren für unbebaute Grundstücke im § 13 vorgeschrieben. Zu unterscheiden ist der

– unmittelbare Vergleich (§ 13.1 WertV)
– mittelbare Vergleich (§§ 13.2 und 14 WertV).

Wenn ein unmittelbarer Vergleich möglich ist (Vorhandensein genügender Vergleichsdaten), muss diesem aufgrund höchstrichterlicher Rechtssprechung der Vorzug gegeben werden. Da eine vollständige Übereinstimmung zwischen dem Bewertungsobjekt und Vergleichsobjekten nur selten gegeben ist, können Abweichungen in einzelnen Merkmalen über Zu- und Abschläge berücksichtigt werden, wobei sie insgesamt 30 bis 35 % nicht überschreiten dürfen. Die zeitliche Nähe lässt sich für Vergleichsprojekte für begrenzte Zeiträume über entsprechende Indexberechnungen herstellen. Die Ermittlung von Bodenrichtwerten im Sinne des § 196 BauGB „Lagewerte für den Boden unter Berücksichtigung des unterschiedlichen Entwicklungszustands" erfolgt durch Gutachterausschüsse, die von den Kommunen eingesetzt werden. Die Fortschreibung erfolgt einmal jährlich. Falls innerhalb des Gebiets, in dem das zu bewertende Grundstück liegt, kein passendes Vergleichsgrundstück vorhanden ist, können Vergleichsobjekte aus anderen Gebieten herangezogen werden, wobei für besondere Eigenschaften Zu- und Abschläge zu machen sind. Bei der Bewertung bebauter Grundstücke über das Vergleichswertverfahren müssen zusätzlich zu den Kriterien des Grundstücks auch die Kriterien der Gebäude vergleichbar sein. Da dies allenfalls in Neubaugebieten mit gleicher Nutzungsstruktur in genügendem Umfang gegeben ist, kommt das Vergleichswertverfahren bei bebauten Grundstücken in der Praxis nur selten vor. Die Objektivität der Ergebnisse aus Wertermittlungen nach dem Vergleichswertverfahren leidet sehr stark dadurch, dass bei der Bemessung der Vergleichsfaktoren große Spielräume gegeben sind. Die Ermittlung der Vergleichsfaktoren zur Anpassung von Bodenrichtwerten gehört nicht zu den Pflichtaufgaben der Gutachterausschüsse.

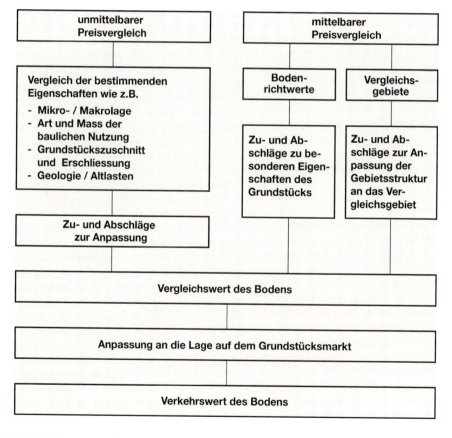

Abb. 8.3 Vergleichswertverfahren für unbebaute Grundstücke [51]

8.2.2 Ertragswertverfahren

Bestimmender Faktor für den Wert eines bebauten oder unbebauten Grundstücks sind die Erträge, die sich unter Renditegesichtspunkten erzielen lassen. Dabei werden der Bodenwert und der Gebäudewert getrennt ermittelt.

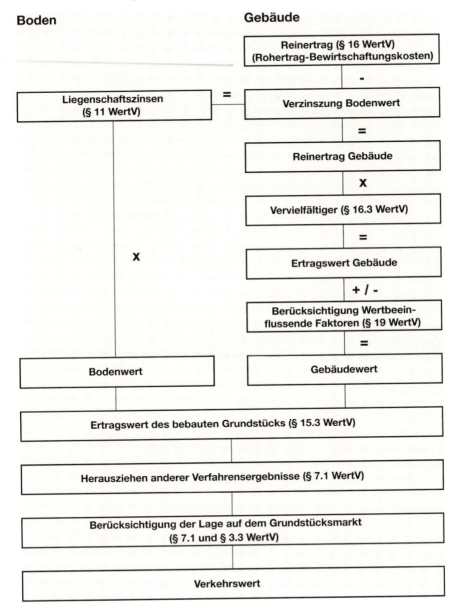

Abb. 8.4 Wertermittlung nach dem Ertragswertverfahren [51]

Der Barwert des Gebäudebestands ergibt sich aus der Restnutzungsdauer, der aktuelle Bodenwert als unveränderlicher Wertansatz über den Liegenschaftzins.

Beide Werte ergeben zusammengefasst den Ertragswert nach §§ 15 bis 20 WertV. Der Wert des Bodens ist generell nach dem Vergleichswertverfahren festzusetzen; der Wert der Gebäude nach § 16 WertV über die Ertragskraft, wobei die Bewirtschaftungskosten abzuziehen sind (Reinertrag). Grundsätzlich ist bei bebauten Grundstücken die zukünftig mögliche Nutzung des Grundstücks maßgeblich, die im Rahmen des rechtlich zulässigen und unter wirtschaftlicher Betrachtungsweise, insbesondere unter vernünftiger Berücksichtigung der Eignung des Bestandes, üblicherweise möglich ist. Der Jahresreinertrag ist um den Anteil der Bodenwertzinsen zu mindern. Der sich hieraus ergebende Gebäudeertragswert muss zur Bestimmung des Gebäudewertes über die spezifischen Werteinflussfaktoren an die individuellen Verhältnisse angepasst werden. Bei der Wertermittlung nach dem Ertragswertverfahren sind folgende Faktoren zu berücksichtigen:

– **Rohertrag**

a) Betriebskosten

Werden nur dann zu den Roherträgen gezählt, wenn sie in der Miete enthalten sind.

b) Umsatzsteuer

Wird nur dann zum Rohertrag gezählt, wenn sie Bestandteil der Miete ist.

c) Gewöhnlichkeit und Nachhaltigkeit der Erträge

Wird nur dann unterstellt, wenn die Erträge die ortsübliche Miete nicht signifikant unter- bzw. überschreiten. Bei Abweichungen müssen diese besonders begründet werden, wobei insbesondere die Solvenz der Mieter zusätzlichen Prüfungen unterworfen wird.

– **Bewirtschaftungskosten**

a) Abschreibung

Die kalkulatorischen Kosten für die Abnutzung der Gebäude werden bei der Wertermittlung über den Vervielfältiger berücksichtigt. Ein separater Ansatz bei den Bewirtschaftungskosten kann daher entfallen.

b) Verwaltungskosten

Der entstehende Aufwand beträgt 3 bis 5 % des Rohertrages. Er ist bei der Ermittlung des Reinertrages zu berücksichtigen. Bei Wohngebäuden können die Höchstwerte der zweiten Berechnungsverordnung (II. BV) angesetzt werden.

c) Betriebskosten

Die Kosten, die durch das Eigentum am Grundstück sowie durch den bestimmungsgemäßen Gebrauch laufend entstehen, werden als Betriebskosten bezeichnet.

Ihre Höhe schwankt je nach Gebäudeart zwischen 5 und 12 % des Rohertrages. Die Kosten sind bei der Ermittlung des Rohertrags abzuziehen, wenn sie nicht auf die Nutzer umgelegt werden (durchlaufende Posten).

d) Instandhaltungskosten

Die anteiligen Kosten schwanken je nach Alter und Nutzung der Gebäude sehr stark (nach Rössler/Langner/Simon/Kleiber 5 bis 26 % vom Rohertrag). Zur Ermittlung des Rohertrages ist der entsprechende Aufwand abzuziehen, da von einer ordnungsgemäßen Instandhaltung der Gebäudesubstanz auszugehen ist. Aufgestauter Instandhaltungsaufwand muss als Werteinflussfaktor berücksichtigt werden.

e) Mietausfallwagnis

Als abzusetzende Richtwerte gelten für Wohngebäude 2 % und für Gewerbegebäude 4 % des Rohertrages.

- **Reinertrag**

Der Reinertrag ergibt sich aus dem Rohertrag nach Abzug der Bewirtschaftungskosten.

- **Bodenwertverzinsung**

Der § 16.2 der WertV schreibt vor, dass der Reinertrag aus den Gebäuden um die angemessene Verzinsung des Bodenwertes zu mindern ist. Dies ergibt sich aus den unterschiedlichen Nutzungszeiträumen, wobei für den Boden von einer unendlichen Nutzungsdauer auszugehen ist.

- **Liegenschaftszins**

Der Liegenschaftszins ergibt sich aus § 11.1 WertV. Danach müssen der Liegenschaftszins und der Kapitalmarktzins getrennt betrachtet werden. Er wird über den Kehrwert des Ertragswertes aus realisierten Immobilienverkäufen durch die Gutachterausschüsse der Kommunen berechnet.

- **Vervielfältiger**

Der Vervielfältiger ist beim Ertragswertverfahren die entscheidende Größe. Er errechnet sich aus dem Barwert einer nachschüssigen Rente, wobei in die Formel der Liegenschaftszinssatz und die Restnutzungsdauer des Gebäudes eingehen.

Zukünftige Entwicklungen aus Veränderungen im Marktgefüge bleiben unberücksichtigt, da sich die Ermittlung des Liegenschaftszinses an der Vergangenheit orientiert.

$$\text{Vervielfältiger} = \frac{1/q}{(q+1)^{n-1}} + q$$

n = Restnutzungsdauer

q = Liegenschaftzins

Zur Vereinfachung kann der Vervielfältiger der Tabelle zu § 13 Abs. 3.der Wertermittlungsverordnung (WertV) entnommen werden (siehe Auszug Anhang 1).

- **Wert beeinflussende Faktoren**

Die Bestimmung der Wert beeinflussenden Ansätze stützt sich im Allgemeinen auf harte Faktoren wie z. B.

- Entwicklungsstand und Lage des Grundstücks
- Beschaffenheit des Grundstücks
- Art und Maß der baulichen Nutzung
- Wert beeinflussende Rechte und Belastungen
- Beeinträchtigung durch Immissionen
- Alter, Bauweise und der aufstehenden Gebäude.
- Verwendungsmöglichkeiten der aufstehenden Gebäude.

Schwieriger ist die Berücksichtigung ungewöhnlicher Verhältnisse, mit denen bei der Abschätzung des Grundstückswerts nicht gerechnet werden kann. Solche ungewöhnlichen Verhältnisse liegen z. B. beim Erwerb im Zwangsversteigerungsverfahren oder beim Erwerb aus einer Insolvenzmasse vor.

Sie können sich aber auch aus besonderen Preiskonzessionen und Zahlungsbedingungen ergeben. Nicht erkennbare ungewöhnliche Verhältnisse werden dann angenommen, wenn der Kaufpreis erheblich (+/– 30 %) vom Mittelwert aus Kaufpreisen vergleichbarer Fälle abweicht.

- **Restnutzungsdauer**

Die Restnutzungsdauer ergibt sich aus dem Zeitraum, in dem die Immobilie bei ordnungsgemäßem Gebrauch, Bewirtschaftung und Instandhaltung wirtschaftlich genutzt werden kann.

Anhaltspunkte zur Bestimmung der durchschnittlichen Lebensdauer von Gebäuden (ohne Modernisierung bei ordnungsgemäßer Instandhaltung) können der Anlage 4 zu den Wertermittlungsrichtlinien (WertR) entnommen werden (siehe Auszug Anhang 2).

8.2.3 Schema einer Ertragswertberechnung

Nachhaltige Erträge	m²	€/m²	€/Monat	€/Jahr
Büroflächen (nach gif)	4.000	20,--	80.000,--	960.000,--
Nebenflächen (nach BGF)	250	8,--	2.000,--	24.000,--
Tiefgaragenplätze	50	70,--	3.500,--	42.000,--
Außenparkplätze	20	30,--	600,--	7.200,--
Jahresrohertrag				**1.033.200,--**

abzüglich

nicht umlagefähige Bewirtschaftungskosten

(lt. II. Berechnungsverordnung § 24 Abs. 3)

Verwaltung	2,5 % vom Jahresrohertrag	- 25.830,--
Sonstige Betriebskosten	1,0 % vom Jahresrohertrag	- 10.033,--
Instandhaltung an Dach und Fach	3,0 % vom Jahresrohertrag	- 30.099,--
Mietausfallwagnis	5,0 % vom Jahresrohertrag	- 51.660,--
Jahresreinertrag der Liegenschaft		**915.578,--**
abzüglich		
Verzinsung Bodenwert	4,0 % von 1.200.000 €	- 48.000,--
Jahresreinertrag Gebäude		**867.578,--**
Restnutzungsdauer	50 Jahre	
Liegenschaftszins	4,5 %	
Vervielfältiger (nach Tabelle 1, Anhang 1)	19,76	
Ertragswert Gebäude	19,76 x 867.578,-- €	17.143.341,--
zuzüglich Bodenwert		1.200.000,--
Ertragswert der Liegenschaft zum Stichtag		**18.343.341,--**
Gerundet		**18.300.000,--**

8.2.4 Sachwertverfahren

Das Sachwertverfahren dient in erster Linie der Bewertung von Immobilien, deren Wert sich nur bedingt aus der jeweiligen Marktsituation ergibt. In erster Linie zählen hierzu eigen genutzte Objekte und hochwertige Wohngebäude.

Nach § 21 WertV sind der Wert des Bodens, der baulichen Anlagen und sonstigen Anlagen getrennt zu ermitteln. Der § 21.3 WertV gibt vor, dass der Herstellungswert von Gebäuden unter Berücksichtigung

— der Wertminderung aus Alterung
— baulicher Mängel und Bauschäden sowie
— sonstiger Wert beeinflussender Faktoren

zu erfolgen hat.

Analog zum Ertragswertverfahren besteht auch beim Sachwertverfahren die besondere Schwierigkeit, die sonstigen Wert beeinflussenden Faktoren zutreffend abzuschätzen. Der Herstellungswert lässt sich aus den vergleichbaren Herstellungskosten ableiten, die sich über Kennzahlen aus der amtlichen Statistik (Baupreisindex) für den umbauten Raum (m^3 BRI) bzw. die Bruttogrundfläche (m^2 BGF) abschätzen lassen.

Bauteile, die gemessen am Normalfall fehlen bzw. zusätzlich vorhanden sind, müssen über entsprechende Zu- und Abschläge berücksichtigt werden.

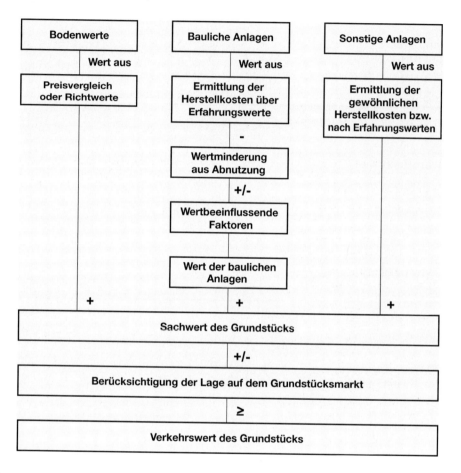

Abb. 8.5 Wertermittlung nach dem Sachwertverfahren [51]

Weitere Möglichkeiten zur Ermittlung der Herstellkosten sind
- der Nachweis der tatsächlich aufgewendeten Kosten,
- die Kalkulation über Kennzahlen unter Zugrundelegung eines spezifischen Flächenmodells,
- die Kalkulation der gewöhnlichen Herstellkosten der einzelnen Bauleistungen über Mengen und Einheitspreise,
- Kostenermittlung nach DIN 276 (Kostenschätzung / Kostenberechnung).

Die Wertermittlung nach dem Sachwertverfahren bezieht sich in erster Linie auf den Substanzwert der baulichen Anlagen.

Der Einfluss der allgemeinen Marktentwicklung bleibt bei der Festlegung des Basispreises zunächst unberücksichtigt. Insoweit spielt das Sachwertverfahren eine wichtige Rolle zur Ermittlung des Wiederbeschaffungswertes (z. B. bei Versicherungsschäden aus Feuer, Sturm, Hochwasser etc.).

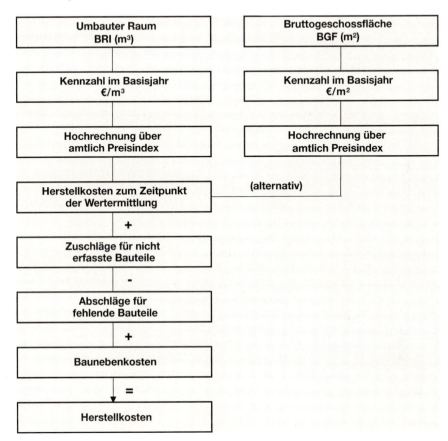

Abb. 8.6 Ermittlung der Herstellkosten über Kennzahlen

8.3 Sonstige Verfahren

8.3.1 Residualwertverfahren

Das Verfahren eignet sich als Variante des Ertragswertverfahrens in erster Linie zur Bestimmung des Bodenwerts. Ausgehend von einem fiktiven Ertrag der zu entwickelnden Gebäude wird der anteilige Bodenwert zurückgerechnet. Das Residuum entspricht dem Bodenwert zum Zeitpunkt des Nutzungsbeginns.

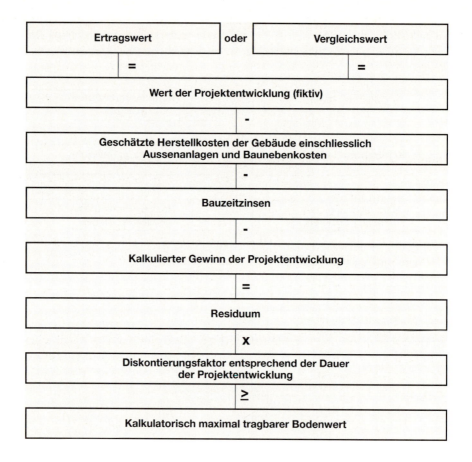

Abb. 8.7 System der Wertermittlung nach dem Residualverfahren [51]

Es ist somit zum Bewertungsstichtag zu diskontieren, wobei für die Dauer der Projektentwicklung ein marktüblicher Zinssatz als Abzinsungsfaktor zu verwenden ist. Die Anwendung der Residualwertmethode setzt viel Erfahrung voraus, da eine hohe Sensitivität des Grundstückswerts zu marktabhängigen Variablen (Miethöhen) vorliegt. Eine weitere Quelle für Fehleinschätzungen liegt in der Abhängigkeit der Erträge von den vermietbaren Flächen und den fiktiven Herstellkosten. Grundvoraussetzung für die Anwendung der Residualwertmethode ist, dass sich die Herstellkosten und die Erträge einer Projektentwicklung mit hinreichender Genauigkeit ermitteln lassen.

8.3.2 Barwertverfahren

Beim Barwertverfahren (discounted cash flow - Methode = DCF) werden die in der Zukunft erwarteten, vom Bewertungsobjekt ausgehenden Zahlungen zu einem angemessenen Diskontsatz (Kapitalmarktzins + Risikozuschlag) auf den Bewertungsstichtag abgezinst, um den

Barwert der Investition zu erhalten. Der Verkaufserlös am Ende des betrachteten Investitionszeitraums wird anhand geschätzter Verkaufsrenditen und projizierten Mietwerten zum Zeitpunkt der Veräußerung ermittelt und ebenfalls abgezinst. Der Betrachtungszeitraum beträgt dabei 10 bis 15 Jahre, da für eine solche Periode entsprechend der normalen Laufzeit von Mietverträgen eine gesicherte Abschätzung der Erträge möglich ist. Das Verfahren liefert als Ergebnis den internen Zinsfuß (internal rate of return = IRR), anhand dessen die Immobilieninvestition direkt mit anderen Anlageformen verglichen werden kann.

8.3.3 Immobilienbewertung mit vollständigen Finanzplänen

Das Konzept der vollständigen Finanzpläne gehört wie das Barwertverfahren zu den Methoden der Investitionsrechnung. Bei diesem Verfahren werden alle Zahlungen, die mit der Investition verbunden sind, explizit abgebildet, wobei als Bezugszeitpunkt der Planungszeitraum und nicht – wie bei der Barwertmethoden – der Investitionszeitpunkt dient. Über die VOFIs erfolgt eine einfache und genaue Erfassung sämtlicher Zahlungsströme und –folgen, so dass finanzwirtschaftliche Konsequenzen aus Wert beeinflussenden Faktoren über Alternativbetrachtungen klar ablesbar gemacht werden können.

8.3.4 Due Diligence

Um das Risiko einer Immobilieninvestition klein zu halten, müssen alle Randbedingungen analysiert und bewertet werden. Im angelsächsischen Sprachraum erfolgt dies über eine Due Diligence Prüfung (Due Diligence = mit besonderer Sorgfalt).

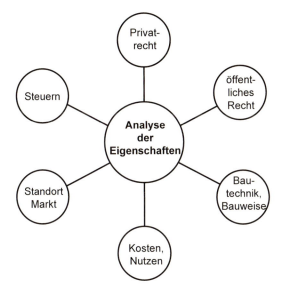

Abb. 8.8 Handlungsfelder der Due Diligence – Prüfung

Hauptziel der Due Diligence – Prüfung ist die Bestimmung der angemessenen Investitionssumme für eine Immobilienprojektentwicklung oder eine Bestandsimmobilie. Die Due Diligence – Prüfung ist ein wichtiges Instrument des aktiven Immobilienmanagements, da aus den jeweiligen Ergebnissen konkrete Maßnahmen abgeleitet werden können

Wenn eine Projektentwicklung systematisch über ein Zielsystem gesteuert wurde, übernimmt die Due Diligence beispielsweise die entsprechende Struktur zur Kontrolle der Lage und Gebäude bezogenen Kriterien.

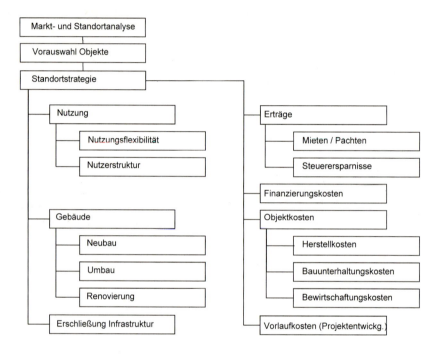

Abb. 8.9 Übersicht lage- und gebäudebezogener Kriterien der Due Diligence – Prüfung

Die Untersuchungstiefe richtet sich bei der Due Diligence – Prüfung nach dem Maß der möglichen Beeinflussung der Investitionsziele (Kosten, Termine, Qualitäten, Rendite etc.).

Neben den Lage und Gebäude bezogenen Kriterien werden finanzwirtschaftliche Aspekte wie

- Mieterstruktur und Miethöhe
- Mieterbonität und Laufzeit der Verträge
- Entwicklungstendenzen in den Mieterbranchen
- Art der Finanzierung und Struktur der Abschreibungen
- Allgemein wirtschaftliche Rahmenbedingungen
- Trends steuerlicher Gestaltungsmöglichkeiten

- ökonomische Nachhaltigkeit
- Rentabilität
- Fungibilität (Drittverwertbarkeit)

systematisch erfasst und bewertet. Am Ende einer Due Diligence – Prüfung steht eine umfassende und klare Empfehlung zur Investitionsentscheidung verbunden mit der Definition der wesentlichen Risiken. Persönliche Verhältnisse bleiben bei der Due Diligence weitgehend unberücksichtigt. Dies gilt insbesondere für Notverkäufe, Interessenskäufe und Spekulationserwartungen. Zukunftshoffnungen und begründete Gewinnchancen gehen jedoch in die Bewertung ein. Eine Due Diligence ergänzt die amtlichen Verfahren zur Wertermittlung. Aufgrund der fehlenden Rechtsgrundlagen kann sie nur dann als Grundlage für ein Grundstücksgeschäft herangezogen werden, wenn die Liegenschaft frei übertragen wird.

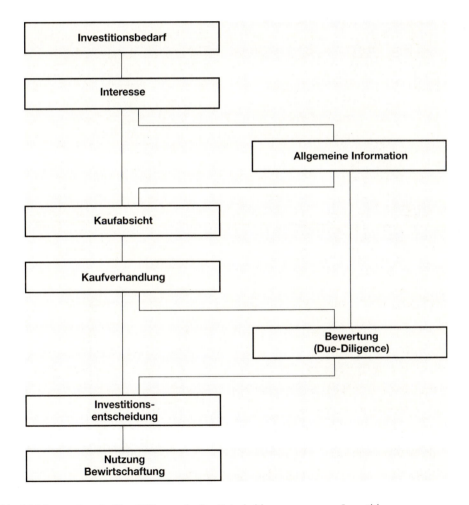

Abb. 8.10 Integration der Due Diligence in den Entscheidungsprozess zur Investition

Ein weiteres Einsatzfeld der Due Diligence ist in vereinfachter Form die periodische Bewertung von Zwischenergebnissen einer Projektentwicklung bzw. –realisierung. Dabei entsprechen die Kriterien der Due Diligence den Einzelelementen des übergeordneten Zielsystems.

Abweichungen von den Vorgaben werden über den systematischen Abgleich der Soll- und Ist-Zustände, der in regelmäßigen Abständen nach immer gleichen Kriterien erfolgt, unmittelbar ablesbar. Zur übergeordneten Steuerung von Planungs- und Bauprozessen eignen sich Zielsysteme sehr gut, da

– sie alle Projckt bestimmenden Faktoren und nicht nur Kosten- und Terminziele umfassen,
– zur Umsetzung der Ziele die bekannten Methoden und Werkzeuge des Projektmanagements problemlos integriert werden können,
– sie ohne systematische Brüche Bestandteil moderner Projektkommunikationssysteme werden können,
– alle relevanten Projektergebnisse zu jeder Zeit einfach und übersichtlich und vor allem in der gleichen Datenstruktur ablesbar machen.

Bei richtiger und sorgfältiger Anwendung sind Zielsysteme kein neues Managementsystem, sondern ein Hilfsmittel das für Ordnung und Transparenz in den Planungs- Bauprozessen sorgt. Zielsysteme können und sollen die bewährten Steuerungssysteme genau so wenig ersetzen wie das Fachwissen und das Eigenengagement der Beteiligten. Sie tragen allerdings durch ihre Transparenz und Verbindlichkeit erheblich dazu bei, dass der partnerschaftliche Dialog zwischen allen Beteiligten, ohne den moderne Abwicklungsmodelle nicht funktionieren können, zustande kommt.

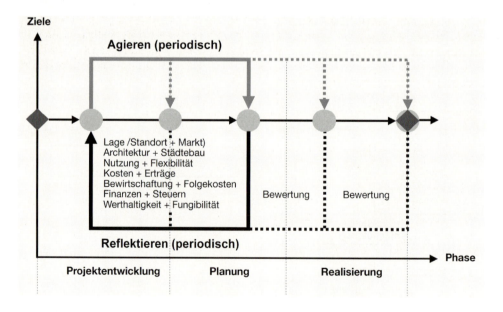

Abb. 8.11 Due Diligence als Bestandteil eines übergeordnetes Steuerungssystems [39]

9 Immobilienfinanzierung

9.1 Allgemeines

Die Finanzierung von Immobilienprojekten ist zunehmend schwieriger geworden. Neben der negativen Entwicklung der Märkte, insbesondere im Bereich der spekulativen Projektentwicklung, wirkt sich das Regelwerk nach Basel II zunehmend behindernd bei der Kreditvergabe aus. Obwohl die Richtlinien erst 2006 / 2007 in Kraft treten werden, spielen sie bei der Kreditvergabe bereits heute eine große Rolle, da sie das zukünftige Verständnis der Banken bei der Vergabe von Immobilienkrediten abbilden. Immobilien werden traditionell mit einem hohen Anteil an Fremdkapital errichtet, welches die finanzierenden Banken zukünftig stärker absichern müssen. Nach Basel II richtet sich die erforderliche Kapitalausstattung nach einer individuellen Bewertung der Kreditrisiken aus den zu finanzierenden Projekten.

Die Bewertung erfolgt über Ratingagenturen oder über die Bank selbst. Bei einer schlechten Einstufung erhöht sich nicht nur der zu fordernde Eigenkapitaleinsatz, sondern auch die Höhe der Kreditzinsen. Die Überprüfung durch die Bankenaufsicht beschränkt sich zunächst auf die Sorgfalt und die Methoden, mit denen die Kreditinstitute die Risiken aus der Kreditvergabe eingeschätzt haben. Falls sie bei einer weitergehenden Prüfung zu einer abweichenden Risikoeinschätzung gelangt, kann sie eine Anpassung der Kreditbedingungen fordern (z. B. höhere Zinsen, mehr Eigenkapital).

Die Forderung nach mehr Transparenz und Offenlegung der wesentlichen Kennziffern aus der Entwicklung des Kreditengagements richtet sich zunächst an den Kreditgeber, der hierdurch gezwungen werden soll, seine eigene Risikosituation seriös darzustellen. In direkter Folge führt die Forderung natürlich dazu, dass die gleichen Anforderungen auch im Verhältnis Kreditgeber /-nehmer anzuwenden sind. Ein wichtiges Bewertungs- und Messsystem bildet dabei die Investitionsanalyse.

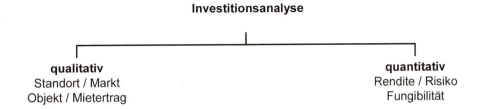

Abb. 9.1 Struktur einer Investitionsanalyse

Aufbauend auf die Basisanalyse (qualitative Aspekte), die zur Grundabschätzung der Risiken dient, werden in der anschließenden Bewertung der quantitativen Aspekte, die erzielbare Rendite und der maximal erreichbare Verkaufspreis mit den Methoden der Investitionsrechnung ermittelt.

Die absehbaren Veränderungen in den Rahmenbedingungen bei der Vergabe von Immobilienkrediten haben im Wesentlichen folgende Auswirkungen:

– Risikoreiche Darlehen müssen mit deutlich mehr Eigenkapital unterlegt werden.
– Bei einem ungünstigen Rating des Kreditnehmers (z. B. wegen ungenügender allgemeiner Bonität) fallen höhere Kreditzinsen als bisher an.
– Unternehmen mit günstigem Rating erhalten Kredite zu günstigen Konditionen und verschaffen sich damit Wettbewerbsvorteile
– Projektentwicklungen, die mit zu wenig Eigenkapital ausgestattet sind, verlieren unabhängig von den tatsächlichen Marktchancen die Grundlagen zur Realisierung.
– Alternative Finanzierungsformen, wie z. B. Mezzanine-Finanzmodelle, die fehlendes Eigenkapital ersetzen können, treten in den Vordergrund.

9.2 Formen der Finanzierung

9.2.1 Eigenkapitalfinanzierung

Nur wenige Endinvestoren finanzieren ihre Immobilieninvestitionen überwiegend mit Eigenkapital. Hierzu zählen Pensionsfonds und offene Immobilienfonds, die große Teile der Mittel, die ihnen zufließen, in Immobilien investieren.

Für Projektentwickler hat sich in den letzten Jahren in Deutschland nach angelsächsischem Vorbild ein Markt für den Einsatz von Wagniskapital (Private Equity bzw. Venture Capital) entwickelt, über den Eigenkapital für eine Maßnahme bei Dritten eingeworben wird.

Neben dem ursprünglichen Investorenkreis der Privatanleger (Private Equity), die Direktinvestitionen durchgeführt haben, stehen so Wagniskapitalfonds (Private Equity Fonds) zur Verfügung, die nachrangige Darlehen als Eigenkapitalersatz zur Verfügung stellen

9.2.2 Objektkredit

Bei dieser Art des Immobilienkredits steht das zu finanzierende Objekt (fertig gestelltes Bauprojekt) im Vordergrund. Die Finanzierung wird so gestaltet, dass sich der Kapitaldienst und die erforderlichen Sicherheiten ausschließlich aus dem bezogenen Objekt ergeben (stand alone – Kredit, Regelform bei Objekten, die nachhaltig gesicherte und ausreichende Erträge abwerfen).

9.2.3 Projektfinanzierung

Grundlage dieser Finanzierungsform ist die Amortisierung des einzusetzenden Kapitals, d. h., die Frage, ob das zu erstellende Objekt einen nachhaltig positiven cash flow abwirft oder nicht. Diese Art der Finanzierung ist als mittel- und langfristiges Instrument selten geworden, da in der Regel:

– ein Rückgriff auf das Kapital des Entwicklers ausgeschlossen wird (non-resource – Finanzierung z. B. einer Projekt GmbH & Co. KG),

- das fertig gestellte Objekt aufgrund einer unsicheren Marktlage in vielen Fällen keine ausreichende Sicherheit zur Rückzahlung des Kredits bietet.
- Das eingesetzte Fremdkapital ist bei der Projektfinanzierung weitgehend unbesichert und im Wesentlichen dem unternehmerischen Risiko des Kreditgebers ausgesetzt ist.

9.2.4 Klassische Immobilienfinanzierung

Der nachhaltige Wert der Immobilie steht bei dieser Form der Fremdfinanzierung (Realkredit) im Mittelpunkt. Kredite bis zu 60 % des Beleihungswertes gelten als Realkredite, unter der Annahme, dass ein entsprechender Preis im Fall einer Verwertung erwirtschaftet werden kann (vergleiche auch Punkt 9.2.5 Absicherung von Immobiliendarlehen).

Als Sicherheit dient das Grundstück mit seinen Aufbauten. Realkredite sind in der Regel Hypothekarkredite, die über Grundpfandrechte abgesichert werden. Sie zeichnen sich durch eine mehrjährige Zinsfestschreibung und eine Tilgung nach der Annuitätsmethode oder z. B. über alternative Tilgungsformen (z. B. Abtretungen von Kapitallebensversicherungen, Ratentilgungen oder die Tilgung über Bausparverträge) aus, die insbesondere bei kleineren Maßnahmen privater Investoren relativ häufig vorkommen.

Annuitätendarlehen

Beim Annuitätendarlehen vermindert sich der Zinsanteil mit zunehmender Tilgung, während sich bei gleicher periodischer Belastung der Anteil zur Rückführung des Kredits erhöht.

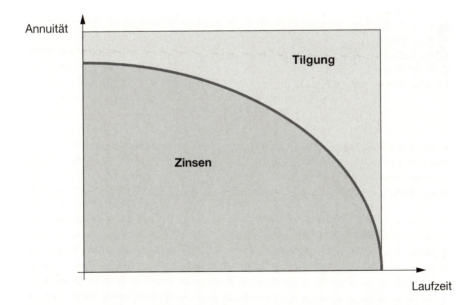

Abb. 9.2 Schema der Kredittilgung bei Annuitätendarlehen

Endfälliges Darlehen

Während der Laufzeit eines Kredits wird lediglich die Zinsleistung erbracht. Die Rückzahlung des Darlehens erfolgt am Ende der vereinbarten Laufzeit in einer Summe.

Diese Darlehensform ist die Regelfinanzierung beim Ankauf von Entwicklungsgrundstücken und bei kurzfristigen (2 – 5 Jahre) laufenden Zwischenfinanzierungen zur Errichtung bzw. Rekonstruktion eines Immobilienobjektes.

Eine weitere Einsatzmöglichkeit ergibt sich aus der Optimierung des Leverageeffekts, der sich aus der Differenz zwischen Soll- und Habenzinsen ergibt. Er ist umso größer, je niedriger die Sollzinsen im Verhältnis zu einer erzielbaren Verzinsung des Eigenkapitals sind. Zur Absicherung der gewöhnlichen Tilgungsraten stellt der Kreditnehmer dann in der Regel ein entsprechendes Depot aus Eigenmitteln zur Verfügung.

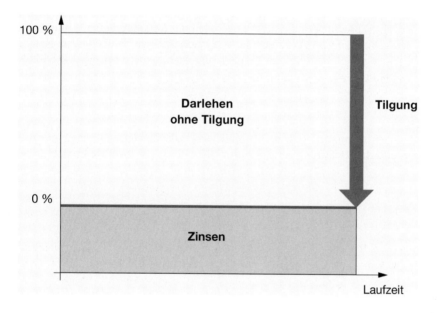

Abb. 9.3 Schema der Kredittilgung bei endfälligen Darlehen

Cash flow – Darlehen

Bei diesem Modell richtet sich die Tilgungsleistung nach den wirtschaftlichen Möglichkeiten, die sich aus der tatsächlichen Ertragskraft des Objektes ergeben, wobei in der Regel eine Mindesttilgungsrate vereinbart wird. Es kommt sehr häufig bei Venture-Finanzierungen zur Anwendung, bei denen der Kreditgeber über eine Objektgesellschaft am Erfolg einer Projektentwicklung teilnimmt.

Der wesentliche Unterschied zu einem Annuitätsdarlehen besteht darin, dass die Laufzeit des Darlehens in Abhängigkeit zur Tilgungsleistung variabel ist. Cash flow – Darlehen eignen sich auch zur Finanzierung von Spezial- bzw. Betreiberimmobilien, bei denen die Ertragskraft in Abhängigkeit zum Umsatz stark schwanken kann (z. B. Einkaufszentren, Multiplex-kinos etc.) Ihr Einsatz setzt jedoch in jedem Fall eine Offenlegung aller wirtschaftlich relevanten Daten voraus.

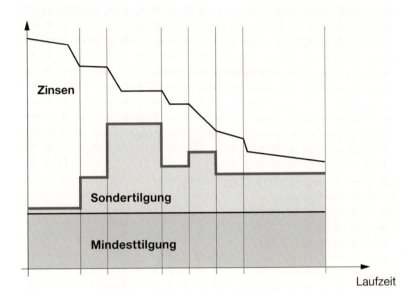

Abb. 9.4 Schema einer cash flow orientierten Tilgung [53]

9.2.5 Absicherung von Immobiliendarlehen

In der Regel reichen die Sicherheiten, die sich aus der Substanz einer Projektentwicklung oder eines bereits in Nutzung befindlichen Objektes ergeben, für ein Immobiliendarlehen nicht aus. Dies gilt insbesondere für Hypothekardarlehen, bei denen nach dem Hypothekenbankgesetz (HBG § 12 Absatz 1) der Beleihungswert einer Immobilie, der sich aus dem Abgleich des Sach- und Ertragswertes ergibt, nicht überschritten werden darf, wobei der Ertragswert in jedem Fall die Obergrenze bildet.

Im Einzelnen bestimmt der § 12 des Hypothekengesetzes folgendes:

„Der bei der Beleihung angenommene Wert des Grundstücks darf den durch sorgfältige Ermittlung festgestellten Verkaufswert nicht übersteigen. Bei der Festsetzung dieses Wertes sind nur die dauernden Eigenschaften des Grundstücks und der Ertrag zu berücksichtigen, welches das Grundstück bei ordnungsgemäßer Wirtschaft jedem Besitzer nachhaltig gewähren kann."

Die Berechnung des Ertrags- bzw. Sachwertes richtet sich nach der Wertermittlungsverordnung (WertV). Beim Abgleich der Ergebnisse aus den beiden Verfahren spielt die Drittverwertungsmöglichkeit eine große Rolle. Die Möglichkeit zur dauerhaften wirtschaftlichen Verwertung durch einen Dritten schließt dabei alle Faktoren (Kosten, Erträge, Vermietbarkeit), die zukünftig zu erwarten sind, ein.

Für die Beleihungsgrenze gilt im Allgemeinen ein Wert von 60 % der Investitionskosten. Da die großen Banken im Konzernverbund praktisch alle Bankenarten (Hypothekenbank, Geschäftsbank etc.) unter einem Dach vereinigt haben, können die Beleihungsgrenzen über nachrangige Darlehen relativ problemlos auf ca. 80 % des Verkehrswertes (Abgleich aus Sach- und Ertragswert) angehoben werden, sofern keine besondere Risikovorsorge getroffen werden muss.

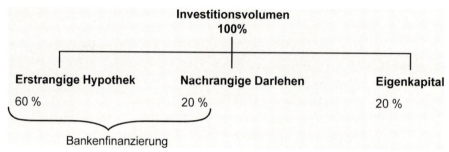

Abb. 9.5 Klassisches Modell der Kreditsicherung

Die nachrangigen Darlehen müssen allerdings sehr häufig zumindest zum Teil mit Finanzmitteln bedient werden, die in keinem direkten Zusammenhang mit dem zu finanzierenden Objekt stehen. Unabhängig davon, auf welchem Weg die erforderlichen Sicherheiten letztendlich gestellt werden, gilt prinzipiell folgende Einteilung:

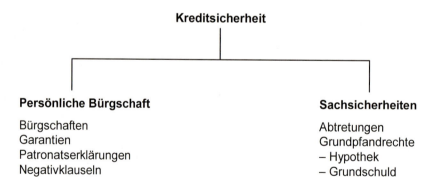

Abb. 9.6 Schema üblicher Kreditsicherheiten

Bürgschaften

Die Stellung und Inanspruchnahme von Bürgschaften ist im Bürgerlichen Gesetzbuch (BGB, §§ 765 ff) gesetzlich geregelt. Eine Bürgschaftsvereinbarung bedarf grundsätzlich der Schriftform (Bürgschaftsurkunde).

Ihre Wirksamkeit ist an eindeutig bestimmte Forderungen gebunden (akzessorisch). Zweck der Bürgschaft ist die Absicherung des Kreditgebers für den Fall, dass der Gläubiger (Kreditnehmer) seine Verpflichtungen aus dem Darlehensvertrag nicht erfüllen kann.

Garantien

Zur Verwendung von Garantien fehlen gesetzliche Regelungen. Sie sind grundsätzlich auch nicht an eine bestimmte Form gebunden, da sich der Garant einseitig verpflichtet, eine bestimmte Leistung zu erbringen, wenn der garantierte Erfolg ausbleibt (abstrakte Verpflichtung).

Patronatserklärungen

Rechtlich kann die Übernahme einer vertraglichen Verpflichtung durch einen Dritten (Patronat) frei gestaltet werden, da hier entsprechende rechtliche Grundlagen fehlen. Die Gestaltungsvielfalt reicht von Erklärungen ohne Substanz (kein Sicherungswert) bis zu einklagbaren Verpflichtungen (Schuldübernahme, Fertigstellung einer begonnenen Maßnahme bzw. Ankauf von Forderungen).

Negativklausel

Die Negativklausel ist eine privatschriftliche Vereinbarung zwischen Darlehensgeber und –nehmer, die den Schuldner dazu verpflichten soll, die Bestellung weiterer Sicherheiten zugunsten Dritter durch die Belastung von Grundstücken oder anderer Vermögenswerte zu unterlassen. Da in aller Regel hieraus keine Sanktionen gegen den Schuldner ausgelöst werden können, ist diese Form der Kreditsicherung allenfalls als zusätzliches Instrument einzuordnen.

Hypotheken

Gesetzliche Grundlage für die Verpfändung oder Pfändung eines Anspruchs auf Übertragung des Eigentums an einem bebauten oder unbebauten Grundstück bilden die §§ 1287 ff des Bürgerlichen Gesetzbuches (BGB) bzw. § 848 Absatz 2 der Zivilprozessordnung (ZPO). Grundlage für die Bestellung einer Hypothek ist die Einigung der Vertragspartner. Die Hypothek entsteht mit der Eintragung im Grundbuch (§ 873 BGB), jedoch nicht, bevor die bezogene (akzessorische) Forderung entstanden ist. Zwischen dem Abschluss des Kaufvertrages über eine Immobilie und der Übertragung der Eigentumsrechte im Grundbuch vergeht in der Regel ein relativ langer Zeitraum. Zum Schutz des Käufers und als Kreditsicherung können unmittelbar nach Abschluss des notariellen Kaufvertrages Vormerkungen im Grundbuch eintragen werden, die gegen eine Veränderung der dinglichen Rechtsverhältnisse in diesem Zeitraum schützen.

Wichtige Vormerkungen sind die

- Auflassungsvormerkung (§ 883 BGB), die den Anspruch auf Übertragung des Eigentums absichert,
- Löschungsvormerkung (§ 1179 BGB), die das Zusammenfallen von Eigentum und Grundpfandrecht regelt.

Bei Kreditgeschäften steht die Vormerkung dem Gläubiger des zu sichernden Anspruchs zu. Insoweit ist sie nur übertragbar, wenn gleichzeitig die Forderung übertragen wird (Abtretung entsprechend § 401 BGB).

Neben dem Zweck der Sicherung haben Vormerkungen eine Auswirkung auf die Rangstelle, nach der Forderungen z. B. im Insolvenzfall beglichen werden. Die Rangstelle nimmt den

Platz ein, der bei einem unmittelbaren Vollzug der Grundbucheintragung entstanden wäre. Eine Hypothek kann auch durch eine Zwangsvollstreckung begründet werden (§§ 866 ff ZPO). In der Immobilienwirtschaft sind darüber hinaus Sicherungshypotheken entsprechend §§ 648 und 648a sehr häufig anzutreffen, mit denen Handwerker ihre finanziellen Forderungen gegenüber ihren Auftraggebern absichern (Handwerkersicherungshypothek).

Grundschuld

Im Gegensatz zu den Hypotheken, die akzessorisch sind, sind Grundschulden nicht unmittelbar an eine bestehende Forderung geknüpft. Dennoch finden die Vorschriften über Hypotheken (§ 1192 BGB) Anwendung. Da wegen des fehlenden unmittelbaren Zusammenhangs nur das Grundpfandrecht an sich übertragbar ist, muss die Forderung – falls erforderlich – gesondert übertragen werden. Wenn die Forderung erlischt, weil der Schuldner z. B. seiner Rückzahlungspflicht nachgekommen ist, steht ihm der Anspruch auf die Rückübertragung bzw. Löschung der Grundschuld zu.

Sicherungsabtretung

Die gesetzliche Grundlage ergibt sich aus den §§ 398 ff BGB bzw. 413 BGB.

Die Abtretung von eigenen Forderungen bzw. Rechten an Dritte zu Sicherheitszwecken (z. B. an eine finanzierende Bank) setzt das Zustandekommen einer vertraglichen Vereinbarung voraus. Formerfordernisse bestehen nicht. Im Verwertungsfall ist eine formlose Abtretung praktisch wertlos, so dass die Schriftform (z. B. Bürgschaftsurkunde zur Abdeckung von Gewährleistungsansprüchen) immer gewahrt werden muss.

Pfandrecht

Bei der gewerblichen Immobilienfinanzierung spielt in der Regel nur die Verpfändung von Guthabenkonten eine Rolle. Die Begründung des Pfandrechts setzt einen entsprechenden Vertrag zwischen dem Pfandgeber und dem Pfandnehmer (Gläubiger) voraus.

9.2.6 Moderne Finanzierungsinstrumente

Mezzaninedarlehen

Grundsätzlich unterscheiden sich moderne Finanzierungsformen nicht von den Methoden der klassischen Immobilienfinanzierung. Anstelle eines nachrangigen Darlehens, das den Finanzbedarf zwischen dem Beleihungswert und dem erforderlichen Investitionsaufwand abzüglich des Eigenkapitals abdeckt, wird die Finanzierungslücke über Fremdkapital (Mezzaninedarlehen), das im Verhältnis zum Kreditgeber wie Eigenkapital behandelt wird, geschlossen.

Hinsichtlich seiner Absicherung steht dieses Kapital im Rang zwischen dem klassischen Fremdkapital und dem Eigenkapitaleinsatz des Projektentwicklers.

Wenn die Projektentwicklung scheitert, wird zunächst das Hypothekendarlehen zurückgeführt, das hinsichtlich seiner Absicherung die erste Rangstelle einnimmt. Aus der dann noch verbleibenden Masse wird dann das Mezzaninedarlehen bedient.

Zum Schluss folgt die Rückführung des eingesetzten Eigenkapitals, falls noch genügend liquide Mittel (z. B. aus einer Veräußerung der Projektentwicklung) vorhanden sind.

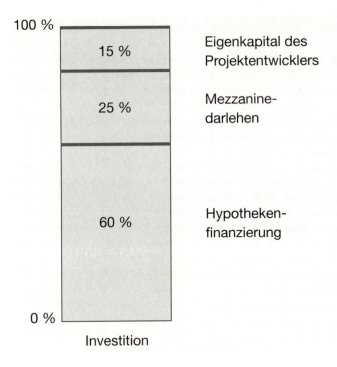

Abb. 9.7 Struktur einer Mezzaninefinanzierung

Über die Reduzierung des eigenen Kapitalaufwands kann der Projektentwickler seine Eigenkapitalrentabilität erheblich steigern, wie das folgende, grob vereinfachte Beispiel zeigt:

Grundlagen zur Modellrechnung

Gesamtinvestition	20 Mio. €
Verkaufserlös	23 Mio. €
Realisierungszeit	2 Jahre

Modell 1: Klassische Immobilienfinanzierung

Eigenkapital	40 %		
Fremdkapital	60 %	Zinssatz:	6 %

Modell 2: Mezzanine-Finanzierung

Eigenkapital	15 %		
Mezzaninekapital	25 %	Zinssatz	20 %
Fremdkapital	60 %	Zinssatz	6 %

Tabelle 9.1 Vergleich der Eigenkapitalrendite bei klassischer und Mezzaninefinanzierung

Modell 1 – Klassische Immobilienfinanzierung		Modell 2 – Mezzanine-Finanzierung	
Herstellkosten	20,00 Mio. €	Herstellkosten	20,00 Mio. €
Zinsen Fremdkapital (60 %) 20 Mio. € x 0,6 x 2/2 x 0,06	0,72 Mio. €	Zinsen Fremdkapital (25 %) 20 Mio. € x 0,25 x 0,20 x 2/2 Zinsen Fremdkapital 20 Mio. € x 0,6 x 2/2 x 0,06	1,00 Mio. € 0,72 Mio. €
Herstellkosten + Zinsen Verkaufserlös	20,72 Mio. € 23,00 Mio. €	Herstellkosten + Zinsen Verkaufserlös	21,72 Mio. € 23,00 Mio. €
Wagnis + Gewinn	2,28 Mio. €	Wagnis + Gewinn	1,28 Mio. €
Rentabilität auf Eigenkapital (Zeitraum: 2 Jahre) 2,28 Mio. € / 8 Mio. € (40 % EK) x 2	14,25 %	Rentabilität auf Eigenkapital (Zeitraum: 2 Jahre) 1,28 Mio. € / 3 Mio. € (15 % EK) x 2	21,33 %

Bei der Berechnung wurde unterstellt, dass das Eigenkapital zum Finanzierungsbeginn zu 100 % gestellt werden muss und dass die Zinsen für das Mezzaninekapital linear mit 20 % über die gesamte Laufzeit des Projekts berechnet werden.

Über die erhöhte Zinsmarge hinaus sind Mezzaninedarlehen sehr oft zusätzlich an eine Beteiligung am Gewinn der Projektentwicklung gekoppelt, die entsprechend der grundsätzlichen Projektrisiken frei vereinbart wird. Margen von bis zu 50 % des Ertrages sind keine Seltenheit. Dies unterstellt, würde sich die Eigenkapitalrentabilität im Modell 2 der Beispielrechnung auf ca. 10,5 % reduzieren.

Participating Mortag

Diese Form der Finanzierung eignet sich besonders zur Finanzierung von Baulandentwicklungen bzw. des Aufwands der Projektentwicklung. Im Tausch gegen eine Gewinn- oder Kapitalbeteiligung verzichtet die finanzierende Bank auf einen Teil der sonst fälligen Zinsen.

Für den Projektentwickler ergibt sich gegenüber einer normalen Finanzierung eine geringere Belastung der Liquidität. Die Bank erhält über die Erfolgsbeteiligung ein angemessenes Äquivalent zum teilweise gewährten Zinsverlust.

Aufgrund der erheblichen Marktrisiken und der hieraus resultierenden Zurückhaltung der Banken kommt diese Form der Finanzierung in der Regel nur noch zum Einsatz, wenn der Projektentwickler einen bonitätsstarken Endinvestor nachweisen kann.

9.2 Formen der Finanzierung

Modell 3: Participating Mortage-Finanzierung

Eigenkapital 10 %
Zinssatz Fremdkapital 3,5 %
Anteil der Bank am Gewinn 20 %

Tabelle 9.2 Eigenkapitalrendite bei der Finanzierung nach Participating Mortage

Modell 1 – Klassische Immobilienfinanzierung		Modell 2 – Participating Mortage - Finanzierung	
Herstellkosten	20,00 Mio. €	Herstellkosten	20,00 Mio. €
Zinsen Fremdkapital (60 %) 20 Mio. € x 0,6 x 2/2 x 0,06	0,72 Mio. €	Eigenkapital (10 %) Fremdkapital Zinsaufwand	2,00 Mio. € 18,00 Mio. € 1,26 Mio. €
Herstellkosten + Zinsen Verkaufserlös	20,72 Mio. € 23,00 Mio. €	Herstellkosten + Zinsen Verkaufserlös	21,26 Mio. € 23,00 Mio. €
Wagnis + Gewinn	2,28 Mio. €	Wagnis + Gewinn Gewinn der Bank	1,74 Mio. € 0,35 Mio. €
Rentabilität auf Eigenkapital (Zeitraum: 2 Jahre) 2,28 Mio. € 8 Mio. € x 2	14,25 %	Rentabilität auf Eigenkapital (Zeitraum: 2 Jahre) 1,74 – 0,35 Mio. € 2 Mio. € x 2	34,8 %

Mortage Backed Securities

Bei dieser Finanzierung beschränkt sich die Rolle der Bank in der Hauptsache auf die Mittlerrolle zwischen dem Projektentwickler und den potenziellen Investoren, die über den freien Kapitalmarkt gebunden werden.

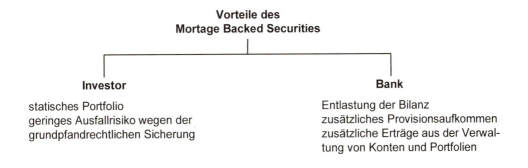

Abb. 9.8 Vorteile des Mortage Backed Securities

In diesem Modell finanziert eine Bank das Projekt zunächst vor und veräußert dann über eine eigens dafür gegründete Gesellschaft ihre grundpfandrechtlich gesicherten Forderungen.

Anleihen nach dem Prinzip der Mortage Backed Securities sind in der Regel nur marktgängig, wenn die zugrunde liegenden Sicherheiten im Einzelnen z. B. über eine umfassende Due Diligence bewertet werden können. Wegen der hohen Transaktionskosten kommen sie ausnahmslos nur für Großprojekte in Betracht.

9.2.7 Zinssicherungsinstrumente

Die wohl bekannteste Methode, sich gegen das Risiko stark ansteigender Zinsen abzusichern, ist die langfristige Festschreibung des Zinssatzes (z. B. über 10 Jahre).

Die hierdurch gewonnene Planungssicherheit wird mit folgenden Nachteilen erkauft:

- Vorteile aus sinkenden Zinsen kommen nur dem Kreditgeber zugute,
- eine vorzeitige Tilgung des Kredits ist nur gegen eine Vorfälligkeitsentschädigung möglich, deren Höhe je nach Restlaufzeit und Zinssituation erheblich sein kann.

Moderne Zinssicherungssysteme, die mittlerweile auch mittelständischen Projektentwicklern und Investoren offen stehen, verbinden die sich scheinbar widersprechenden Forderungen nach Flexibilität in der Zinsentwicklung und Zinssicherheit über die Laufzeit des Kredits.

Erreicht wird dies über den Abschluss eines Koppelvertrages, der aus dem Kreditvertrag und einer Zinssicherungsvereinbarung besteht. Auf die wichtigsten Instrumente soll im Folgenden kurz eingegangen werden.

Zinscap

In der Regel wird ein Kreditvertrag abgeschlossen, dessen Zinssatz an einen Geldmarktzins (z. B. 3-Monats-Euribor plus Marge für den Kreditgeber) gekoppelt ist.

Entsprechend der zeitlichen Bindung wird der Kreditzins periodisch neu festgesetzt. Für den Kreditnehmer hat das den großen Vorteil, dass er nach Ablauf der Zinsbindung (im Beispiel 3 Monate) Sondertilgungen vornehmen kann, ohne dass Vorfälligkeitsentschädigungen anfallen.

Über den Kauf von Zinscaps im Rahmen der Zinssicherungsvereinbarung kann sich der Kreditnehmer eine Zinsobergrenze garantieren lassen.

Bei Abschluss der Zinssicherungsvereinbarung wird folgendes festgelegt:

- die Laufzeit
- der Nominalbetrag, der der Zinssicherung unterliegt
- der Leitzins (3-Monats-Euribor)
- die Zinsobergrenze
- die Prämie zur Zinssicherung, die als Einmalzahlung oder pro rata gezahlt werden kann.

Da der Cap mit einer Laufzeit von bis zu 10 Jahren abgeschlossen werden kann, kann er einer langfristigen Zinsfestschreibung gleichgestellt werden.

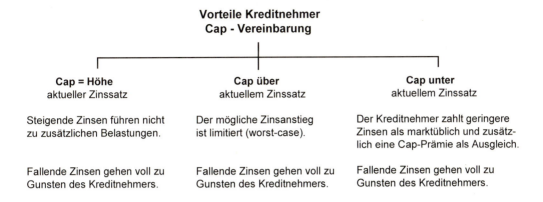

Abb. 9.9 Schema der Zinssicherung über Caps

Die Kosten der Absicherung hängen ab von

- der Laufzeit der Vereinbarung (langfristig = höhere Prämie),
- der Zinsobergrenze (je größer der Abstand zum Zins bei Abschluss der Vereinbarung desto niedriger die Prämie),
- der Zinsvolatilität (hohe Prämie bei der Erwartung starker Zinsschwankungen).

Zinsswap

Um Finanzierungskonditionen an geänderte Marktbedingungen anzupassen, steht bei Krediten mit längerfristiger Zinsbindung normalerweise nur die vorzeitige Rückzahlung des Kredits zur Verfügung, wobei in der Regel eine erhebliche Vorfälligkeitsentschädigung anfällt.

Alternativ dazu kann unter Umständen ein Zinstausch vereinbart werden (fest und variabel).

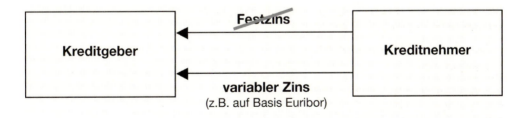

Abb. 9.10 Austausch von Zahlungsströmen aus Zinsen (swap)

Der Zinstausch ist jedoch grundsätzlich nur dann möglich, wenn er in gleicher Währung auf den gleichen Betrag und auf der Basis der unterschiedlichen Zinsberechnungen erfolgt. Gegen Zinsveränderungen kann der Kreditnehmer die Zinssicherungsinstrumente caps und/oder collars einsetzen.

floor und collar

Dieses Verfahren kombiniert die Kappungsgrenze bei Zinserhöhungen mit der Festsetzung einer Zinsuntergrenze.

Mit der Vereinbarung eines Floors kann der Kreditnehmer die Kosten eines caps minimieren, indem er gegen die Zahlung einer Prämie von der Bank Ausgleichszahlungen erhält, wenn die Zinsen unterhalb der vereinbarten Zinsuntergrenze liegen. Über floor und collar wird für das Gesamtgeschäft ein Zinskorridor festgelegt, der Planungssicherheit schafft und der im besten Fall den Kreditnehmer kostenlos gegen steigende Zinsen absichert.

9.2.8 Kreditantrag und Bonitätsprüfung

Wesentliche Voraussetzung zur Gewährung eines Immobilienkredits ist ein vollständiger und in sich schlüssiger Kreditantrag. Ein Antrag eines Projektentwicklers für ein Vermietungsobjekt muss daher mindestens folgende Unterlagen beinhalten:

- Beschreibung der Maßnahme
  - Art und Umfang der Nutzung
  - Standort- und Marktanalyse (evtl. ergänzt durch eine Due Diligence)
- Finanzierungsplan
  - Berechnung der nachhaltig erzielbaren Erträge mit eingehender Begründung
  - Berechnung der Wirtschaftlichkeit
- Bonitätsunterlagen des Projektentwicklers
  - Handelsregisterauszug bzw. Gesellschaftervertrag
  - Jahresabschlüsse der letzten 3 Geschäftsjahre
  - Aktuelle betriebswirtschaftliche Daten mit Vorausschau
  - Eigenkapitalnachweis
- Projektunterlagen
  - Grundbuchauszug mit Lageplan
  - Grundstückskaufvertrag oder Entwurf zum Kaufvertrag (Optionsvertrag)
  - Bauzeichnungen (mindestens Maßstab 1:200)
  - Kubatur- und Flächenberechnung nach DIN 277
  - Ausführliche Baubeschreibung
  - Kostenermittlung nach DIN 276 (in der Regel Kostenberechnung, alternativ Generalunternehmerangebot mit Festpreisgarantie)
  - Vollständige Aufstellung der Mietflächen
  - Kopien bereits abgeschlossener Mietverträge
  - Kalkulation der Mieteinnahmen

Aufgrund der eingereichten Unterlagen erstellen die Banken zur Ermittlung des Beleihungswertes eigene Wertgutachten. Nach § 18 Kreditwesengesetz muss der Kreditnehmer seine wirtschaftlichen Verhältnisse in regelmäßigen Abständen grundsätzlich offen legen (bei Krediten über 250.000 Euro). Hiervon kann abgesehen werden, wenn der Kredit die Beleihungsgrenze von 60 % nicht übersteigt, und wenn die gestellten Sicherheiten zur Abdeckung zusätzlicher Risiken ausreichen. Bei der Bonitätsprüfung des Kreditnehmers wird nach der persönlichen und materiellen Kreditwürdigkeit unterschieden.

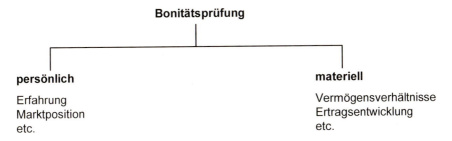

Abb. 9.11 Schema der Bonitätsprüfung von Projektentwicklern

Zur Prüfung der Kreditwürdigkeit führen die Banken ein Rating durch, nach dem der Kreditnehmer Bonitätsklassen zugeordnet wird, die sich grob wie folgt einteilen lassen:

– öffentlich-rechtlicher Kreditnehmer,
– Nachweis nachhaltig erzielbarer Einkünfte über mehrere Jahre mit positiver Zukunftsaussicht,
– Nachweis nachhaltig erzielbarer Einkünfte über mehrere Jahre mit eingeschränkten Zukunftsaussichten. Verluste aus dem Kreditgeschäft können im Voraus nur bedingt ausgeglichen werden.
– schwankende Einnahme (beantragtes Darlehen ist im Verhältnis zum verfügbaren Vermögen zu hoch),
– Einkommen reicht nicht aus, um die Zins- und Tilgungsleistungen zu erbringen.

Nach Basel II richtet sich die Höhe des Zinssatzes nach dem Ergebnis des Ratings, wobei die Zinsen mit zunehmenden Risikofaktoren für die Bank ansteigen.

9.2.9 Risiken der Immobilienfinanzierung

Bei der Beurteilung der Risiken aus Sicht des Kreditgebers ist in Abhängigkeit von der jeweiligen Kreditlaufzeit und Verwendung zwischen dem Zwischen- und Endinvestor zu unterscheiden.

Kreditgeber versuchen, das Fertigstellungsrisiko ebenso wie das Kostenrisiko dadurch zu mindern, dass sie in vielen Fällen auf eine Baudurchführung über einen Generalunternehmer bestehen, der entsprechende Garantien abgibt. Diese sind jedoch nur dann belastbar, wenn alle wesentlichen Projekt bestimmenden Faktoren vor der Vergabe ausreichend geklärt worden sind.

10.2 Planungsgrundsätze

Nachhaltiges Bauen kann nicht über Rezepte verordnet werden. Zur Umsetzung sind Einzelfall bezogen spezifische Konzepte mit teilweise unterschiedlichen Lösungsansätzen zu erarbeiten. Im Vordergrund stehen dabei ganzheitliche Betrachtungen zum Planen und Bauen, Betreiben und Unterhalten sowie zur Nutzungsflexibilität und eine möglichst lange Lebensdauer. Im Einzelnen müssen bei der Projektentwicklung folgenden Themen beachtet werden:

1. Ist zur Deckung eines Bedarfs ein Neubau erforderlich oder kann auf geeignete Gebäude im Bestand zurückgegriffen werden?
2. Wurde der Flächenbedarf einschließlich angemessener Reserven richtig ermittelt?
3. Unterstützen die Vorgaben zur Funktionalität die vorgesehenen Arbeitsprozesse?
4. Ermöglicht die vorgesehene Nutzungs- und Gebäudestruktur eine flexible Anpassung an geänderte Anforderungen zukünftiger Nutzer?
5. Wurden Möglichkeiten zur vollständigen oder teilweisen Drittverwendung berücksichtigt?
6. Unterstützt das vorgesehene Grundstück ökologische Anforderungen (Eingriffe in die Natur / Ausgleich / Verkehrsströme / Flächenrecycling / Bauen auf kontaminierten Flächen etc.)?
7. Hält die Gebäudekonzeption erhöhten Anforderungen aus Ökologie, Ökonomie, Funktionalität und Gestaltung Stand?
8. Sichern die gewählte Gebäudekonzeption und die Grundannahmen zur Baukonstruktion eine lange Lebensdauer bei reduzierten Nutzungskosten?

Wenn aus Zeit- oder Kostengründen eine Bearbeitung der Themen nur in einer unzureichenden Tiefe erfolgt, werden wesentliche Chancen zu einer positiven Beeinflussung der ökonomischen Ausrichtung der Gebäudekonzeption vergeben. Das gilt auch für alle anderen Projekt bestimmenden Faktoren, wie z. B. das Architekturkonzept, die Genehmigungsfähigkeit (Standsicherheit, Brandschutz etc.), die Erschließung, die Reduzierung von Umweltbeeinträchtigungen usw. Zum Wirtschaftlichkeitsvergleich können in den frühen Projektphasen bench marks herangezogen werden, die insbesondere zu Flächen- und Volumendaten in der einschlägigen Literatur vorliegen. Für Verwaltungsbauten des Bundes gelten z. B. folgende Richtwerte:

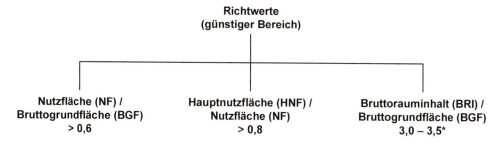

*in Abhängigkeit von der Technischen Ausrüstung

Abb. 10.3 Flächen- und Raumkennzahlen für Verwaltungsbauten des Bundes

10.2.1 Städtebau und Raumordnung

Zu den Zielen einer nachhaltigen Städtebaupolitik zählt in ökologischer Hinsicht der sparsame und schonende Umgang mit Bauland (vergleiche § 1a Baugesetzbuch in der Fassung vom 30.06.2004) und eine Reduzierung der versiegelten Flächen auf das erforderliche Minimum. Bei der Konzeption der Baukörper und der städtebaulichen Struktur sind insbesondere folgende Kriterien zu beachten:

– Eingliederung in das städtische Umfeld,
– Vermeidung von Splittersiedlungen,
– Anpassung an die Topographie,
– Ausrichtung der Gebäudekörper unter Beachtung der Hauptwindströmungen,
– Ausrichtung der Gebäudekörper unter Beachtung der Sonneneinstrahlung (passiver Energiegewinn),
– Reduzierung des Energieaufwands über kompakte Gebäudeformen,
– Ausnutzung vorhandener Infrastruktureinrichtungen (Verkehrsanlagen, Wasser- / Abwasseranlagen etc.),
– Reduzierung von Verkehrsflächen und soweit möglich Herstellung in wasserdurchlässiger Bauweise,
– Reduzierung von Verkehrsströmen über die Mischung von Funktionen (Wohnen, Arbeiten, Einkaufen etc.) in Nachbarschaften,
– Erhalt von Naturräumen und ökologischer Strukturen,
– Nutzung des Regenwassers,
– Abfallvermeidung, -trennung und -verwertung,
– Ökologische Konzepte für die Versorgung mit Primärenergie (Kraftwärmekopplung, Geothermie, Fernwärme aus Verbundtechnologien etc.) mit dem Ziel, den CO_2 Ausstoß zu senken,
– Vermeidung von Gebäudestrukturen, die eine mechanische Be- und Entlüftung erfordern; stattdessen Konzepte mit öffenbaren Fenstern, freier Gebäudedurchströmung, Abluftführung über Atrien oder Abluftkamine etc.,
– Recycling von Brachflächen z. B. aus aufgegebenen Industrie- und Militärstandorten,
– Beachtung übergeordneter Ziele der Raumordnung und Landesplanung.

In der Wohnbauförderung wurde in den letzten Jahren ein zunehmender Paradigmenwechsel zugunsten des vorhandenen Bestands vollzogen. So hat z. B. das Land Berlin im letzten Jahrzehnt mit ca. 4 Mrd. Euro die Modernisierung von Wohngebäuden gefördert. Insgesamt wurde hierdurch ein Investitionsvolumen von ca. 7,6 Mrd. Euro ausgelöst. Die Effekte einer ökologisch ausgerichteten Stadtentwicklung erstrecken sich im Wesentlichen auf folgende Handlungsbereiche:

– Siedlungs- und Flächenentwicklung
– Bodenmanagement und Flächennutzung
– städtischer Umweltschutz
– zukunftsfähige Wohnungspolitik

- stadtverträgliche Mobilität
- Umwelt, Wirtschaft und Arbeit.

Im Einzelnen erfolgt die Förderung von Stadtentwicklungsprojekten durch eine Vielzahl von unterschiedlichen Programmen.

Tabelle 10.1 Wichtige Förderprogramme zur Stadtentwicklung

Lfd. Nr.	Geplante Maßnahmen	Wahl des Förderprogramms	Förderschwerpunkte	Rechtsgrundlagen	Antragstellung Wer?	Wo?
1	Stadtsanierung in förmlich festzulegenden Sanierungsgebieten nach BauGB	Bund-Länder-Programm „Städtebauliche Sanierungs- und Entwicklungsmaßnahmen" SEP	Beseitigung städtebaulicher Missstände Sanierungs- und Entwicklungsmaßnahmen	BauGB VwV über die Vorbereitung, Durchführung und Förderung von Maßnahmen der Städtebaulichen Erneuerung im Freistaat Sachsen vom 29.11.2002	Kommunen	Regierungspräsidium
2	Sicherung, Erhalt und Sanierung historischer Stadtkerne	Bund-Länder-Programm „Städtebaulicher Denkmalschutz" SDP	Förderung von städtebaulich und denkmalpflegerisch wertvollen Altstadtgebieten mit Erhaltungssatzung	BauGB VwV über die Vorbereitung, Durchführung und Förderung von Maßnahmen der Städtebaulichen Erneuerung im Freistaat Sachsen vom 29.11.2002	Ausgewählte Kommunen mit besonders wertvollen Stadtkernen	Regierungspräsidium
3	Städtebauliche Weiterentwicklung der Großsiedlungen in Plattenbauweise	Bund-Länder-Programm „Städtebauliche Weiterentwicklung großer Neubaugebiete" im Rahmen des Bund-Länder-Programms „Städtebauliche Sanierungs- und Entwicklungsmaßnahmen" (1998 Landesprogramm)	Verbesserung der städtebaulichen Infrastruktur und des Wohnumfeldes in Großsiedlungen	BauGB VwV über die Vorbereitung, Durchführung und Förderung von Maßnahmen der Städtebaulichen Erneuerung im Freistaat Sachsen vom 29.11.2002	Kommunen	Regierungspräsidium
4	Stadtumbau Ost Programmteil Aufwertung	Bund-Länder-Programm „Stadtumbau Ost"	Förderung von Investitionen in die Aufwertung von betroffenen Stadtquartieren Sicherung attraktiver Städte und Gemeinden Städtebauliche Aufwertung zu-	Verwaltungsvorschriften über die Vorbereitung, Durchführung und Förderung von Maßnahmen der Städtebaulichen Erneuerung im Freistaat Sachsen	Kommunen	Sächsische Aufbaubank GmbH

			kunftsfähiger Stadtgebiete einschl. Anpassung der Infrastruktur und der Verbesserung des Wohnumfeldes			
5	Innenstadtzulage	Verwaltungsvereinbarung Städtebauförderung 2002	Förderungsfähig sind Instandsetzungs- und Modernisierungsinvestitionen an der Wohnung, die der Erwerber - nach dem 31.12.2001 erworben hat und - die er nach Abschluss der Baumaßnahmen zu eigenen Wohnzwecken nutzt	Wohneigentumsbildung in innerstädtischen Altbauquartieren VV Städtebauförderung 2002	Privatperson	Sächsische Aufbaubank GmbH
6	Entwicklung benachteiligter Stadtteile	Bund-Länder-Programm „Stadtteile mit besonderem Entwicklungsbedarf – die Soziale Stadt" SSP	Stabilisierung und Entwicklung benachteiligter Stadtteile Sanierung Verbesserung Wohnumfeld	BauGB VwV über die Vorbereitung, Durchführung und Förderung von Maßnahmen der Städtebaulichen Erneuerung im Freistaat Sachsen vom 29.11.2002	Kommunen	Regierungspräsidium

So werden z. B. im Hildesheimer Stadtteil Drispenstedt über das Bund-Länder-Programm „Soziale Stadt" unter Beteiligung der betroffenen Bürger Ziele der

– Stadtteilerneuerung und –aufwertung,

– Verbesserung der sozialen Infrastruktur,

– Aufwertung der Freiraumqualitäten und Wiederbelebung untergenutzter Stadtteile,

– Gestaltung gebrauchsfähiger Räume für Kinder, Jugendliche und aktive soziale Gruppen,

– Verbesserung der Kommunikation zwischen den Akteuren

in einem über mehrere Jahre laufenden Programm (seit 2001 bis heute) umgesetzt.

10.2.2 Gebäudekonzeption

Die Nachhaltigkeit von Gebäuden wird neben den Grundfragen zur Bauökonomie (Flächenwirtschaftlichkeit, flexible Nutzungsstruktur, Verwendung von angemessenen Baustoffen und Baukonstruktionen etc.) auch von der Nutzung erneuerbarer Energien, einer entsprechenden

Ausrichtung der Fassaden und einem möglichst günstigen Verhältnis des umbauten Raums zur Hüllfläche bestimmt (kompakte Bauweise).

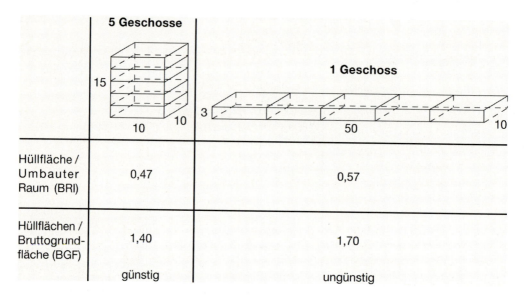

Abb. 10.4 Kennzahlen der Hüllfläche in Abhängigkeit von der Gebäudegeometrie

Die Beachtung einfacher Prinzipien wie z. B.
- Einsatz von dauerhaften Konstruktionen,
- Einsatz von wartungsarmen Konstruktionen,
- Festlegung angemessener Lastannahmen und wirtschaftlicher Spannweiten für die Tragkonstruktion,
- Vermeidung von Lastumlagerungen,
- Vermeidung Abfangekonstruktionen,
- weitgehende Vermeidung mechanischer Systeme zur Be- und Entlüftung der Nutzflächen,
- Optimierung des Glasflächenanteils der Fassade zur Reduzierung des sommerlichen Kühlbedarfs,
- Berücksichtigung von leicht zugänglichen Trassen für die Medienversorgung, die nach Möglichkeit Platz zur Nachrüstung z. B. von Kaltwasserleitung für ein Kühlsystem bieten sollten

führen zu einer verbesserten Wirtschaftlichkeit und damit zu mehr Nachhaltigkeit.

Unter ökonomischen Gesichtspunkten sollte generell eine flexible Nutzungsstruktur angestrebt werden, wobei die Vorhaltungen für spätere Nutzungsanforderungen in einem angemessenen Verhältnis zur Erstinvestition stehen müssen.

Wegen der langen technischen Lebensdauer muss dabei das Konzept des Tragwerks und die Organisation der Geschossplatten besonders beachtet werden. Die Ausrichtung von Aufenthaltsräumen muss so erfolgen, dass die Ziele des Energie optimierten Bauens unterstützt werden.

Abb. 10.5 Wesentliche Kriterien bei der Ausrichtung von Aufenthaltsräumen

Die Höhe des Energieverbrauchs eines Gebäudes wird durch seine architektonische Konzeption ganz entscheidend beeinflusst. Dies betrifft vor allem den Bedarf für das Heizen und Kühlen sowie den Strombedarf für die Beleuchtung. Um zu optimalen Ergebnissen zu gelangen, müssen unterschiedliche Lösungsansätze für die Technische Ausrüstung über Varianten hinterfragt werden. Bei der Auswahl der Bestlösung ist die zukünftige Entwicklung der Energiekosten mit abzuschätzen und zu berücksichtigen.

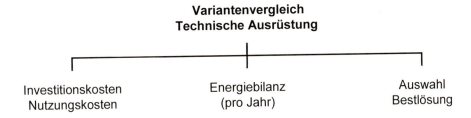

Abb. 10.6 Schema zur Bewertung von Varianten der Technischen Ausrüstung

10.2.3 Grundlegende Anforderungen an moderne Bürogebäude

Zielvereinbarungen und Ergebniskontrolle anstelle Anwesenheitspflicht und detaillierte Arbeitsanweisung haben die moderne Bürowelt radikal verändert.

Das Optimierungspotenzial wird nicht mehr nur in verbesserten work flows, sondern auch in einer ganzheitlichen Betrachtung des Arbeitsprozesses gesehen, an dessen Ende der Kundennutzen steht. Eine Analyse von 100 Bürogebäuden [55] in Deutschland zeigt beim Flächenverbrauch pro Arbeitsplatz dramatische Unterschiede. Er schwankt zwischen mindestens 17 und maximal 37 m^2 Bruttogrundfläche (BGF) einschließlich aller Sonderflächen (Konferenz, Kantine etc.).

Der Durchschnittswert, der noch vor einem Jahrzehnt bei 25 m² BGF lag, ist inzwischen auf ca. 30 m² BGF angestiegen, während er z. B. in den USA im Vergleichszeitraum von 21 m² BGF auf 17 m² BGF gesunken ist. Auch wenn die Zahlenwerte aufgrund anderer Randbedingungen (gesetzliche Bestimmungen, geringerer Anteil Großraumbüros in Deutschland, kleinerer Anteil an Sonderflächen in den USA etc.) nicht unmittelbar vergleichbar sind, machen sie doch einen Trend deutlich, der die Wettbewerbsfähigkeit des deutschen Dienstleistungssektors im internationalen Vergleich belastet.

Der gegenwärtige Trend kann nur umgekehrt werden, wenn der Nutzwert von Bürogebäuden bei der Konzeption insgesamt sehr viel stärker als bisher üblich in den Vordergrund gestellt wird.

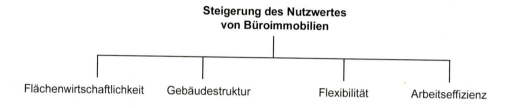

Abb. 10.7 Elemente zur Steigerung des Nutzwertes von Büroimmobilien

Die maßgeblichen Einflussgrößen zur Steigerung des Nutzwertes sind in der Abbildung 10.7 dargestellt. Da sie untereinander starke Wechselwirkungen aufweisen – z. B. Einfluss der Arbeitsprozesse auf die Flächenwirtschaftlichkeit etc. – kann eine Optimierung des Nutzwertes nur über integrale Lösungsansätze erfolgen, die die Gebäudeform, die Erschließungssysteme, die Raumgeometrie und ihre Zonierung umfassen. Hinzu kommt die Technische Ausrüstung der Gebäude in Abhängigkeit von der Nutzung und von der physikalischen Qualität der Gebäudehülle (Wärme- und Schallschutz usw.).

Teil einer solchen Optimierung kann die Einführung des desk sharings sein. Diese Büroform ist bei der IBM Deutschland zum wichtigsten Element der Flächenstrategie geworden. Bis Ende 2003 entsprachen bereits ca. 40 % der Arbeitsplätze dieser neuen Arbeitswelt, die seit Anfang 2000 bei IBM unter dem Begriff e-place umgesetzt wird [14].

Dem Konzept liegen folgende Ziele zugrunde:

– flexible Anpassung der Arbeitsumgebung an sich verändernde Marktbedingungen,
– schnelle Reaktion der Organisationsformen und Prozesse auf die Anforderungen aus Spezialisierung und Globalisierung,
– schnelle Verbreitung neuer Kommunikationstechnologien (z. B. thinkpad, Mobiltelefon, Internet / Intranet, wireless LAN, etc.),
– work–life – balance (Vereinbarkeit von Familie und Beruf, freie Zeiteinteilung, mehr Eigenverantwortung).

Die Umsetzung der Ziele führt bei IBM Deutschland zu weitreichenden Auswirkungen auf die Führungsstruktur und die Unternehmenskultur.

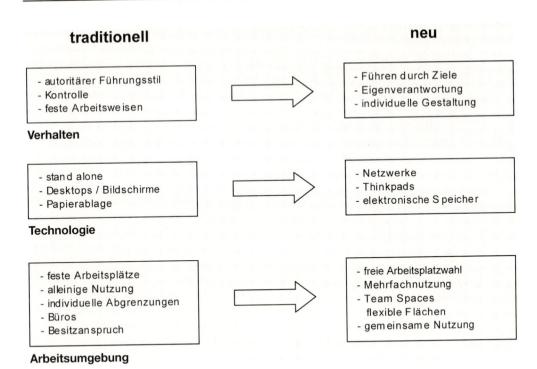

Abb. 10.8 Paradigmenwechsel in der Arbeitswelt von IBM Deutschland

Hinzu kommen wirtschaftliche Vorteile, die z. B. für den Standort der Hauptverwaltung Stuttgart nach Umgestaltung der Gebäude aus den 70er Jahren zu einer Senkung der Nutzungskosten um ca. 35 % führen sollen. Zur Optimierung der Arbeitsprozesse tragen weitere Elemente, deren Einfluss auf die Arbeitseffizienz zweifellos vorhanden ist, der aber nur schwer messbar ist, bei. Hierzu zählen:

- gut gestaltete und ausreichend dimensionierte Mehrwertzonen (Pausen- und Ruhebereiche, Servicepunkte, Denkerzellen etc.) in direkter Nachbarschaft zu den Arbeitsplätzen,
- hochwertig gestaltete Allgemeinbereiche (Verkehrswege, Kantine, Cafeteria, Konferenzzonen etc.),
- anspruchsvoll angelegte Außenanlagen.

Zusammen mit den Elementen der Architektur und des Städtebaus führen sie dazu, dass die subjektiv empfundenen Nachteile, die mit der Aufgabe der territorialen Büros verbunden sind, ausgeglichen werden.

An die Stelle des Heimateffektes (meine Abteilung, mein Büro etc.) mit seinen nicht zu unterschätzenden Sozialisierungseffekten tritt ein übergeordnetes Wertesystem, das sich im Wesentlichen über überschaubare Nachbarschaften selbst steuert und stabilisiert.

Der mehr oder weniger egoistische Anspruch nach dem eigenen Büro wird von übergeordnet motivierenden Elementen wie Teamgeist, Gruppendynamik etc. abgelöst. Als Ergebnis entstehen mehr Arbeitseffizienz und ein besseres Sozialverhalten der Einzelnen. Hauptziele der Future Office – Konzepte sind:

- Steigerung der Arbeitseffizienz um bis zu 10 %,
- Senkung des Flächenbedarfs pro Arbeitsplatz im Vergleich zu Zellenbüros um mindestens 25 %,
- Reduzierung der Arbeitsplatzkosten um bis zu 30 %.

Sofern die spätere Nutzung einer Büroimmobilie in der Phase der Projektentwicklung bekannt ist, beginnt die Definition der Anforderungen mit der Analyse der Tätigkeitsprofile einzelner Arbeitsprozesse. Die Ergebnisse beeinflussen

- die Gebäudestrukturen (Breite der Geschossplatte in Abhängigkeit zur Büroform, Technischen Ausrüstung etc.),
- die Flächenstrukturen, die zur optimalen Abwicklung der vorgesehenen Arbeitsprozesse benötigt werden.

Ist der spätere Nutzer nicht bekannt, müssen Tätigkeitsprofile und Arbeitsprozesse frei gewählt werden. Sie müssen eine hohe Akzeptanz in der unter Marketinggesichtspunkten ausgewählten Zielgruppe (Forschung + Entwicklung, Verwaltung, Banken und Versicherungen etc.) finden.

10.2.4 Anforderungen an Freianlagen

Bei der Konzeption der Freiflächen stehen ökologische Gesichtspunkte im Vordergrund. Auf die Versiegelung von Flächen muss soweit wie möglich verzichtet werden. Da wo es möglich ist, können Plätze, Fuß- und Verkehrswege mit wasserdurchlässigen Belägen gebaut werden. Wo es sich anbietet, sollte eine naturnahe Regenwasserbewirtschaftung vorgenommen werden. Dies kann z. B. über Auffangbecken (auch Zisternen zur Wiederverwendung des Wassers) oder Rigolen erfolgen, die das Niederschlagswasser ins Grundwasser zurückführen.

Grünanlagen sollten so geplant werden, dass sie soweit als möglich Elemente der natürlichen Umgebung beinhalten. Besonders geeignet sind junge Gehölze, die einen geringen Pflegeaufwand erfordern, wenn sie standortgerecht eingesetzt werden. Zur Verbesserung des Kleinklimas an Fassadenflächen können Teichanlagen bzw. hochstämmige Gehölze in Verbindung mit Büschen und/oder einer Fassadenbegrünung beitragen. Sofern Dachbegrünungen vorgesehen werden, sollten sie auf eine extensive Bepflanzung beschränkt bleiben, um den Pflegeaufwand gering zu halten.

Auf aufwändige Kunstbauten sollte bei der Gestaltung von Freianlagen weitgehend verzichtet werden, um Investitions- und Folgekosten zu senken.

Soweit als möglich müssen vorhandene Erschließungssysteme genutzt und Verkehrsströme zusammengelegt werden, um unnötigen Erschließungsaufwand zu vermeiden.

10.2.5 Gebäude als Lebensraum

Die Vermeidung von sick-building – Syndromen erfordert bereits in der Phase der Gebäudekonzeption eine vertiefte Betrachtung der Parameter

- Qualität der Raumluft

- Raumtemperatur
- Frischluftversorgung
- Luftgeschwindigkeiten
- Qualität der Beleuchtung
- Akustik / Lärmimmissionen
- Ästhetik, Material- und Farbkonzept.

Bei der Ausrichtung der Gebäudekonzeption ist darauf zu achten, dass Immissionen z. B. aus dem Straßenverkehr (Abgase, Staub etc.) oder aus benachbarten Quellen, wie z. B. Produktionsanlagen, vermieden werden.

Während der Schadstoffeintrag in die Außenluft limitiert ist (z. B. durch das Bundesimmissionsschutzgesetz BImSchG) bestehen für die Innenraumluft kaum gesetzliche Regelungen. Deshalb muss neben einer möglichen Belastung der Innenraumluft durch von außen eingetragene Schadstoffe bei der Auswahl der Konstruktionselemente besonders geprüft werden, ob von ihnen schädliche Emissionen ausgehen können (Lösungsmittel, Formaldehyd etc.).

Richtwerte für die Innenraumluft können bei der Innenraumlufthygienekommission (IRK) des Umweltbundesamtes und bei der Arbeitsgemeinschaft der Obersten Landesgesundheitsbehörden (AOLG) nachgefragt werden.

Heizungsanlagen sind entsprechend der Energieeinsparungsverordnung (EnEV) zu planen. Dabei ist eine integrierte Betrachtung der Teilsysteme Energiemanagement, Wärmedämmung, Pumpen und Bereitstellungsverluste erforderlich. Entsprechend der Vorgaben der EnEV muss die Beleuchtung und der Energieaufwand für die lufttechnischen Anlagen bei der Erstellung der Energiebilanz berücksichtigt werden.

Bei der Ausarbeitung von Gebäudekonzepten ist in der Regel die Erstellung eines Lüftungskonzeptes erforderlich, das folgende Mindestaußenluftraten beinhalten muss:

	Volumenwert	**Flächenwert**
<u>Arbeitsräume</u>		
Einzelbüro	$40\ m^3 / h \times Person$	$4\ m^3 / h \times m^2$
Gruppenbüro	$60\ m^3 / h \times Person$	$6\ m^3 / h \times m^2$
<u>Konferenzräume</u>	$20\ m^3 / h \times Person$	$10\text{-}20\ m^3 / h \times m^2$

Aus Kostengründen sollte die natürliche Be- und Entlüftung bevorzugt werden (freie Lüftung z. B. über öffenbare Fenster und/oder freie Gebäudedurchströmung mit einer Abluftführung über einen zentralen Punkt z. B. Atrium, Abluftkamin o.ä.), wobei sichergestellt werden muss, dass keine unzumutbaren Zugerscheinungen auftreten. Über Computersimulationen lassen sich die Parameter

- Raumtemperatur in Abhängigkeit von äußeren und inneren Wärmelasten, Gebäudegeometrie und Bauphysik,
- Strömungsgeschwindigkeiten im Verhältnis zu geregelten und nicht geregelten Außenluftnachströmöffnungen

sehr gut abbilden, so dass die Auswahl geeigneter Lösungsansätze gezielt erfolgen kann. Aufgrund der erheblichen Unterschiede in den Investitions- und Nutzungskosten in Abhängigkeit vom gewählten Konzept der Technischen Ausrüstung muss die Auswahl der Systeme zur Raumkonditionierung mit großer Sorgfalt erfolgen.

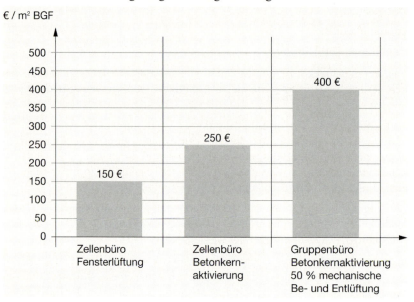

Abb. 10.9 Investitionskosten für Alternativen der Technische Ausrüstung

Dabei stehen nicht nur die Fragen zur Systemauswahl im Vordergrund, sondern darüber hinaus auch die Wahl des richtigen Energieversorgungskonzeptes.

Bei der Festlegung des Primärenergieträgers (Fernwärme, Gas, elektrischer Strom, Geothermie etc.) werden die entscheidenden Weichen für einen wirtschaftlichen Gebäudebetrieb gestellt. Hauptsächlich wegen der großen Unterschiede in den investitionsabhängigen Kapitalkosten (ca. 40 – 70 %) verhalten sich die Nutzungskosten in etwa proportional zu den anteiligen Herstellkosten der Technischen Ausrüstung. Sie schwanken zwischen ca. 40 € (Fensterlüftung) und ca. 80 € (Vollklimaanlage) pro m^2 Nutzfläche und Jahr. Daher wird die Fensterlüftung mit der Option einer temporären Kühlung (z. B. über Betonkernaktivierung: Abkühlen von Wärme speichernden Massivdecken über ein Kaltwassersystem) gegenüber Luftsystemen unter Kosten-Nutzen – Gesichtspunkten sehr häufig bevorzugt. Voraussetzung ist allerdings, dass die Geometrie des zu lüftenden Raumes den Einsatz der Fensterlüftung zulässt. Dies ist regelmäßig dann der Fall,

– wenn eine Querlüftung möglich ist,
– die Tiefe des Raumes (bei offenen Strukturen die Breite der Geschossplatte) das 2,5-fache der lichten Raumhöhe nicht übersteigt.

Bei offenen Bürokonzepten empfiehlt sich der Einsatz der Fensterlüftung aus Kostengründen (Energieverluste beim Lüften) allerdings nur bei Außentemperaturen zwischen 0 und 22 °C.

In diesem Temperaturbereich, der annähernd 90 % der jährlichen Betriebszeiten ausmacht, ist in der Regel die Zuschaltung einer mechanischen Be- und Entlüftung nicht erforderlich.

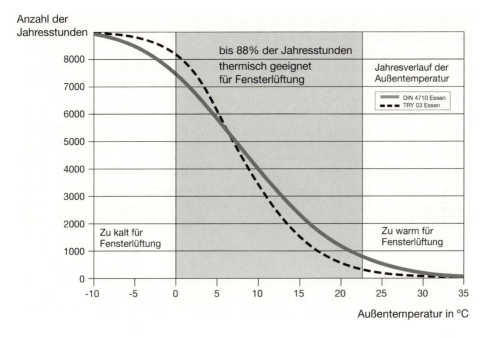

Abb. 10.10 Möglichkeiten zur Fensterlüftung in Abhängigkeit zur Außentemperatur [56]

Bei Geschossplatten mit einer Breite von mehr als 12 – 13 m und einer nutzbaren Innenzone (z. B. Kombibüro, Gruppenraumbüro etc.) kann eine mechanische Be- und Entlüftung erforderlich werden, um akzeptable Arbeitsbedingungen zu schaffen. Auch wenn auf sie verzichtet wird, sollten unter dem Gesichtspunkt einer langfristig ausgelegten Nutzungsflexibilität die Geschosshöhen und Installationsschächte so ausgelegt werden, dass eine Nachrüstung bei Bedarf relativ problemlos möglich ist. Aus ökonomischen Gründen müssen Gebäude soweit als möglich natürlich belichtet werden. Hinzu kommt, dass Tageslicht als sehr viel angenehmer empfunden wird als Kunstlicht. Bei der Konzeption von Gebäudestrukturen entsteht sehr schnell ein Zielkonflikt. Große Glasflächen begünstigen die Tageslichtausbeute. Sie führen aber auch zu einem erhöhten Energieeintrag in den Sommermonaten, der in der Regel nur über zusätzliche Systeme zur Kühlung kompensiert werden kann (Betonkernaktivierung über Kühlschlangen, Kühldecken etc.).

In Abwägung der jeweiligen Vor- und Nachteile muss die Gebäudekonzeption vor der Festlegung des architektonischen Konzeptes optimiert werden. Für die Auslegung der Kunstlichtsysteme kann von folgenden Richtwerten ausgegangen werden:

<u>Büroräume</u>   allgemein   300 lux

                               Arbeitsplatz   500 lux

<u>Konferenzzonen</u>   300 lux

Flur	50 lux
Treppenhäuser	100 lux

Der Schallschutz spielt bei der Ausrichtung von Nutzflächen immer dann eine große Rolle, wenn diese im Einflussbereich von störenden Schallquellen innerhalb und außerhalb der Gebäude liegen. Entsprechende Schutzvorschriften sind als technische Baubestimmungen eingeführt worden, die zwingend zu beachten sind. Auch hier kann es zu Zielkonflikten kommen (öffenbare Fenster zur natürlichen Be- und Entlüftung versus Schutz gegen Außenlärm).

Abb. 10.11 Wichtige Richtlinien zum Schallschutz

Um beispielsweise die erforderliche Schalldämmung von 40 db(A) des Außenbauteils bei Bürogebäuden und einem maßgeblichen Außenlärmpegel von 71 bis 75 db(A) sicherstellen zu können, sind öffenbare Fenster nur bei Kastenfensteranlagen oder Doppelfassaden möglich. Im Einzelnen gelten für Bürogebäude folgende Mindestanforderungen an die Schalldämmung gegen Außenlärm:

Tabelle 10.2 Erforderlicher Schallschutz von Außenwänden, Beispiel Bürogebäude

Maßgeblicher Außenlärm [dB(A)]	Schalldämmwert des Außenbauteils [dB(A)]
bis 55	/
56 – 65	30
66 – 70	35
71 – 75	40
76 – 80	45
ab 80	50

10.2.6 Energieoptimierung

Ein wichtiges Element der Strategien zu mehr Nachhaltigkeit bei Bauinvestitionen ist ein effizientes Energiemanagement, das in seiner Wirksamkeit stark von der jeweils gewählten Gebäudekonzeption und den Systemen der Technischen Ausrüstung abhängt. Wie groß die

Unterschiede [54] sind, wird an der Bandbreite der Nutzungskosten pro Jahr deutlich, die im direkten Zusammenhang mit der durch sie ausgelösten Umweltbelastung stehen.

- Elektrischer Strom und Kühlung   15 – 40 € / m² HNF x a
- Reinigung   15 – 35 € / m² HNF x a
- Inspektion und Wartung   5 – 35 € / m² HNF x a
- Bauunterhaltung   5 – 15 € / m² HNF x a
- Heizung und Lüftung   5 – 30 € / m² HNF x a

Eine wesentliche Komponente des Jahresenergiebedarfs ist der elektrische Strom, der von der Auslegung der Beleuchtung, RLT-Anlagen, Heizung, Kühlung und den Verbrauchszahlen der Geräte, die zur Arbeit benötigt werden, bestimmt wird.

Bei Gebäuden mit hohen Ansprüchen an die Nachhaltigkeit sollten zumindest die Empfehlungen des schweizerischen Ingenieur- und Architektenvereins (SIA 380/4) eingehalten werden.

	Zielwert	**Grenzwert**
Einzel- / Gruppenraumbüros	15 kWh / m² NF x a	30 kWh / m² NF x a

(1 PC / Arbeitsplatz, keine mechanische Lüftung, Arbeitsplätze fensternah)

Gruppenräume	25 kWh / m² NF x a	50 kWh / m² NF x a

(mit geringer Tageslichtausnutzung, teilweise mechanisch be- und entlüftet)

Der Elektroenergiebedarf lässt sich mit baulichen, architektonischen und anlagetechnischen Maßnahmen entscheidend beeinflussen. Dies betrifft beispielsweise den Energiebedarf für die Beleuchtung, der über eine Maximierung der Tageslichtausbeute erheblich reduziert werden kann.

Darüber hinaus ergeben sich Ansätze zur Optimierung in den Bereichen:

- Verbesserung der Versorgungssicherheit
- Reduzierung des Verbrauchs von Anlagen und Geräten
- Reduzierung des Einsatzes nicht erneuerbarer Energien
- und hiermit verbunden eine wirksame Entlastung der Umwelt
- Nutzung regenerativer Energiequellen.

Um das Optimierungspotential ausschöpfen zu können, muss bereits in der Phase der Projektentwicklung ein integriertes Energiekonzept erarbeitet werden.

Hauptbestandteil des Konzeptes sind erste Überlegungen zum Gebäudebetrieb und zum Energiemanagement als Teil des übergeordneten Facility Managements.

Über sie wird das voraussichtliche Nutzungsprofil der unterschiedlichen Nutzungsbereiche einer Gebäudestruktur abgebildet und in den jeweiligen Wechselwirkungen harmonisiert.

Konkret kann das z. B. dadurch erfolgen, dass Bereiche mit regelmäßiger Abend- und Nachtarbeit, wie z. B. Forschung und Entwicklung, in einem Gebäudetrakt konzentriert werden. Hierdurch lassen sich die Kosten für die Allgemeinbeleuchtung gegenüber einer über alle Gebäude hinweg gesplitteten Anordnung erheblich reduzieren.

Darüber hinaus müssen die teilweise konkurrierenden Optionen zur Versorgung mit Primärenergie (Fernwärme, Gas, Kraft-Wärme-Kopplung, über Contracting mit externen Versorgungsträgern etc.) untersucht und bewertet werden. Unter mittel- und langfristiger Betrachtung aber auch Möglichkeiten, die sich aus regenerativen Energiequellen wie

– Sonne und Wind
– Geothermie
– Wasserstoff und Biomasse

ergeben können, obwohl die entsprechende Technik noch nicht allgemein verfügbar ist.

10.2.7 Abfallvermeidung

Gebäude müssen grundsätzlich so konzipiert werden, dass bei ihrer Errichtung und im späteren Betrieb so wenig Abfall wie möglich anfällt.

Soweit Abfälle unvermeidbar sind, müssen bauliche Maßnahmen vorgesehen werden, die eine Trennung der Abfälle und die separate Erfassung von Wertstoffen zulassen.

Rechtsgrundlagen für die Planung und Durchführung der erforderlichen Maßnahmen bilden die Nachweisverordnung (NachWV) und das Abfallwirtschaftskonzept und Bilanzverordnung (AbfkoBiV). Über die vorgeschriebenen Maßnahmen soll sichergestellt werden, dass Baumaßnahmen den Anforderungen des Kreislaufwirtschafts- und Abfallgesetzes entsprechen.

Abb. 10.12 Rechtsgrundlagen zur Abfallbeseitigung / -verwertung

Zu den Maßnahmen zur Abfallvermeidung gehört unter Nachhaltigkeitsgesichtspunkten auch die Schonung von Ressourcen z. B. über die Weiterverwendung einer bestehenden Bausubstanz und die Verwendung von Baustoffen und Bauteilen mit einer, der jeweiligen Verwendung angemessenen technischen Lebensdauer.

11 Praxisbeispiel Future Office – Konzept

11.1 Einführung

Grundlage für das Praxisbeispiel ist ein Investorenwettbewerb, den die Architekten Foster and Partners, London in Jahr 2000 gewonnen haben. Gegenstand des Wettbewerbs war

- die Suche nach einem geeigneten Grundstück für ein modernes Bürogebäude,
- die Ausarbeitung einer optimalen Gebäudestruktur für zunächst 2.000 Arbeitsplätze (Endausbau: 3.200 Arbeitsplätze),
- die komplette Realisierung der Baumaßnahme einschließlich aller erforderlichen Planungsleistungen zum Festpreis als Totalunternehmer,
- die Ausarbeitung eines verbindlichen Leasingangebots inklusive der Nutzungskosten (ohne Betriebskosten).

Die Leistungen zum Projektmanagement einschließlich Programming wurden durch die Drees & Sommer GmbH, Köln erbracht. Entwickler war die ALBIS Projektentwicklung GmbH, Frankfurt/Main. Zur Absicherung der Realisierbarkeit arbeitete sie bereits ab den ersten Überlegungen zur Projektkonzeption mit einer großen deutschen Leasinggesellschaft als Finanzpartner zusammen.

Das Praxisbeispiel ist so aufgebaut, dass zunächst die wesentlichen Grundlagen des Programmings erläutert werden. Im Hauptteil werden die gefundenen Lösungsansätze für wichtige Elemente der Gebäudekonzeption (Baukörperstruktur, Erschließung, Geschossplatte etc.) dargestellt und bewertet.

11.2 Verfahren zur Ergebniskontrolle

11.2.1 Art und Umfang der Bewertung

Während der gesamten Projektentwicklung erfolgte in regelmäßigen Abständen eine umfassende Ergebniskontrolle über eine vereinfachte Due Diligence, bei der alle wesentlichen Projekt bestimmenden Faktoren berücksichtigt wurden (siehe Beispiel Tabelle 11.1

11.2.2 Einsatz differenzierter Zielsysteme

In Anlehnung an Verfahren der Nutzwertanalyse erfolgte die Ergebniskontrolle in Abhängigkeit von den zu bewertenden Faktoren in einem unterschiedlichen Detaillierungsgrad. Die Bewertungsebenen gliederten sich hierarchisch nach

- Prämissen (geringe Detaillierung)
- Kriterien (durchschnittliche Detaillierung)
- Faktoren (hohe Detaillierung).

Die Bewertung selbst erfolgte auf der Grundlage einer durchgängigen Datenstruktur, um die Ergebnisse in unterschiedlichen Ebenen vergleichbar halten zu können. Das folgende Beispiel zur Bewertung der Prämisse Städtebau macht die Vorgehensweise deutlich.

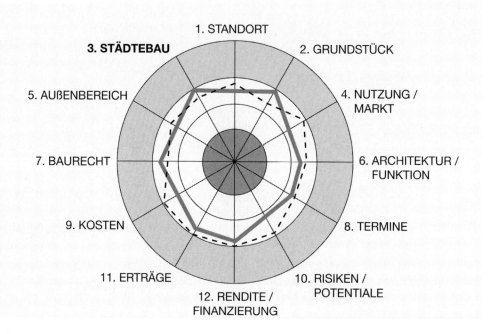

Fazit:

- Die Bewertungsergebnisse liegen über dem Durchschnitt.
- Die Einzelelemente der Konzeption entsprechen der Projekt- und Zieldefinition.
- Die Projektkonzeption ist in allen wesentlichen Teilen ausgewogen.
- Risiken stehen im direkten Zusammenhang mit der Markt- und Kostenentwicklung.
- Durch die erfolgte Abstimmung mit der Bauaufsicht kann die Genehmigungsfähigkeit des Konzepts als gesichert gelten.
- Die besondere Stärke des Konzepts liegt in seiner hohen Grundflexibilität.

Abb. 11.1 Zusammenfassende Bewertung der Projektentwicklung über Prämissen

In der ersten Bewertungsebene erfolgt eine zusammenhängende Bewertung der insgesamt 12 Prämissen, aus der deutlich wird, dass die städtebaulichen Anforderungen besser als gefordert erfüllt werden. Die erreichten Bewertungsziffern errechneten sich jeweils aus der Bewertung von 12 Einzelkriterien und deren Wichtung. Die Ergebnisdarstellung über den Kiviatgrafen zeigt ein ausgewogenes Bild mit relativ geringen Abweichungen zum Sollprofil. Die im Bereich Risiken und Potenziale festgestellten Defizite ergeben sich in erster Linie aus Risiken in den Prämissen Kosten- und Marktentwicklung. Die übrigen 11 Prämissen des Zielsystems wurden analog zum Städtebau bewertet, wobei sich die jeweilige Bewertungstiefe nach der Phase der Projektentwicklung richtete.

Kriterien
Städtebau

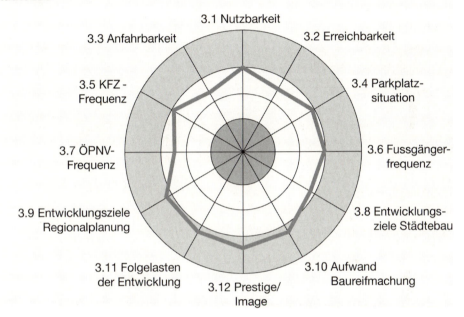

Einzelbewertung Kriterien		Note	Wichtung
3.1	Nutzbarkeit	7,2	20 %
3.2	Erreichbarkeit	6,4	10 %
3.3	Anfahrbarkeit	6,0	10 %
3.4	Parkplatzsituation	7,2	5 %
3.5	KFZ-Frequenz	7,2	10 %
3.6	Fussgängerfrequenz	7,4	10 %
3.7	ÖPNV-Frequenz	6,4	10 %
3.8	Entwicklungsziele Städtebau	7,2	10 %
3.9	Entwicklungsziele Regionalplanung	8,0	2 %
3.10	AufwandBaureifmachung	8,0	5 %
3.11	Folgelasten der Entwicklung	8,0	3 %
3.12	Prestige/Image	8,2	5 %
	Gesamt Städtebau	7,1	100 %

Abb. 11.2 Zusammenfassung der Bewertung zum Städtebau

Die konsequente Ergebniskontrolle in den einzelnen Phasen der Projektentwicklung auf der Grundlage differenzierter Zielsysteme hat den großen Vorteil, dass Defizite rechtzeitig erkannt werden und dass Ziel führend gegengesteuert werden kann.

Die Bewertung der Faktoren, die der Benotung der Kriterien zugrunde lagen, entsprach der Systematik, die für die Kriterien gewählt wurde.

Die Bewertung der 12 Städtebaukriterien zeigt überdurchschnittlich gute Werte. Die Werte für den Öffentlichen Personennahverkehr (ÖPNV) und die Erreichbarkeit bzw. Anfahrbarkeit des Standorts fallen gegenüber dem Gesamtprofil etwas ab, sie liegen aber noch im positiven Bereich.

Da die Realisierung der geplanten Baumaßnahme an eine deutliche Verbesserung der Ist-Situation gekoppelt war, konnten bei der abschließenden Bewertung die festgestellten Defizite vernachlässigt werden.

Neben dem ausgewogenen Gesamtprofil war die sehr positive Bewertung der Kriterien

– Nutzbarkeit

– Prestige / Image

– Entwicklungsziele Regionalplanung

ausschlaggebend für die Auswahl des Grundstücks.

Die Einzelbewertung der 12 Kriterien des Städtebaus erfolgte in der dritten Gliederungsebene über insgesamt 30 Faktoren. Dabei spielte die Nutzbarkeit des Grundstücks ebenso eine Rolle wie Ziele der Stadtentwicklung und der Region. Aber auch harte Bedingungen wie die Erreichbarkeit des Grundstücks und der Aufwand für die Erschließung wurden berücksichtigt.

Der unterschiedlichen Entscheidungsrelevanz der Faktoren wurde über die jeweilige Wichtung Rechnung getragen.

Praxisbeispiel — **Städtebau Faktoren**

Einzelbewertung Kriterien	Note	Wichtung	Einzelbewertung Kriterien	Note	Wichtung
3.1. Nutzbarkeit	7,2	100 %	3.8. Entwicklungsziele Städtebau	7,2	100 %
- Flexibilität	8,0	20 %	- soziostrukturell	6,0	20 %
- strukturelle Bedingungen	8,0	40 %	- ökonimisch	8,0	40 %
- Nachtragssituation	6,0	40 %	- ökologisch	7,0	40 %
3.2. Erreichbarkeit	6,4	100 %	3.9. Entwicklungsziele Region	8,0	100 %
- überörtlich	8,0	60 %	- soziostrukturell	8,0	60 %
- innerörtlich	4,0	40 %	- ökonomisch	8,0	40 %
3.3. Anfahrbarkeit	6,0	100 %	3.10. Aufwand Baureifmachung	8,0	100 %
- übersichtlich/eindeutig	6,0	20 %	- Erschliessung Stadtstruktur	8,0	20 %
- direkt	6,0	20 %	- Erschliessung Umgebung	8,0	40 %
- zügig	6,0	20 %	3.11. Folgelasten der Entwicklung	8,0	100 %
- ohne Einschränkung	6,0	40 %	- Infrastruktur	8,0	20 %
3.4. Parkplatzsituation	7,2	100 %	- öffentliche Versorgung	8,0	40 %
- in der Nachbarschaft	4,0	20 %	- betroffene Eigentümer	8,0	40 %
- auf dem Grundstück	8,0	40 %	3.12. Prästige / Image	8,2	100 %
- Parkraumbewirtschaftung	8,0	40 %	- Auswirkung Quartier	9,0	40 %
3.5. KFZ-Frequenz	7,2	100 %	- Auswirkung Stadtstruktur	9,0	20 %
3.6. Fußgängerfrequenz	7,4	100 %	- regionale Konsequenzen	7,4	40 %
- direkte Anbindung	7,0	60 %			
- in der unmittelbaren Umgebung	8,0	40 %			
3.7. OPNV-Frequenz	6,4	100 %			
- Anzahl Linien	6,0	20 %			
- direkte Anbindung	6,0	40 %			
- Anbindung fussläufig	7,0	40 %			

Abb. 11.3 Bewertung der Faktoren

Die Vorgehensweise lässt sich sehr gut am Beispiel der Untersuchungstiefe zur Bewertung der Grundstücksbeschaffenheit erläutern. Da aus der Tragfähigkeit des Baugrunds und aus dem Grundwasserstand auch unter worst case Szenarien keine Probleme zu befürchten waren, wurde auf weitergehende Untersuchungen verzichtet. Anders sah es im Bereich von Altlasten aus, für die im Altlastenkataster aufgrund der industriellen Vornutzung eine entsprechend Einstufung als Verdachtsfläche vorgenommen worden war.

Zur Abschätzung der Risiken und des möglichen Sanierungsaufwandes wurden vor dem Grundstücksankauf ergänzende Bodenuntersuchungen durchgeführt .Auf ihrer Grundlage wurden Konzepte zur Wiederverwertung bzw. Entsorgung des Aushubmaterials und der Behandlung des Grundwassers aufgestellt. Die hieraus resultierenden Kosten wurden bei den Kaufpreisverhandlungen entsprechend berücksichtigt.

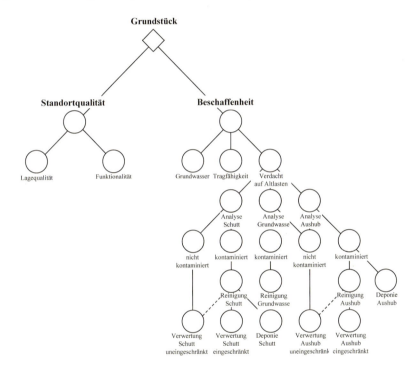

Abb. 11.4 Bewertungstiefe in der Phase der Grundstücksanalyse

11.3 Vorgaben Projekt bestimmender Faktoren

11.3.1 Wesentliche Projektziele / Randbedingungen

Die folgende Tabelle enthält beispielhaft wesentliche Aspekte, die bei der Projektentwicklung zu berücksichtigen waren.

Tabelle 11.1 Wesentliche Elemente des Zielsystems

Prämisse	Kriterien / Faktoren (Beispiele)
Standort	Autobahnnähe (max. 10 Minuten)
	Flughafen im Nahbereich (max. 20 Min.)
	Gute ÖPNV-Anbindung
	Gute Anfahrbarkeit mit dem Pkw
Grundstück	Altlastenfrei
	Keine Grundwasserproblematik
	Unproblematischer Baugrund
Städtebau	Max. 4 Vollgeschosse
	Modulare Gliederung der Baukörper
Nutzung und Markt	Hohe Nutzungsflexibilität / Modulare Gebäudestruktur
	Drittverwertbarkeit
	Realteilung in Module für ca. 400 Arbeitsplätze
	2.000 Arbeitsplätze im 1. Bauabschnitt, davon
	- 50 % stationäre Arbeitsplätze
	- 50 % Wechselarbeitsplätze
	(- 20 % desk sharing)
	zuzüglich Eingangshalle, für zentrale Veranstaltungen nutzbar (2000 Personen), Betriebsrestaurant mit 700 Plätzen und Tiefgarage mit 600 Einstellplätzen Erweiterungsmöglichkeiten, modular um je 400 bis zu insgesamt 3.200 Arbeitsplätzen
Außenbereiche	Campus-Charakter
	Fließender Übergang der Randzonen in den gewachsenen Naturraum
	Repräsentative Vorfahrt
	Gleichwertige Eingänge für alle Module (Drittverwertbarkeit)
Architektur/Funktion	Offenheit, Kooperationsbereitschaft und Zukunftsorientierung sollen an der Gebäudestruktur unmittelbar ablesbar sein. Ebenso Grundsätze der nachhaltigen Ökonomie (Zweckmäßigkeit versus Protz)
	Reduzierung der Technischen Ausrüstung im Rahmen der gesetzlichen Bestimmungen
	Angemessene Grundflexibilität in den Bausystemen Rohbau, Technik und Innenausbau
	Einfaches und unmittelbar ablesbares Erschließungssystem

	Ausreichendes Angebot von Ruhe- und Kommunikationszonen in der Nähe der Verkehrswege (Förderung der spontanen Kommunikation)
Baurecht	Abweichungen vom geltenden Baurecht (Befreiungen etc.) nur in Ausnahmefällen
Termine	Bauzeit maximal 18 Monate
	Planvorlauf ab Abschluss des Mietvertrages 6 Monate
Kosten	Herstellkosten pro m^2 Bruttogrundfläche (BGF) Bürobereiche max. 1.200 € / m^2 (netto nach DIN 276)
	Nutzungskostenanteil für die Betriebskosten max. 4 € / m^2 BGF
Risiken/Potenziale	Geringes Drittverwertungsrisiko
	Hohe Marktattraktivität
Erträge	Im Falle einer Drittverwertung mindestens Kostenmiete
Rendite/Finanzierung	Rendite auf das Eigenkapital des Investors: mindestens 20 % (Anteil ca. 30 %)

Die Anforderungen an die Flächenstruktur lassen sich grob in die Kriteriengruppen aufteilen:

– übergeordnete Interessen des Unternehmens und Interessen der Abteilungen

– Anforderungen aus realen oder fiktiven Arbeitsprozessen

– persönliche Anforderungen der Mitarbeiter (Denkzellen, Ruhezonen etc.).

Ähnliches gilt – wenn auch in kleinerem Maßstab – für die Zonierung der Geschossplatten.

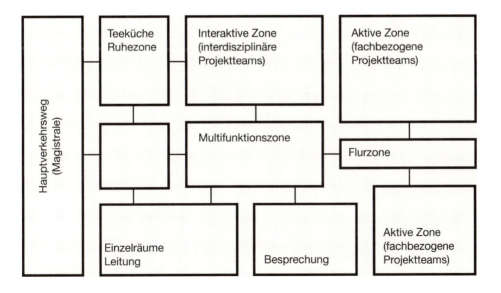

Abb. 11.5 Nutzungsstruktur einer typischen Geschossplatte

11.3.2 Anforderungen an die Technische Ausrüstung

Die Konzeption der Anlagen für die Technische Ausrüstung soll der Prämisse „reduce to the max" folgen. Aufgrund der geforderten offenen Struktur mit flexibel angeordneten Einzelbüros, Gruppenraumbüros, Besprechungsräumen und Pausenzonen müssen mögliche Behaglichkeitsdefizite, die sich stark leistungsmindern auswirken können, ausgeschlossen werden. Dies gilt insbesondere für Arbeitsplätze mit überwiegend sitzender Tätigkeit.

Die Systeme für Heizen, Kühlen und Lüften sind daher so auszulegen, dass

- keine Zugerscheinungen entstehen,
- ein spürbarer Kaltluftabfall an den Fassaden vermieden wird,
- eine Aufheizung der Raumtemperaturen im Sommer die Innenraumtemperatur nicht über 26 °C bzw. 6K unter Außentemperatur ansteigen lässt [57],
- die Be- und Entlüftung soll so weit wie möglich über öffenbare Fenster erfolgen. Der Kunstlichtanteil ist analog dazu zu reduzieren.

11.3.3 Wichtige gesetzliche Regelungen

Nationale Gesetze sichern die Umsetzung von EU-Richtlinien zum Thema Arbeitsschutz ab. Bei der Konzeption der Gebäudestrukturen müssen insbesondere das Arbeitsschutzgesetz (ArbSchG) und die Bildschirmarbeitsverordnung (BildscharbV) beachtet werden.

Die Einhaltung der einschlägigen Vorschriften ist nach dem Arbeitsschutzgesetz (§ 3 Punkt 1) ausschließlich Sache des Arbeitgebers. Er muss darüber hinaus dafür sorgen, dass die Arbeitsschutzmaßnahmen dem Stand der Technik, der Arbeitsmedizin und Hygiene sowie gesicherten arbeitswissenschaftlichen Erkenntnissen entsprechen (ArbSchG § 4 Absatz 1).

Für normale Büroarbeitsplätze waren bis Mitte 2004 entsprechend § 24 Arbeitsstättenverordnung (ArbStättV) einschließlich der üblichen Möblierung und der internen Verkehrsflächen 8 – 10 m² Grundfläche anzusetzen. Die geforderte lichte Raumhöhe richtete sich nach der Raumgröße.

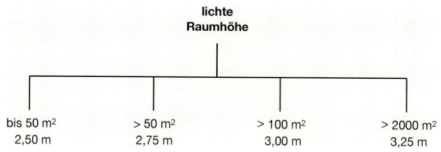

Abb. 11.6 Mindestraumhöhe von Büroflächen nach der alten Arbeitsstättenverordnung

Für überwiegend sitzende Tätigkeit konnte die Raumhöhe in Ausnahmefällen um 25 cm abgesenkt werden.

11.3 Vorgaben Projekt bestimmender Faktoren

Die Neufassung der Arbeitsstättenverordnung vom 25.08.2004 enthält keine konkreten Zahlenangaben für die Mindestgrundfläche, die lichte Raumhöhe und den Mindestluftraum. Es ist jedoch davon auszugehen, dass im Streitfall auf die bisher geltenden Regelungen zumindest hilfsweise zurückgegriffen wird, da die neuen Regelungen große Interpretationsspielräume bieten.

Der Anhang 1.2 Arbeitsstättenverordnung vom 25.08.2004 setzt fest:

Arbeitsräume müssen eine ausreichende Grundfläche und eine in Abhängigkeit von der Größe der Grundfläche der Räume ausreichende lichte Höhe aufweisen, so dass die Beschäftigten ohne Beeinträchtigung ihrer Sicherheit, ihrer Gesundheit oder ihres Wohlbefindens ihre Arbeit verrichten können.

Die Abmessungen aller weiteren Räume richten sich nach ihrer Nutzung.

Die Größe des notwendigen Luftraums ist in Abhängigkeit von der Art der körperlichen Beanspruchung und der Anzahl der beschäftigten sowie der sonstigen anwesenden Personen zu bemessen.

Zur Bemessung der einzelnen Arbeitsplätze ist weiterhin die DIN 4543 Teil 1 maßgeblich. Sie enthält Ansätze für die Teilflächen eines Arbeitsplatzes, wie z. B. Schrank- und Tischflächen, Bewegungsflächen etc. Danach beträgt z. B. die Mindestfläche für einen Arbeitstisch 1,28 m^2 bei Abmessungen von mindestens 1,60 m x 0,80 m und einer Mindestbreite für den Beinraum von 0,58 m. Die Bewegungsfläche hinter dem Arbeitstisch muss mindestens 1,00 m tief sein.

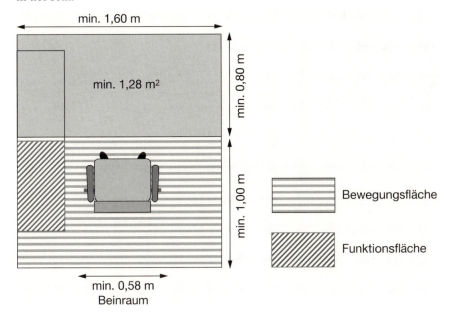

Abb. 11.7 Mindestabmessungen für einen Arbeitstisch

An persönlich zugewiesenen Arbeitsplätzen dürfen sich Funktions- und Bewegungsflächen überlagern.

Eine Überlagerung von Bewegungsflächen ist grundsätzlich nicht zulässig. Vor Schränken sind Sicherheitsabstände einzuhalten.

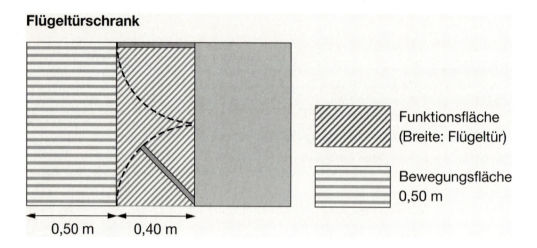

Abb. 11.8 Funktions- und Sicherheitsabstände vor Schränken

Die Mindestbreite von Verkehrsflächen richtet sich nach der Anzahl der Arbeitsplätze (AP), die über sie erschlossen werden, sofern sich aus anderen Forderungen (z. B. Mindestbreite von Fluren) nichts anderes ergibt.

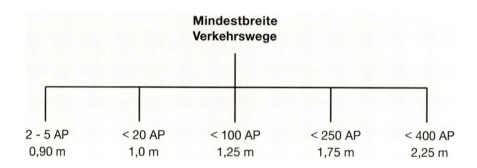

Abb. 11.9 Mindestbreite von Verkehrswegen

Wartungs- und Reinigungsflächen vor Fenstern sollten mindestens 0,50 m breit sein.

Die Anforderungen an Bildschirmarbeitsplätze ergeben sich aus der entsprechenden Bildschirmarbeitsplatzverordnung. Die heute gebräuchlichen Flachbildschirme lassen die Einhaltung der bestehenden Vorschriften auch bei der Verwendung von Arbeitstischen in der Mindestgröße von 1,60 m x 0,80 m problemlos zu.

11.4 Erläuterungen zur Bestlösung

11.4.1 Gebäudestruktur

Über das unter Punkt 11.2 im Einzelnen beschriebene Verfahren zur Ergebniskontrolle, das über regelmäßige Soll-Ist – Vergleiche die Grundlage zur ganzheitlichen Optimierung der Projektkonzeption bildete, wurde die Gebäudestruktur schrittweise zur Bestlösung geführt

Der Grundstückszuschnitt lässt eine modulare Gruppierung von Einzelbaukörpern um einen zentralen Platz zu. Hierdurch werden gleichwertige Adressen für die Einzelhäuser geschaffen. Jedes Modul erhielt eine eigene Identität aus seiner Lage am zentralen Platz (z. B. Marktplatz Hausnummer 1) und nicht nur aus einem individuellen architektonischen Auftritt (Ensemble versus Individualarchitektur).

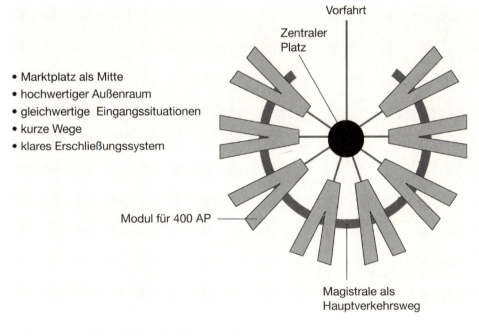

- Marktplatz als Mitte
- hochwertiger Außenraum
- gleichwertige Eingangssituationen
- kurze Wege
- klares Erschließungssystem

Abb. 11.10 Modularer Aufbau der Gebäudestruktur

Über die modulare Anordnung der Gebäude mit jeweils drei Vollgeschossen, die auf einer 1-geschossigen Tiefgarage gegründet sind, die ebenfalls in Modulen angedacht war, werden neben städtebaulichen Aspekten auch wesentliche wirtschaftliche Anforderungen wie

- die stufenweise Erweiterung des 1. Bauabschnitts mit 2.000 Arbeitsplätzen in weiteren Abschnitten zu je 400 Arbeitsplätzen (bis max. 3.200 Arbeitsplätzen in 8 Modulen),
- die Möglichkeit zur Realteilung,
- eine hohe Drittverwertbarkeit der Gesamtanlage oder einzelner Module (gleichwertige Mietbereiche)

erfüllt.

Der modulare Aufbau wird im Innenausbau- und Fassadenkonzept weitergeführt, so dass der Vorfertigungsgrad der entsprechenden Teilsysteme im Vergleich zu konventionellen Lösungsansätzen sehr hoch ist. Im Ergebnis führt das aufgrund der kontrollierbaren Produktionsprozesse zu mehr Bauqualität und einer deutlichen Erhöhung der Baugeschwindigkeit. Hinzu kommt, dass Sonderlösungen weitgehend vermieden werden, so dass sich auch im Planungsprozess Vereinfachungen ergeben.

11.4.2 Organisation der Geschossplatten

Das Organisationsprinzip „Platz" anstelle „Hierarchie" findet sich in der funktionalen Aufteilung der Geschossplatten wieder. Der Hauptverkehrsweg, der die Module koppelt, trennt gleichzeitig die Bürozonen einer Geschossplatte mit ihren vielfältigen Nutzungsstrukturen in drei im Wesentlichen selbstständige Bereiche.

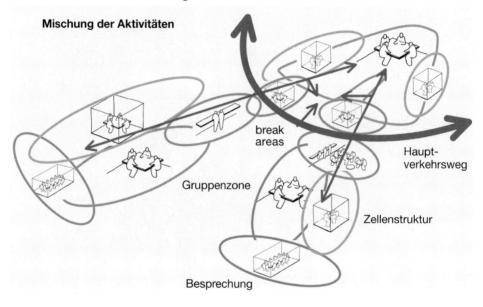

Abb. 11.11 Schema einer multifunktional nutzbaren Geschossplatte

In jedem Bereich befinden sich in Abhängigkeit zur Belegungsstruktur zwischen 25 und 40 Arbeitsplätze.

In den Gruppenzonen können problemlos Teambereiche für jeweils ca. 7 – 8 Mitarbeiter eingerichtet werden. Ebenso Zonen für Wechselarbeitsplätze und desk sharing. Der Gebäudekopf eignet sich aufgrund der geringeren Tiefe der Geschossplatte besonders zur Anordnung von Zellenstrukturen. Bei einer Breite von ca., 13,50 m können allerdings auch offene Bürokonzepte angeordnet werden.

Die besondere Qualität der ausgewählten Geschossplatte liegt in ihrer enormen Nutzungsflexibilität, die sich in erster Linie aus den unterschiedlichen Breiten der Geschossplatten und der Lage der Kerne ergibt. Hinzu kommt das Prinzip der kurzen Wege zu den Hauptserschließungspunkten. Hierdurch wird nicht nur die Übersichtlichkeit innerhalb der Bürostrukturen gefördert, sondern auch die Möglichkeit zur Nachrüstung von zusätzlichen Elementen der Technischen Ausrüstung (z. B. mechanische Be- und Entlüftung in den Innenzonen).

In den offenen Bürostrukturen ist ein Umbau der Teambereiche ohne großen Aufwand möglich, Arbeitsplätze können hinzukommen oder ausgedünnt werden, ohne dass die Qualität der Arbeitsbereiche spürbar leidet.

Sicherheitstreppenhäuser sind gut auffindbar am Hauptverkehrsweg angeordnet. Sie korrespondieren mit offenen Treppenräumen, die für die Geschoss übergreifende Kommunikation unverzichtbar sind.

Die offenen Geschossverbindungen erfordern eine Befreiung von entsprechenden Vorschriften der Bauordnung. Genehmigungsgrundlage ist dabei die Warenhausverordnung in Verbindung mit einer Vollsprinklerung des Gebäudes.

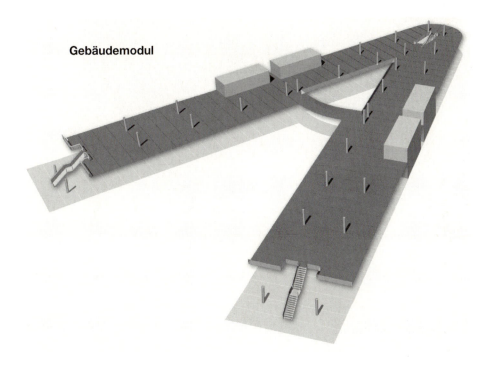

Abb. 11.12 Anordnung von Treppenhäusern

In unmittelbarer Nachbarschaft zu den Treppenhäusern, die den Hauptverkehr innerhalb der Gebäude aufnehmen sollen, und den Magistralen als Hauptverkehrsweg zwischen den Gebäuden, liegen Besprechungsräume und break areas, die die spontane Kommunikation zwischen den Mitarbeitern unterstützen.

Die spontane Kommunikation fördert nicht nur die gewollte übergeordnete Sozialisierung innerhalb eines Unternehmens, sondern auch den ungezielten und damit effektiven Gedankenaustausch zwischen den Mitarbeitern, der mit einem nicht zu unterschätzenden Erfahrungs- und Wissenstransfer verbunden ist.

Henry Nannen hat als Herausgeber des Magazins „Stern" die Bedeutung solcher Zonen für den Neubau seines Verlagshauses bereits in den 80er Jahren in dem Satz zusammengefasst: „Zeitung machen ist Quatschen auf dem Flur."

Ähnliches gilt in der heutigen Wissensgesellschaft für viele Branchen und Tätigkeitsprofile.

Darüber hinaus ergibt sich aus der Anordnung der Büro bezogenen Sonderflächen der Vorteil, dass die in den Innenzonen liegenden Arbeitsplätze nur minimalen Störungen ausgesetzt sind.

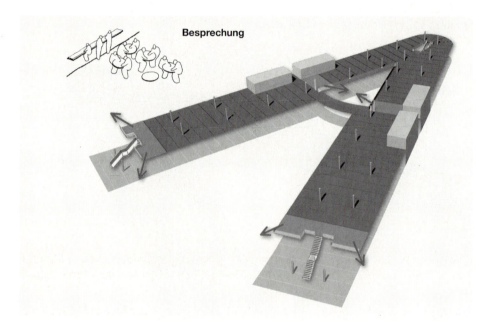

Abb. 11.13 Lage von Kommunikationszonen

Die Zonen für die Gruppenarbeit (open plan) erstrecken sich Flur übergreifend zu den geöffneten Schenkeln der Geschossplatte.

Über die Zonierung der Geschossplatte in 3 überschaubare unabhängige Bereiche entsteht eine Atmosphäre, die gruppendynamische Prozesse fördert.

Die Interaktion im Team, die sich in den meisten Fällen positiv auf die eigene Arbeitsleistung auswirkt, tritt in den Vordergrund.

Der Verlust des eigenen Büros wird hierüber und über die Aufwertung der Allgemeinzonen mit einem ausreichenden Angebot an Mehrwertzonen (Ruhe- und Kommunikationsbereiche, hochwertiges Mitarbeitercasino, Sporteinrichtungen, Service- und Einkaufsmöglichkeiten) mehr als ausgeglichen.

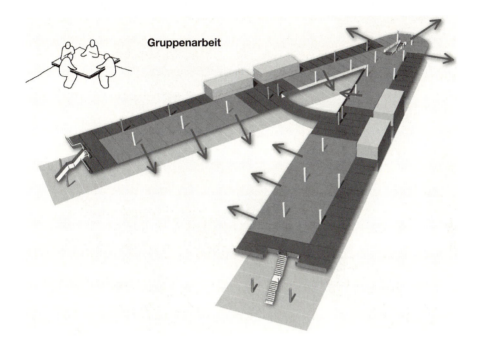

Abb. 11.14 Bürozonen für die Gruppenarbeit

In direkter Nachbarschaft zu den Gruppenraumflächen lassen sich Zellenstrukturen für introvertiertes Arbeiten oder Leitungsbüros mit erhöhten Anforderungen an die Vertraulichkeit anordnen.

Die Breite der Geschossplatte mit ca. 16,0 m ermöglicht im Bereich der Spreizfüße allerdings auch

– Gruppenraumbüros von Fassade zu Fassade
– Kombibürostrukturen
– klassische Dreibundlösungen mit Serviceflächen in der Innenzone.

Im Bereich des Innenhofs am Kopf der Geschossplatte können bei einer Geschossplattenbreite von ca. 13,50 m klassische Zellenbürostrukturen, Gruppenräume oder Mischformen flächenwirtschaftlich angeordnet werden.

Aufgrund der Vielfalt der möglichen Nutzungsalternativen, die sich hauptsächlich aus der Lage der

– Arbeitsplatz bezogenen Sonderflächen
– Führung der Hauptverkehrswege
– variablen Breite der Geschossplatte

ergeben, ist die Gebäudestruktur für eine mögliche Drittverwertbarkeit ideal geeignet.

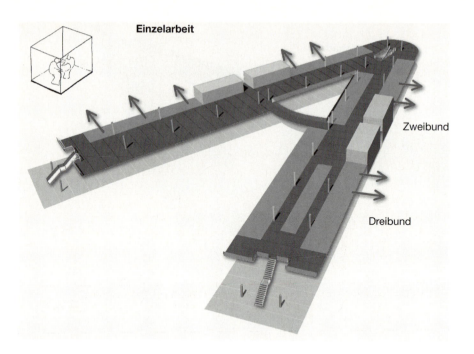

Abb. 11.15 Bürozonen für Einzelräume

Im Extremfall kann eine Geschossplatte in 3 unabhängige Mietbereiche getrennt werden, was unter den Gesichtspunkten

- outsourcing von Leistungen an Dritte oder verbundene Unternehmen,
- Bildung von im Wesentlichen unabhängigen Unternehmensbereichen mit eigener Budget- und Ergebnisverantwortung

erhebliche Vorteile bietet.

11.4.3 Tragwerk und Technische Ausrüstung

Das Tragwerk nimmt die Vorgaben aus der Organisationsstruktur der Geschossplatten auf.

Die Fassaden wurden stützenfrei gehalten, um zusammen mit den Vouten der abgehängten Decken eine maximale Ausbeutung des Tageslichtes zu ermöglichen.

Über die Verwendung von vorgespannten Fertigteilen ist die Auskragung von ca. 4,70 m wirtschaftlich darstellbar.

Über den Versatz der Deckenscheiben um ca. 0,6 m entsteht in der Mittelzone der Geschossplatten ein Installationsraum, der genügend Raum für die Technische Ausrüstung bietet.

Die Zugbänder für die auskragenden Deckenteile in der oberen Ebene wirken sich praktisch nicht behindernd auf die Erstinstallation bzw. Nachinstallation der Technischen Ausrüstung aus.

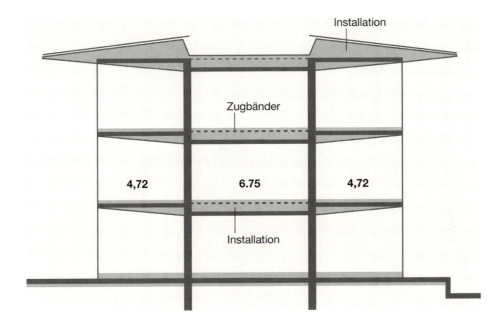

Abb. 11.16 Integrales System Tragwerk und Technische Ausrüstung

Die geneigten abgehängten Decken in den Randzonen übernehmen die Funktion einer Kühldecke, die gleichzeitig als Absorberfläche für die Raumakustik dient. Gegenüber der relativ trägen Massivdecke in der Mittelzone (Betonkernaktivierung) kann sie ihre spezifische Leistung sehr viel schneller aufbauen und trägt damit entscheidend zur Behaglichkeit in den Arbeitszonen bei.

Die relativen Mehrkosten, die beim Tragwerk in Folge der weit auskragenden Randfelder der Deckenkonstruktion entstehen, sind über die Anordnung von Fassadenstützen grundsätzlich vermeidbar. Abzuwägen war jedoch der Effekt weicher Faktoren bei der architektonischen Durchbildung der Gebäudestruktur sowie ein Optimum an natürlicher Belichtung und Transparenz.

Da eine Bewertung aller erforderlichen Gebäudeelemente, die bei einer konventionellen Gebäudestruktur (Randstützen) z. B. über abgehängte Decken über die gesamte Breite der Geschossplatte entstehen, in etwa gleiche Kosten ergab, wurde dem innovativen stützenfreien Ansatz der Vorzug gegeben.

Die ausgewählte Gebäudestruktur basiert grundsätzlich auf dem Prinzip der natürlichen Be- und Entlüftung über öffenbare Fenster, die über eine induzierte Gebäudedurchströmung unterstützt wird.

Die Abluftführung erfolgt dabei über die nach oben gerichtete vertikale Luftströmung im Atrium der Kopfbaukörper, wobei eine Wärmerückgewinnung möglich ist.

Die Simulation der auftretenden Luftgeschwindigkeiten in Abhängigkeit von der Anströmgeschwindigkeit der Außenluft und des thermischen Auftriebs im Atrium ergab, dass unangenehme Zugerscheinungen die Ausnahme sind. Entsprechend lässt sich die Zuschaltung mechanischer Systeme zur Konditionierung der Raumluft auf ein Minimum reduzieren.

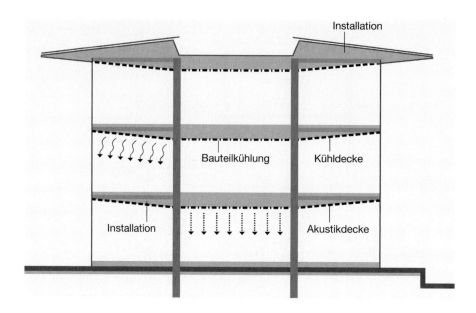

Abb. 11.17 Kühldecken und Betonkernaktivierung in Kombination

Im Regelfall lassen sich die geforderten Arbeitsbedingungen mit einer Maximaltemperatur von + 26 °C bzw. – 6 k unter Außentemperatur über das vorgeschlagene Konzept der Technischen Ausrüstung
- weitgehende Fensterlüftung
- Kombination aus Kühldecken und Betonkernaktivierung

erreichen.

Die Vorteile des gewählten Technikkonzeptes werden über eine Abschätzung der anteiligen Nutzungskosten besonders deutlich.

Gegenüber konventionellen Lösungsansätzen mit mechanischer Be- und Entlüftung in den Innenzonen ergeben sich Einsparungen von mehr als. 40 %, da die Entlüftung aller Büronutzflächen über weite Strecken des Jahres nach dem Prinzip der freien Lüftung erfolgt.

Dabei wird die Zuluft über öffenbare Fenster geführt. Die Abluft strömt durch das Gebäude zum Atrium, steigt dort auf und wird in der überhöhten Kuppel über geregelte Klappen, falls erforderlich über Wärmetauscher, an die Außenluft abgegeben.

Bei kritischen Windgeschwindigkeiten, die bei geöffneten Fenstern zu unverträglichen Zugerscheinungen führen, soll die Zuluft – ebenfalls geregelt– über Luftbrunnen in das Gebäude einströmen. Natürlich setzt dieses Konzept voraus, dass man bereit ist, am Arbeitsplatz ähnliche Verhältnisse zu akzeptieren, die in der heimischen Umgebung existieren. Ab und zu ein wenig Zugluft ist in jeden Fall besser zu ertragen als die sterile Raumluft klimatisierter Gebäude.

Der Ansatz zur nachhaltigen Wirtschaftlichkeit ergab sich im vorliegenden Fall in erster Linie aus der Reduzierung der Nutzungskosten über eine Minimierung der Einschaltzeiten der mechanischen Anlagen und nicht aus der Reduzierung der Anfangsinvestition.

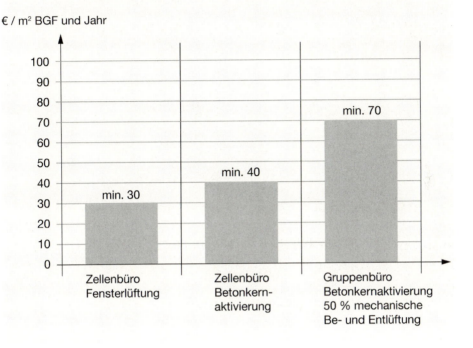

Abb. 11.18 Energiekosten von Büroflächen im Jahresvergleich

11.4.4 Architekturkonzept

Die gewählte Bestlösung der Architekten Foster and Partners entspricht in allen wesentlichen Elementen den Vorgaben des Programmings.

Offenheit, Kooperationsbereitschaft und Zukunftsorientierung sind an der einfach und klar aufgebauten Gebäudestruktur mit ihrem hohen Fensterflächenanteil unmittelbar ablesbar. Funktionalität und Zweckmäßigkeit sind die bestimmenden Themen der modular aufgebauten Fassaden.

Um die Allgemeingültigkeit der gefundenen Lösungen zu unterstreichen, wurde die Darstellung der Fassaden aus einem anderen Wettbewerbsverfahren der ALBIS Projektentwicklung aus dem Jahr 2002 entnommen, welches die Architekten Ingenhoven und Partner gewonnen hatten.

Die Architekten haben dabei die Grundidee von Foster and Partners aufgegriffen und in einem ähnlichen Konzept umgesetzt.

Abb. 11.19 Typische Ansicht eines Baukörpers

Die aufgelockerte Gebäudestruktur lässt fließende Übergänge zum gewachsenen Naturraum zu. Die begrünten Flächen zwischen den Gebäudetrakten erzeugen die gewollte Campusatmosphäre, ohne künstlich zu wirken. Sie tragen mit den vorgesehenen hochstämmigen Bäumen zu einer Verbesserung des fassadennahen Kleinklimas bei.

Der konzeptionelle Aufbau der Fassadensysteme erlaubt eine individuelle Anpassung an spezifische Anforderungen, ohne dass es zu Brüchen in der architektonischen Grundaussage kommt. Die Nordfassaden können z. B. zur Verbesserung der Tageslichtausbeute weitgehend transparent gehalten werden. Die thermisch stärker belasteten Fassaden mit einer überwiegenden Südorientierung können in Abhängigkeit zur Verschattung durch benachbarte Baukörper über geschlossene Fassadenteile auf die jeweiligen Anforderungen reagieren. Dabei ist es für das Architekturkonzept nachrangig, ob die Fassaden Flucht- oder Wartungsbalkone erhalten oder nur mit einer durchgängigen Verglasung versehen werden. Die Mischung unterschiedlicher Situationen schafft die erforderliche Lebendigkeit.

Über die vielfältigen Möglichkeiten, die die Fassadenkonzeption bietet, leistet sie einen wichtigen Beitrag zur ökonomischen Ausrichtung des Gesamtkonzeptes. Wechselnde Anforderungen aus harten Projekt bestimmenden Faktoren (Bauphysik, Elementierung etc.) lassen sich ebenso berücksichtigen wie die eher weichen Faktoren einer abwechslungsreichen und formal zufriedenstellenden Gestaltung.

11.4 Erläuterungen zur Bestlösung

Abb. 11.20 Ausschnitt Nordfassade mit hohen Anforderungen an die Tageslichtausbeute

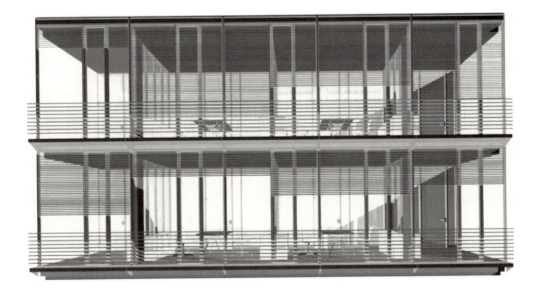

Abb. 11.21 Fassadenausschnitt Paneelanteil ca. 25 % (ohne Service und Fluchtbalkon)

Abb. 11.22 Fassadenausschnitt Panelanteil ca. 35 % (mit Service und Fluchtbalkon)

11.5 Zusammenfassende Bewertung

Das Praxisbeispiel zeigt in seiner Gesamtkonzeption innovative Ansätze. Die wesentlichen Projekt bestimmenden Faktoren (vergleiche Bewertungsbeispiel Abb. 11.1) konnten ausgewogen umgesetzt werden. Besonders hervorzuheben ist die

- nachhaltige Wirtschaftlichkeit der Gebäudestruktur, die weitgehend von den flexibel nutzbaren Geschossplatten bestimmt wird,
- die ungewöhnliche Vielfalt von Möglichkeiten zur Umsetzung unterschiedlicher Nutzungsanforderungen (open space, flex space, Einzelräume etc.), ohne, dass nennenswerte Um- oder Ergänzungsbauten im Bereich der festen Baukonstruktion erforderlich werden,
- die drastische Senkung der Nutzungskosten (mehr als 40 %) über den Einsatz der natürlichen Be- und Entlüftung über den größten Teil des Jahres,
- der geringe Aufwand für die Anpassung der Raumstrukturen an geänderte Anforderungen. Der Umbau kann im Wesentlichen unter laufendem Betrieb erfolgen.

Literaturverzeichnis

[1] Zentralverband Deutsches Baugewerbe
Baumarkt 2003, Wirtschaftliche Rahmenbedingungen, Seite 13,
Quelle: Statistisches Bundesamt, 05/2004

[2] Hauptverband der Deutschen Bauindustrie
Wichtige Baudaten, 10/2004

[3] Hauptverband der Deutschen Bauindustrie
Jahresbericht 2002, Prognose für 2003

[4] BulwienGesa AG, München
Immobilienindex 1975 – 2003, Januar 2004

[5] Jaroff, M. / Lonargand, M. / Lambert, S. / Becker, F.
Strategic management of the fith resource, in: Scholte, K.K. / Schäfer, W. (Hrsg.) Handbuch Corporate Real Estate Management, Verlagsgesellschaft Rudolf Müller, 1998

[6] Bernd Heuer Dialog / DaimlerChrysler Research
Den Zukunftswert von Immobilien vorausdenken, Symposium 06/2002

[7] Statistisches Bundesamt
Pressemitteilung vom 15.01.2004, www.destitas.de

[8] Liebchen, Jens H.
Die Umsetzung marktspezifischer Zielanforderungen mit einer differenzierten Kostenplanung für die Projektentwicklung von Immobilien, Band 17 Bauwirtschaft und Baubetrieb, TU-Verlag, Technische Universität Berlin, 2002

[9] Kaplan, R. / Norton, D.
Balanced Scorecard, Schäffer-Poeschel-Verlag, 1997

[10] Blecken, K. / Boenert, L.

Baukostensenkung durch die Anwendung innovativer Wettbewerbsmodelle, IRB-Verlag, 2002

[11] Landesbausparkasse (LBS)

Studien der Zukunftswerkstatt, 2002

[12] Gerste, B. / Rehbein, I.

Wissenschaftliches Institut der AOK, Bonn, Der Pflegemarkt in Deutschland, 1998

[13] Fraunhofer IAO

Forschungsbericht Office Performance, 2002

[14] Rupf, M., Reso Central Region

e-place – Die neue Arbeitswelt bei IBM, 2003

[15] Giersberg, M.,

Die Entwicklung der Freizeitparks in Deutschland, Frankfurter Allgemeine Zeitung vom 15.04.1994

[16] Regierungspräsidium Darmstadt

Freizeitstudie, www.rpda.de / Freizeitstudie / Dezernate / Regionalversammlung / Freizeitstudie / 4-2-2-2.html, Quelle: Deutscher Golfverband

[17] Merz, M.

e-commerce and e-business, Marktmodelle, Anwendungen und Technologien, dpunkt Verlag Heidelberg, 2001

[18] Diederichs, C.-J.,

Grundlagen der Projektentwicklung in: Schulte (Hrsg.), Handbuch der Immobilien-Projektentwicklung, Verlagsgesellschaft Rudolf Müller, 1996

[19] Kochendörfer, B. / Dietrich, R.

Corporate Real Estate – Neue Methoden und Instrumente für ein wachsendes unternehmerisches Handlungsfeld, in: Märkte ohne Perpektive?, Seiten 267 – 283, Leue Verlag, 2003

[20] Dickmann, M.

Zeit der Schnäppchen ist vorbei, Financial Times Deutschland vom 04.03.2004

[21] Bundesverband Investment und Asset Management (BVi)

2003 war das Jahr der Abwertungen, Immobilienzeitung Nr. 8. 2004

[22] Moser, P. (Quelle Loipfinger)

Fondsbetreiber lassen Steuersparmodelle fallen, Financial Times Deutschland vom 04.03.2004

[23] Krog, M.

Projektfinanzierung und Kostenmanagement, Skriptum zur gleichnamigen Vorlesung, TU Hamburg-Harburg, 2001

[24] Haber, G. / Spitzkopf, H.-A. / Winden, S. / de Witt, S.

in: Falk, B. (Hrsg.) Fachlexikon Immobilienwirtschaft, Seite 806, Verlagsgesellschaft Rudolf Müller, 2000

[25] LB Immo Invest

Entwicklung Anteil Grundstücksvermögen der Lebensversicherungsunternehmen (1997-2002), in: www.realisag.de, 2004

[26] Landesbausparkasse (LBS)

Erhebung aus dem Jahr 2000, in: Immopilot 2004, www.immopilot.de / Immobilienvermögen.html

[27] Arendt, S.

Public-Private-Partnership – Modelle im Hochbau, in: Hochtief FuE–Forum, 20/2002

[28] Kelter, I. / Kern, P.

Arbeitswelten im Büro, in: Sicherheitsingenieur, 04/2004

[29] Bauordnung des Landes Mecklenburg-Vorpommern

[30] Bullinger, H.J.
Kennzeichen des zukünftigen Bauens, Vortrag Bauforum Berlin, 2001

[31] Kochendörfer, B. / Viering, M. / Liebchen, J.H.
Bau-Projekt-Management, 2. Auflage, Teubner Verlag Wiesbaden, 2004

[32] Braun, H.P. / Oesterle, E. / Haller, P.
Facility Management, Springer Verlag Berlin, 1996

[33] Sommer, H.
Projektmanagement im Hochbau, 2. Auflage, Springer Verlag Berlin, 1998

[34] Dietrich, R.
Integrale Planung – Ein Schlüssel zur erfolgreichen Projektabwicklung, Skriptum eines Vortrags an der TU Berlin, 2001

[35] Dietrich, R.
Baurecht und Vorschriften, in: Gottschalk (Hrsg.), Verwaltungsbauten, Seite 74 – 94, 4. Auflage, Bauverlag Wiesbaden, 1994

[36] Schwering, U.
Bauträgerrecht, Maklerrecht, Wohnungseigentumsrecht, in: Brauer, K.-N. (Hrsg.), Grundlagen der Immobilienwirtschaft, 3. Auflage, Gabler Verlag, 2001

[37] Dammert, B.
Öffentliches und privates Baurecht, in: Brauer, K.-U. (Hrsg.), Grundlagen der Immobilienwirtschaft, 3. Auflage, Gabler Verlag, 2001

[38] Köhler, C.
Büroorganisation, Skriptum zur gleichnamigen Vorlesung an der Drees & Sommer Weiterbildungsakademie, Wintersemester 2002 / 2003

[39] Dietrich, R.
Projektentwicklung und Immobilienmanagement, Skriptum zur gleichnamigen Vorlesung an der TU-Berlin, Sommersemester 2000

[40]   Diederichs, C.-J.
       Grundlagen der Projektentwicklung, in: Schulte (Hrsg.), Handbuch Immobilien-Projektentwicklung, Verlagsgesellschaft Rudolf Müller, 1996

[41]   DIX Deutscher Immobilien-Index
       Ergebnisbericht 2003

[42]   Grasshoff, I.
       Target Costing, veröffentlicht über den Internationalen Controllerverein (Sautina), 2003

[43]   Akao, Y.
       Quality Function Development, Vortrag Landsberg/Lech, 1992

[44]   Seibert, S.
       Technisches Management – Innovations-, Projekt- und Qualitätsmanagement, Teubner Verlag Wiesbaden, 1998

[45]   Informationszentrum Beton
       Akzeptanz von Einsparungsmöglichkeiten beim Kauf von Wohneigentum, Studie 1997

[46]   Kaplan, R. / Norton, D.
       Die strategiefokussierte Organisation, Schäffer-Poeschel – Verlag, 2001

[47]   Eschenbruch, K.
       Haftung des Projektsteuerers / Baubetreuers, in: IBR, Heft 1/2004, Seite 34 ff

[48]   Schulte, K.W. / Ropeter, S.-E.
       Rentabilitätsanalyse für Immobilienprojekte, in: Handbuch Immobilien-Projektentwicklung, Verlagsgesellschaft Rudolf Müller, 1996

[49]   Iding, A.
       Entscheidungsmodell der Bauprojektentwicklung, Dissertation, Universität Dortmund, 2003

[50] Drees, G. / Höh, G.

Wirtschaftlichkeitsuntersuchung bei Baumaßnahmen des Bundes, Forschungsbericht 1983, Schriftenreihe Bau- und Wohnungsforschung Bundesministerium Bau

[51] Leopoldsberger, G.

Bewertung von Immobilien, in: Schulte, K.W. (Hrsg.) Handbuch Immobilieninvestitionen, Verlagsgesellschaft Rudolf Müller, 1998

[52] Seefeld, M. / Pekrul, S.

Zukunftsstrategien der Bau- und Anlagebauindustrie im Vergleich, wissenschaftliche Studie TU-Berlin / FAU Erlangen – Nürnberg, 2004

[53] Uelein, A.

Immobilienfinanzierung, Skriptum zur gleichnamigen Vorlesung an der Drees & Sommer Weiterbildungsakademie, Wintersemester 2002 / 2003

[54] BMVBW Bundesministerium für Verkehr, Bau- und Wohnungswesen,

Leitfaden Nachhaltiges Bauen, 2001

[55] Fuchs, W.

Abschied von der Legebatterie in der Deutschland AG in: Baumeister Interior, 2004-12-21

[56] Bauer, M.

Grenzen der Fensterlüftung, Skriptum zur Vorlesung an der Drees & Sommer Weiterbildungsakademie, Wintersemester 2002 / 2003

[57] Landgericht Bielefeld

Urteil zur Begrenzung zulässiger Raumtemperaturen in Büroräumen,

AZ 30411-01, 2003

Zitierte Normen und Richtlinien

DIN 276	Kosten im Hochbau
DIN 277	Grundflächen und Rauminhalte von Bauwerken im Hochbau
DIN 18205	Bedarfsplanung im Bauwesen
DIN 18025	Barrierefreie Wohnungen
DIN 18960	Nutzungskosten im Hochbau
DIN 69900	Netzplantechnik
DIN 69903	Projektwirtschaft, Kosten und Leistung, Finanzmittel, Begriffe
DIN 4108	Wärmeschutz im Hochbau
DIN 4109	Schallschutz im Hochbau
RB Bau	Richtlinien für die Durchführung von Bauaufgaben des Bundes
WertV	Wertermittlungsverordnung
WertR	Wertermittlungsrichtlinie
HeimMinBauV	Heimmindestbauverordnung
VHB	Vergabehandbuch für die Durchführung von Bauaufgaben des Bundes im Zuständigkeitsbereich der Finanzbauverwaltung
VOB	Vergabe- und Vertragsordnung für Bauleistungen
BauNVO	Baunutzungsverordnung
PlanzV	Planzeichenverordnung
EnEV	Energieeinsparverordnung
MaBV	Makler- und Bauträgerverordnung
ArbStättV	Arbeitsstättenverordnung

Ergänzende Literatur

Projektentwicklung:
Schulte, K. W. (Hrsg.)
Handbuch Immobilien – Projektentwicklung, Rudolf Müller Verlag, 2002

Schulte, K. W. / Schäfers, W. (Hrsg.)
Handbuch Corporate Real Estate Management, Rudolf Müller Verlag, 1998

Schulte, K. W. / Bone-Winkel, S. / Thomas, S. (Hrsg.)
Handbuch Immobilien-Investition, Rudolf Müller Verlag, 1998

Projektmanagement:
Kochendörfer, B. / Viering, M. S. / Liebchen, J. H.
Bau-Projekt-Management, Teubner Verlag, 2004

Sommer, H.
Projektmanagement im Hochbau, Springer Verlag, 1998

Facility Management:
Braun, H. P. / Oesterle, E. / Haller, P.
Facility Management – Erfolg in der Immobilienbewirtschaftung, Springer Verlag, 2003

Grundlagen:
Diederichs, G.-J.
Führungswissen für Bau- Immobilienfachleute, Springer Verlag, 1999

Seibert, S.
Technisches Management – Innovationsmanagement, Projektmanagement, Qualitätsmanagement, Teubner Verlag, 1998

Brauer, K.
Grundlagen der Immobilienwirtschaft, Gabler Verlag, 1999

Gärtner, S.
Beurteilung und Bewertung alternativer Planungsentscheidungen im Immobilienbereich mit Hilfe eines Kennzahlensystems, Dissertation TU Berlin, 1996

Stichwortverzeichnis

A

Abfallvermeidung   254
Ablaufsimulation   150
Abstandflächen   92
Alleinstellungsmerkmal   32
Altersgerechtes Wohnen   2
Ambulante Pflege   20
Anbieter   36
Angebotselastizität   9
Anhandgabevertrag   101
Anlage- / Investitionsprofil   45
Annuitäten   194
Annuitätendarlehen   225
Arbeitseffizienz   24
Arbeitsphysiologische Aspekte   26
Arbeitschutzgesetz   262
Arbeitsstättenverordnung   91
Architekten   69
Architektenverträge   98
asset deals   101
Auflassungsvormerkung   102
Auftraggeber   61
Ausbaustandard   29
Ausgabeüberschüsse   190
Ausnahmen   89

B

balanced scorecard   177
Barwertverfahren   218
Basel II   223
Baugenehmigungsverfahren   91
Baugesetzbuch   77
Baulasten   94
Baumassenzahl   85
Baunutzungskosten   196
Bauordnungsrecht   90
Baupartner   42
Bauqualität /-ökologie   122
Bausystemwettbewerb   13
Bauteam   11
Bauträger   42
Bauträgervertrag   96
Bauunternehmen   62
Bauverträge   104
Bebauung im Außenbereich   87
Bebauung im Innenbereich   87
Bebauungsplan   81
Bedarfsentwicklung   162
Befreiungen   89
Begeisterungsanforderungen   174
Belegungsrecht   20
Bereitstellungskosten   196
Beschäftigte   4
Besonderes Städtebaurecht   77, 87
Betonkernaktivierung   251
Betriebsausstattung   23
Betriebskosten   196
betriebsnotwendige Flächen   6
Bevölkerungsstruktur   5
Bewirtschaftung   67
Bewirtschaftungskosten   212
Bildschirmarbeit   26

Bildschirmarbeitsverordnung 262
Bodenwertverzinsung 213
Bonitätsprüfung 236
Bruttoanfangsrendite 171
Bruttoinlandsprodukt 11
Budgetveränderung 108
Bundesaufsicht für das Kreditwesen 49
Bürgerinitiativen 34
Büroformen 160
Bürogebäude 24
Büroparks 8
Büros 23
business lounge 27

C
CAD-Visualisierung 121
cash-flow – Betrachtung (Schema) 195
change management 15
construction management 13
construction management Vertrag 107
Corporate Real Estate Management (CREM) 7

D
Demografische Entwicklung 21
Denkmalschutz 34
desk sharing 24
Deutscher Immobilienindex (DIX) 170
Dienstleistung 5
direkte Risiken 155
Drittverwertbarkeit 36
Due Diligence 219
dynamische Berechnung 198

E
e-business 33

eigen- / fremdgenutzter Wohnraum 18
Eigenkapital 224
Eigenkapitalfinanzierung 224
Eigenkapitalrendite 119
Einflussfaktoren 133
Einzelraumstruktur 24
Einzelwertverfahren 180
endfälliges Darlehen 226
Endfinanzierung 238
Energiebilanz 249
Energieoptimierung 252
Erhalt von Naturräumen 241
Erstrangige Hypothek 228
Ertragssteigerungsprogramme 24
Ertragswertverfahren 207

F
Fabrikhallen 23
Fachmärkte 35
Facility Management 67
Factory Outlet Center 35
Fensterlüftung 250
Fertigstellungsrisiko 237
Finanzierung 23
Finanzierungsanalyse 165
Finanzpartner 64
Finanzpläne (vollständige) 219
Flächenbedarf pro Arbeitsplatz 29
Flächeneffizienz 30
Flächennutzungsplan 78
floor and collar 236
Flurzone 261
Förderprogramm Stadtentwicklung 242
Förderrichtlinien 21
Freizeit / Wellness 31

Freizeitverhalten   2
Frühwarnsystem   152
Funktions- und Sicherheitsabstände   264
Funktionsprogramm   161

G

Garantien   229
Garantierter Maximalpreis   107
Gebäude als Lebensraum   248
Gebäudeelemente   127
Gebäudeentwicklung   143
Gebäudegeometrie und Investitionskosten   168
Gebäudekonzeption   243
Gebäudeoptimierung   126
Genehmigungsbehörden   34
Generalübernehmer   61
Gesamtkapitalrendite   119
geschlossene Bauweise   86
geschlossene Immobilienfonds   47
Geschossflächenzahl   85
Geschossplatte   28
Gesetz gegen Wettbewerbsbeschränkung   12
Gesundheitswesen   36
Gewährleistung   102
Gewerbemietverträge   60
Gewerbliche Investoren   3
Golfanlagen   32
Grenzpreis   15
Großraumbüro   27
Grunderwerb   102
Grunderwerbsteuergesetz   101
Grundflächenzahl   85
Grundpfandrecht   229
Grundschuld   230
Grundstücksentwicklung   143

Grundstückssicherung   35
Grundstücksverträge   100
Gruppenraumbüro   26

H

Handel   58
Handlungsfelder
- der Projektentwicklung   148
häusliche Pflege   21
Heimmindestbauverordnung   21
Herstellkosten pro Arbeitsplatz   187
home office   24
Hotelimmobilien   31

I

Imagewert   111
Immobilienaktiengesellschaft   51
Immobilienfinanzierung
 - klassische   225
Immobiliengesellschaften   43
Immobilienkredit   223
Immobilienleasinggesellschaft   51
Immobilienmanager   65
Immobilienmarkt   9
indirekte Risiken   155
Infrastrukturkosten   196
Insolvenzrisiko   238
Instandsetzungskosten   197
institutionelle Investoren   45
Instrumente der Bauleitplanung   79
Integrierte Vorprojektplanung   70
interne / externe Kommunikation   24
Investitionsanalyse   165
Investitionsausgaben   191
Investkosten Techn. Ausrüstung   250

K

Kapitalanlage in Immobilien 44
Kapitalbindung 7
Kapitalkosten 197
Kaufkraft 169
Klassifizierung von Kundenwünschen
  - nach KANO 174
Kliniken 31
Kombibüro 24
kommunikationsoffene Büros 24
komplexe Problemlösung 137
Konzeption, Vorplanung 13
Kosten und Termine 124
Kostenermittlungsverfahren 180
Kosten-Nutzen – Betrachtung 6
Kostenrisiko 237
Kreditantrag 236
Kreditprüfung 58
Kreditsicherheiten 228
Kühldecken 251
Kultur- und Sporteinrichtungen 37
Kundenzufriedenheit 174

L

Laborgebäude 23
Lagequalität 166
Landesbauordnung 76
Landesentwicklungsplan 76
Landespflegegesetz 21
Landesplanungsgesetz 76
Landschaftsrahmenplan 76
laufende Ausgaben 191
laufende Einnahmen 191
Legalitätsprinzip 172

Leistungsänderung 108
Leistungsanforderungen 174
Leverageeffekt 226
Liegenschaftszins 213
life cycle costs 68
lineare Problemlösung 137
Löschungsbewilligung 102
Löschungsvormerkung 229

M

Machbarkeitsstudie 165
Makler 65
Makler- und Bauträgerverordnung 97
Maklervertrag 97
Makrostandort 165
Marketing 201
Marktanalyse 115
Marktorientierung 5
Marktpotenzial 169
Marktvolumen 18
Marktwachstum 18
Marktwert 111
Mezzaninedarlehen 230
Mezzaninefinanzmodelle 224
Mietbereiche 265
Mieter / Nutzer 57
Mietkosten 24
Mietmodelle 36
Mikrostandort 165
Mindestbreite Verkehrswege 265
Mindesttilgung 226
Mortage Backed Securities 233
Multifunktionszone 261
Multispace 27

N

Nachbarschaften 40
Nachfrager 157
nachhaltige Ökonomie 122
natürliche Be- und Entlüftung 249
Negativbestätigung 102
netto-cash flow – Rendite 171
Neuordnung der gewerblichen Wirtschaft 6
Non-Profit – Gebäude 17
Nutzeranforderungen 117
Nutzungs- und Funktionsplanung 165
Nutzungsdauer 2
Nutzungsflexibilität 8
Nutzungskosten 24
Nutzungsstruktur 33
Nutzwert von Büroimmobilien 246
Nutzwertanalyse 158

O

Objekt bezogener Strukturplan 148
Objektkredit 224
offene Bauweise 86
offene Immobilienfonds 45
öffentliche Gebäude 36
öffentliche Hand 109
öffentliche Verwaltung 72
öffentliches Baurecht 75
Optimierung der Nutzungskosten 199
ordnungsgemäße Mittelverwendung 238

P

Pareto-Regeln 153
Participating Mortage 232
Partnerschaften 9
Partnerschaftsmodelle 43

Parzelle 165
Patronatserklärung 229
Pensionsfonds 52
Pensionskassen 52
persönliche Bürgschaften 228
Pfandrecht 230
Pflegeheime 21
Planer 61
Planungsempfehlung KDA 21
Planzeichenverordnung 77
Politik 40
Portfoliobewertung 124
private Investoren 64
privates Baurecht 75
Produkte der Bauwirtschaft 9
Produktivität 24
Prognosesicherheit 44
Programming 158
Projekt bestimmende Faktoren 111
Projektdefinition 140
Projektentwicklerrechnung 193
Projektentwicklungsrisiken 156
Projektentwicklungsstrategie 132
Projektentwicklungsvertrag 96
Projekterstellung 144
Projektfinanzierung 224
Projektidee 140
Projektkonzeption 140
Projektmarketing 140
Projektorganisation 130
Projektplanung 144
Prozess Immobilienmarketing 204

Q

Quality Function Deployments 173

R

Rangbestätigung   102

Raum- und Funktionsprogramm   163

Raumprogramm   165

Realteilung   260

Reinertrag   213

Renditeberechnung aus Investorensicht   194

Rentabilität und Erträge   118

Residualwertverfahren   217

Restnutzungsdauer   214

Risiken der Immobilienfinanzierung   237

Risikobewertung   157

Risikomanagement   155

Risikosteuerung   156

Rohertrag   212

S

Sachsicherheiten   228

Sachwertverfahren   207

Schallschutz   95

share deals   101

Sicherheiten   227

Sicherungsabtretung   230

Sicherungshypotheken   230

Sondervorschriften für Hochhäuser   96

spezifische Flächenmethode   181

Standortanalyse   165

Störgrößen   153

T

Technische Lebensdauer   112

Teilprojektgliederung   148

Teilungsgenehmigung   102

total return   171

Tragkonstruktion   118

U

Umsatzrendite   120

V

Venture-Finanzierung   226

Verfügungsverbot   103

Vergleichswertverfahren   207

Verteilung von Investkosten   188

Vervielfältiger   213

Verwaltungskosten   197

Verzugsschaden   102

VOFI-Kennzahlen   189

Volumenmodell   180

W

Wertentwicklungsrisiko   238

Wertentwicklungstrends   208

Wertermittlung   165

Wertermittlungsverfahren   207

Wettbewerbsanalyse   140

Z

Zahlungsströme   189

Zentralität   169

Zieldefinition   140

Zielkonflikte   119

Zielkostenplanung   172

Zinscap   234

Zinssicherung   234

Zinsswap   235

Zwangsversteigerung   102

Zwischenfinanzierung   226

Anhang 1

Durchschnittliche wirtschaftliche Gesamtnutzungsdauer bei ordnungsgemäßer Instandhaltung (ohne Modernisierung), nach Anlage 4 WertR 2002

Einfamilienhäuser (entsprechend ihrer Qualität) einschließlich: | 60–100 Jahre
– freistehender Einfamilienhäuser (auch mit Einliegerwohnung)
– Zwei- und Dreifamilienhäuser
Reihenhäuser (bei leichter Bauweise kürzer) | 60–100 Jahre
Fertighaus in Massiv-, Fachwerk- und Tafelbauweise | 60–80 Jahre
Siedlungshaus | 60–70 Jahre

Wohn- und Geschäftshäuser
Mehrfamilienhaus (Mietwohngebäude) | 60–80 Jahre
Gemischt genutzte Wohn- und Geschäftshäuser | 60–80 Jahre
mit gewerblichem Mietertragsanteil 80 % | 50–70 Jahre

Verwaltungs- und Bürogebäude
Verwaltungsgebäude, Bankgebäude | 50–80 Jahre
Gerichtsgebäude | 60–80 Jahre

Gemeinde- und Veranstaltungsgebäude
Vereins- und Jugendheime, Tagesstätten | 40–80 Jahre
Gemeindezentren, Bürgerhäuser | 40–80 Jahre
Saalbauten, Veranstaltungszentren | 60–80 Jahre
Kindergärten, Kindertagesstätten | 50–70 Jahre
Ausstellungsgebäude | 30–60 Jahre

Schulen
Schulen, Berufsschulen | 50–80 Jahre
Hochschulen, Universitäten | 60–80 Jahre

Wohnheime, Krankenhäuser, Hotels
Personal- und Schwesternwohnheime, Altenwohnheime, Hotels | 40–80 Jahre
Allgemeine Krankenhäuser | 40–60 Jahre

Sport- und Freizeitgebäude, Bäder
Tennishallen | 30–50 Jahre
Turn- und Sporthallen | 50–70 Jahre
Funktionsgebäude für Sportanlagen | 40–60 Jahre
Hallenbäder | 40–70 Jahre
Kur- und Heilbäder | 60–80 Jahre

Kirchen, Stadt- und Dorfkirchen, Kapellen | 60–80 Jahre

Einkaufsmärkte, Warenhäuser
Einkaufsmärkte | 30–80 Jahre
Kauf- und Warenhäuser | 40–60 Jahre

Parkhäuser, Tiefgaragen | 50 Jahre
Tankstelle | 10–20 Jahre
Industriegebäude, Werkstätten, Lagergebäude | 40–60 Jahre

Landwirtschaftliche Wirtschaftsgebäude
Reithallen, Pferde-, Rinder-, Schweine-, Geflügelställe | 30 Jahre
Scheune ohne Stallteil | 40–60 Jahre
landwirtschaftliche Mehrzweckhalle | 40 Jahre

Anhang 2

Auszug aus der Vervielfältigertabelle (Anlage zu § 13 Absatz 3 WertV)

Restnutzungs-dauer von ... Jahren	Bei einem Zinssatz in Höhe von								
	1 v. H.	1,5 v. H.	2 v. H.	2,5 v. H.	3 v. H.	3,5 v. H.	4 v. H.	4,5 v. H.	5 v. H.
1	0,99	0,99	0,98	0,98	0,97	0,97	0,96	0,96	0,95
2	1,97	1,96	1,94	1,93	1,91	1,90	1,89	1,87	1,86
3	2,94	2,91	2,88	2,86	2,83	2,80	2,78	2,75	2,72
4	3,90	3,85	3,81	3,76	3,72	3,67	3,63	3,59	3,55
5	4,85	4,78	4,71	4,65	4,58	4,52	4,45	4,39	4,33
6	5,80	5,70	5,60	5,51	5,42	5,33	5,24	5,16	5,08
7	6,73	6,60	6,47	6,35	6,23	6,11	6,00	5,89	5,79
8	7,65	7,49	7,33	7,17	7,02	6,87	6,73	6,60	6,46
9	8,57	8,36	8,16	7,97	7,79	7,61	7,44	7,27	7,11
10	9,47	9,22	8,98	8,75	8,53	8,32	8,11	7,91	7,72
11	10,37	10,07	9,79	9,51	9,25	9,00	8,76	8,53	8,31
12	11,26	10,91	10,58	10,26	9,95	9,66	9,39	9,12	8,86
13	12,13	11,73	11,35	10,98	10,63	10,30	9,99	9,68	9,39
14	13,00	12,54	12,11	11,69	11,30	10,92	10,56	10,22	9,90
15	13,87	13,34	12,85	12,38	11,94	11,52	11,12	10,74	10,38
16	14,72	14,13	13,58	13,06	12,56	12,09	11,65	11,23	10,84
17	15,56	14,91	14,29	13,71	13,17	12,65	12,17	11,71	11,27
18	16,40	15,67	14,99	14,35	13,75	13,19	12,66	12,16	11,69
19	17,23	16,43	15,68	14,98	14,32	13,71	13,13	12,59	12,09
20	18,05	17,17	16,35	15,59	14,88	14,21	13,59	13,01	12,46
21	18,86	17,90	17,01	16,18	15,42	14,70	14,03	13,40	12,82
22	19,66	18,62	17,66	16,77	15,94	15,17	14,45	13,78	13,16
23	20,46	19,33	18,29	17,33	16,44	15,62	14,86	14,15	13,49
24	21,24	20,03	18,91	17,88	16,94	16,06	15,25	14,50	13,80
25	22,02	20,72	19,52	18,42	17,41	16,48	15,62	14,83	14,09
26	22,80	21,40	20,12	18,95	17,88	16,89	15,98	15,15	14,38
27	23,56	22,07	20,71	19,46	18,33	17,29	16,33	15,45	14,64
28	24,32	22,73	21,28	19,96	18,76	17,67	16,66	15,74	14,90
29	25,07	23,38	21,84	20,45	19,19	18,04	16,98	16,02	15,14
30	25,81	24,02	22,40	20,93	19,60	18,39	17,29	16,29	15,37
31	26,54	24,65	22,94	21,40	20,00	18,74	17,59	16,54	15,59
32	27,27	25,27	23,47	21,85	20,39	19,07	17,87	16,79	15,80
33	27,99	25,88	23,99	22,29	20,77	19,39	18,15	17,02	16,00
34	28,70	26,48	24,50	22,72	21,13	19,70	18,41	17,25	16,19
35	29,41	27,08	25,00	23,15	21,49	20,00	18,66	17,46	16,37
36	30,11	27,66	25,49	23,56	21,83	20,29	18,91	17,67	16,55
37	30,80	28,24	25,97	23,96	22,17	20,57	19,14	17,86	16,71
38	31,48	28,81	26,44	24,35	22,49	20,84	19,37	18,05	16,87
39	32,16	29,36	26,90	24,73	22,81	21,10	19,58	18,23	17,02
40	32,83	29,92	27,36	25,10	23,11	21,36	19,79	18,40	17,16
41	33,50	30,46	27,80	25,47	23,41	21,60	19,99	18,57	17,29
42	34,16	30,99	28,23	25,82	23,70	21,83	20,19	18,72	17,42
43	34,81	31,52	28,66	26,17	23,98	22,06	20,37	18,87	17,55
44	35,46	32,04	29,08	26,50	24,25	22,28	20,55	19,02	17,66
45	36,09	32,55	29,49	26,83	24,52	22,50	20,72	19,16	17,77

Teubner Lehrbücher: einfach clever

Otto W. Wetzell (Hrsg.)
Wendehorst Bautechnische Zahlentafeln
31., vollst. überarb. u. aktual. Aufl. 2004.
ca. 1.200 S. Geb. mit CD-ROM ca. € 49,90
ISBN 3-519-55002-4

Inhalt: Mathematik - Bauzeichnungen - Vermessung - Bauphysik - Lastannahmen - Statik und Festigkeitslehre - Stahlbeton- und Spannbetonbau nach DIN 1045-1 - Beton nach DIN V EN 206-1 - Holzbau nach DIN 1052 - Glasbau - Mauerwerk und Putz - Räumliche Aussteifung von Geschoßbauten - Geotechnik - Wasserwirtschaft - Abfallwirtschaft - Verkehrswesen

Auf CD: Holzbau nach Eurocode 2 - Holzbau nach alter DIN 1052 - Thermplan (Demo-Version) - TRLAST - HydroDIM - Beispiele zur Statik und Festigkeitslehre - Statik und FEM - Programme von CSI (Demoversionen)

„...Dieses Standardwerk bautechnischer Informationen gehört zu der Grundausstattung der Bibliotheken von Architekten und Ingenieuren."
Bund Deutscher Baumeister, Landesspiegel Hessen.

Jetzt mit neuer DIN 1052 für den Holzbau, neuer DIN 1053-1 für den Mauerwerksbau und neuer DIN 1054 im Abschnitt Geotechnik.

Der Wendehorst, seit 70 Jahren unentbehrliches Standardwerk für die Bautechnik wurde für die 31. Auflage vollständig überarbeitet und aktualisiert. Der Abschnitt Stahlbeton- und Spannbetonbau wurde durch die Einarbeitung des Heftes 525 des DAfStB ergänzt. Der Abschnitt Statik und Festigkeitslehre wurde vollständig überarbeitet und ist damit deutlich verständlicher als bisher. Neu hinzugekommen sind unter anderem: Erdbebensicheres Bauen im Abschnitt Lastannahmen und Geotechnische Vermessungssysteme im Abschnitt Vermessung.

Eine wichtige Ergänzung zu den Bautechnischen Zahlentafeln ist das Werk: Wendehorst. Beispiele aus der Baupraxis, in dem zahlreiche Beispiele die Anwendung der Normen und Formeln erklären.

Damit bilden diese beiden Werke zusammen eine wichtige Ergänzung in Studium und Praxis.

Stand Juli 2004.
Änderungen vorbehalten.
Erhältlich im Buchhandel oder beim Verlag.

B. G. Teubner Verlag
Abraham-Lincoln-Straße 46
65189 Wiesbaden
Fax 0611.7878-400
www.teubner.de

Teubner Lehrbücher: einfach clever

Der "Frick/Knöll" ist seit über 90 Jahren das Standardwerk der Baukonstruktion. Beide Bände sind unentbehrlich für jeden Architekten und Bauingenieur und geben einen umfassenden Einblick vom Fundament bis zum Dach.

▶ Dietrich Neumann, Ulrich Weinbrenner
Frick/Knöll Baukonstruktionslehre Teil 1
33., vollst. überarb. Aufl. 2002. 789 S. mit 758 Abb., 109 Tab. u. 16 Beisp. Geb. € 52,90
ISBN 3-519-45250-2

Inhalt:
Grundbegriffe - Normen, Maße, Maßtoleranzen - Baugrund und Erdarbeiten - Fundamente - Beton- und Stahlbetonbau - Wände - Glasbau - Skelettbau - Außenwandbekleidungen - Geschossdecken und Balkone - Fußbodenkonstruktionen und Bodenbeläge - Beheizbare Bodenkonstruktionen: Fußbodenheizungen - Installationsböden (Systemböden) - Leichte Deckenbekleidungen und Unterdecken - Umsetzbare Trennwände und vorgefertigte Schrankwandsysteme - Besondere bauliche Schutzmaßnahmen
Jetzt im neuen Layout mit Energieeinsparverordnung DIN 1045 und einem Kapitel über Glasbau

▶ D. Neumann, U. Weinbrenner, U. Hestermann, L. Rongen
Frick/Knöll Baukonstruktionslehre Teil 2
32., vollst. überarb. u. akt. Aufl. 2004. X, 760 S. mit 956 Abb., 96 Tab. u. 24 Beisp. Geb. € 49,90
ISBN 3-519-45251-0

Inhalt:
Geneigte Dächer - Flachdächer - Schornsteine (Kamine) und Lüftungsschächte - Treppen - Fenster - Türen - Horizontal verschiebbare Tür- und Wandelemente - Beschichtungen (Anstriche) und Wandbekleidungen (Tapeten) auf Putzgrund - Gerüste und Abstützungen
Jetzt erweitert um das Kapitel "Fassadenflächen in Pfosten-Riegelbauweise".
Wichtige Neuerungen sind u.a.:
Neue Holzwerkstoffe bei Dächern - Steildachelemente aus Holz - Textile Flächentragwerke

Stand Juli 2004.
Änderungen vorbehalten.
Erhältlich im Buchhandel oder beim Verlag.

B. G. Teubner Verlag
Abraham-Lincoln-Straße 46
65189 Wiesbaden
Fax 0611.7878-400
www.teubner.de

Teubner Lehrbücher: einfach clever

▶ Hoffmann/Kremer
Zahlentafeln für den Baubetrieb
6., vollst. aktual. Aufl. 2002.
889 S. mit 637 Abb. u. 62 Beisp.
Geb. € 59,90
ISBN 3-519-55220-5

▶ Bernd Kochendörfer, Jens Liebchen, Markus Viering, Fritz Berner
Bau-Projekt-Management
2. Aufl. 2004. XVII, 242 S. Br. ca. € 26,90
ISBN 3-519-15058-1

▶ Reinhard Kulick
Auslandsbau
2003. 235 S. mit 103 Abb. Br. € 26,90
ISBN 3-519-00422-4

▶ Egon Leimböck, Andreas Iding
Bauwirtschaft
2., vollst. überarb. u. aktual. Aufl. 2004.
399 S. mit 159 Abb. Geb. € 36,90
ISBN3-519-15086-7

Stand Juli 2004.
Änderungen vorbehalten.
Erhältlich im Buchhandel
oder beim Verlag.

Teubner

B. G. Teubner Verlag
Abraham-Lincoln-Straße 46
65189 Wiesbaden
Fax 0611.7878-400
www.teubner.de

Teubner Lehrbücher: einfach clever

▶ Gottfried C.O. Lohmeyer
Baustatik Teil 1
Grundlagen

8., überarb. u. akt. Aufl. 2002.
XIV, 288 S., mit 367 Abb. u. 42 Tab.,
130 Beisp. u. 116 Übungsaufg.
Br. € 29,90
ISBN 3-519-25025-X

▶ Gottfried C.O. Lohmeyer
Baustatik Teil 2
Bemessung und
Festigkeitslehre

9. durchges. Aufl. 2002. XXVI, 381 S.,
mit 266 Abb. u. 92 Tab., 145 Beisp.
u. 48 Übungsaufg. Br. € 29,90
ISBN 3-519-35026-2

▶ Gottfried C.O. Lohmeyer
Praktische Bauphysik
Eine Einführung mit
Berechnungsbeispielen

4., vollst. überarb. Aufl. 2001. XIV, 705 S.
mit 293 Abb., 300 Tab. u. 323 Beisp.
Geb. € 49,00
ISBN 3-519-35013-0

▶ Gottfried C.O. Lohmeyer,
Heinz Bergmann,
Karsten Ebeling
Stahlbetonbau
Bemessung - Konstruktion -
Ausführung

6., neubearb. u. erw. Aufl. 2004.
XVIII, ca. 700 S. mit 448 Abb., 194 Tab.
u. zahlr. Beisp. Geb. ca. € 49,90
ISBN 3-519-45012-7

Stand Juli 2004
Änderungen vorbehalten.
Erhältlich im Buchhandel
oder beim Verlag.

B. G. Teubner Verlag
Abraham-Lincoln-Straße 46
65189 Wiesbaden
Fax 0611.7878-400
www.teubner.de